コラーゲンの製造と応用展開
Manufacturing, Application and Development of Collagens

《普及版／Popular Edition》

監修 谷原正夫

シーエムシー出版

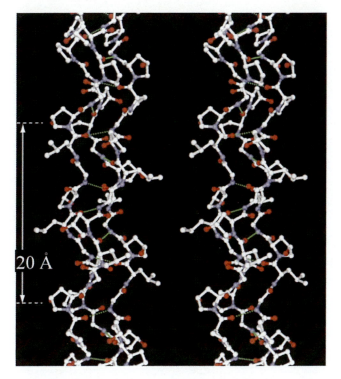

第1編 第1章 図8 LOG2分子の中央付近のステレオ図
グリーンの点線は，N-H(Gly)…O=C(Xaa) の水素結合を示す。結晶中の水分子は除いてある。

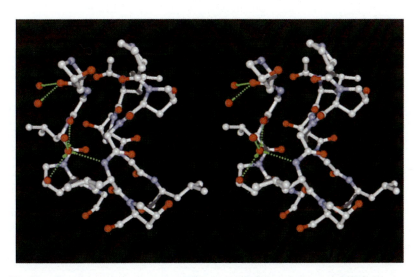

第1編 第1章 図9 LOG1とLOG2で見つかった安定な水を介した水素結合ネットワーク

刊行にあたって
「なぜ，いま，コラーゲンか」

　コラーゲンは，動物に最も豊富に存在するタンパク質であるため，古くから活発に利用されてきた。食品や化粧品だけでなく，人工皮膚や人工血管などの医療用材料や医薬品安定化剤としても用いられている。ところが，日本を含む世界各地で代表的なコラーゲンの原料供給動物であるウシの狂牛病感染が発生し，かつ狂牛病の病原体であるタンパク質のプリオンが通常の殺菌や滅菌工程では不活性化されないことがわかったことにより，コラーゲンの安全性に疑問が生じることとなった[1]。ウシに次ぐコラーゲンの原料供給動物であるブタについても，内在性レトロウイルスの存在が指摘されている[2]。

　このような動物由来コラーゲンの安全性に対する懸念から，コラーゲンの無制限な使用の見直しが行われ，例えば化粧品では安全性を重視して，よりヒトとの種間距離が遠い，即ち共通感染性病原体の危険性が少ない魚類由来のコラーゲンが用いられるようになった。さらに，遺伝子組換えコラーゲンや化学合成によるコラーゲン作製の試みも行われるようになり，価格や生産量に制限はあるものの使用できるコラーゲンの選択肢が広がっている。このような現状において，コラーゲンの使用にあたっては，リスク-ベネフィットの観点から，目的とする機能に必要十分な性能を有するコラーゲンを選択することが要求される。本書はこのような要求に応えることを目的としており，コラーゲンを使用する製品の開発者の一助となれば幸いである。

文　　献

1) A. Aguzzi, F. Montrasio, PS. Kaeser, *Nat Rev Mol Cell Biol*, **2**, 118-126（2001）
2) T. Ericsson, B. Oldmixon *et al., J Virol*, **75**, 2765-2770（2002）

2009 年 5 月

奈良先端科学技術大学院大学

谷原正夫

普及版の刊行にあたって

本書は2009年に『コラーゲンの製造と応用展開』として刊行されました。普及版の刊行にあたり，内容は当時のままであり加筆・訂正などの手は加えておりませんので，ご了承ください。

2015年8月

シーエムシー出版　編集部

執筆者一覧 （執筆順）

谷原　正夫	奈良先端科学技術大学院大学　物質創成科学研究科　教授	
奥山　健二	大阪大学　大学院理学研究科　高分子科学専攻　教授	
川内　義一郎	名古屋大学　大学院工学研究科　助教	
阿蘇　　雄	(前)㈱高研　研究所　所長	
宮田　暉夫	㈱高研　相談役	
肥塚　正博	新田ゼラチン㈱　営業本部　開発部　マネージャー	
野村　義宏	東京農工大学　農学部附属硬蛋白質利用研究施設　准教授	
安達　敬泰	広島県産業科学技術研究所　研究員	
吉里　勝利	広島大学名誉教授；大阪市立大学　医学研究科　客員教授；㈱フェニックスバイオ　学術顧問	
山本　恵一	新田ゼラチン㈱　営業本部　開発部　チームリーダー	
服部　俊治	㈱ニッピ　バイオマトリックス研究所　所長	
片倉　健男	テルモ㈱　研究開発センター　開発管理部　主席推進役	
陳　　国平	�独)物質・材料研究機構　生体材料センター　高分子生体材料グループ　グループリーダー	
川添　直輝	(独)物質・材料研究機構　生体材料センター　高分子生体材料グループ　研究員	

執筆者の所属表記は，2009年当時のものを使用しております。

目　次

序章　コラーゲン開発の現状と展望　　谷原正夫… 1

【第1編　コラーゲンの基礎】

第1章　コラーゲンの分子構造・高次構造　　奥山健二

1　はじめに …………………………… 5
2　1次構造 …………………………… 6
3　分子構造 …………………………… 8
　3.1　らせんの動径投影 ……………… 9
　3.2　天然コラーゲンからのアプローチ
　　　　…………………………………… 11
　　3.2.1　triple-helix モデル以前の研究
　　　　………………………………… 11
　　3.2.2　triple-helix モデル ………… 11
　　3.2.3　天然コラーゲンの繊維構造解析
　　　　………………………………… 14
　3.3　モデルペプチドからのアプローチ
　　　　…………………………………… 15
　　3.3.1　ヘリカルツイスト …………… 16
　　3.3.2　コラーゲンモデルペプチドの構造解析 ……………………… 17
　　3.3.3　ペプチド主鎖のコンフォメーション ……………………… 17
　　3.3.4　水和水の結合パターン ……… 18
4　Hyp による triple-helix 構造の安定化と不安定化 …………………………… 22
　4.1　水和説 …………………………… 23
　4.2　誘起効果説 ……………………… 23
　4.3　puckering 説（propensity-based hypothesis）………………………… 24
5　高次構造（D-stagger 構造）……… 26
6　おわりに …………………………… 28

第2章　コラーゲンの基本物性　　川内義一郎

1　はじめに …………………………… 31
2　コラーゲンとは …………………… 31
3　コラーゲンの種類 ………………… 32
4　コラーゲン分子の特徴 …………… 33
5　コラーゲンの物性 ………………… 35
　5.1　溶解性および抽出法 …………… 35
　5.2　熱安定性 ………………………… 36
　5.3　ゼラチンのゲル化 ……………… 37

5.4	機械的強度 …………… 38	6	まとめと展望 …………… 39
5.5	生体や組織との親和性 …… 38		

【第2編　コラーゲン各論】

第1章　ウシコラーゲンの製造と応用　　阿蘇　雄，宮田暉夫

1　はじめに …………………………… 43
2　コラーゲン分子 …………………… 43
　2.1　コラーゲンの構造 …………… 44
　2.2　コラーゲン分子の鎖組成 …… 46
3　コラーゲン線維 …………………… 47
4　コラーゲン分子架橋の生成 ……… 49
5　コラーゲンの多様性 ……………… 51
6　コラーゲン溶液の調製 …………… 52
　6.1　酸可溶性コラーゲンの調製 … 53
　6.2　アルカリ可溶化コラーゲンの調製
　　　 …………………………………… 54
　6.3　タンパク質分解酵素処理によるコラーゲンの調製 ………………… 54
　6.4　中性塩可溶性コラーゲンの調製 … 56
7　ウシ由来アテロコラーゲンの安全性確保について ……………………… 56

8　アテロコラーゲンの応用について …… 57
　8.1　コラーゲン溶液の性質 ……… 58
　　8.1.1　粘度 ……………………… 59
　　8.1.2　旋光度 …………………… 60
　　8.1.3　線維再生 ………………… 60
　8.2　成形（Shape Formation） …… 61
　8.3　物理的修飾（Physical Modification）
　　　 …………………………………… 63
　8.4　化学的修飾（Chemical Modification）
　　　 …………………………………… 64
　8.5　医療分野への応用 …………… 65
　8.6　医薬品の徐放性担体としての応用
　　　 …………………………………… 66
　8.7　アテロコラーゲンセルトランスフェクションアレイ ………………… 69
9　おわりに …………………………… 69

第2章　ブタ由来コラーゲン　　肥塚正博

1　はじめに …………………………… 72
2　豚由来コラーゲンの産業的利用 … 72
3　豚由来コラーゲン製造方法の基礎 … 73
　3.1　豚原料 ………………………… 73
　3.2　可溶性コラーゲンの製造方法 … 73

　　3.2.1　製造方法の基礎 ………… 73
　　3.2.2　豚原料の入手 …………… 75
　　3.2.3　豚皮の使用部位 ………… 75
　　3.2.4　豚皮から真皮層の取り出し …… 76
　　3.2.5　可溶性コラーゲンの抽出 …… 76

3.2.6 可溶性コラーゲンの精製方法… 78	4.5 ゲル強度 …………………………… 83
3.3 高圧噴射法を用いた新しい可溶性コラーゲンについて ………… 78	5 豚由来コラーゲンの応用展開 ………… 84
	5.1 食品分野 …………………………… 84
4 豚由来コラーゲンの物理化学的特性について ……………………………… 81	5.2 化粧品分野 ………………………… 85
	5.3 細胞培養分野 ……………………… 85
4.1 分子量分布 ………………………… 81	5.4 医療分野 …………………………… 87
4.2 変性温度 …………………………… 81	5.4.1 生体材料への利用 …………… 87
4.3 アミノ酸組成 ……………………… 81	5.4.2 再生医療への利用 …………… 89
4.4 ゲル化速度 ………………………… 83	6 おわりに ……………………………… 89

第3章　マリンコラーゲン　　野村義宏

1 はじめに ……………………………… 91	4.2 コラーゲン摂取による骨密度改善効果に関する研究 ………………… 97
2 マリンコラーゲンの基礎知識 ………… 92	
3 マリンコラーゲンの製造方法 ………… 94	4.3 関節リウマチ（RA）モデル動物への効果 ………………………………… 98
4 コラーゲンを食べることにより期待される効果 …………………………………… 95	
	4.4 変形性関節症（OA）モデル動物への効果 ……………………………… 100
4.1 加水分解コラーゲンの代謝に関する研究 ……………………………… 96	
	5 おわりに ……………………………… 101

【第3編　新世代コラーゲン】

第1章　遺伝子組換えコラーゲン　　安達敬泰，吉里勝利

1 はじめに ……………………………… 107	2.1.3 組換えミニコラーゲンの解析… 110
2 カイコにおける組換えヒトIII型コラーゲン生産系の開発 ……………………… 108	2.2 プロリン水酸化ミニコラーゲンの合成 ………………………………… 112
2.1 ミニコラーゲンの合成 …………… 108	2.2.1 一過性発現実験によるカイコプロリン水酸化酵素活性の測定 … 114
2.1.1 ベクターの構築 ……………… 108	
2.1.2 ミニコラーゲン合成トランスジェニックカイコの作出 ………… 108	2.2.2 プロリン水酸化ミニコラーゲン合成トランスジェニックカイコ

の作出 …………………… 115
 2.3　プロリン水酸化全長コラーゲン合成の試み ……………………… 117
  2.3.1　全長コラーゲン合成トランスジェニックカイコの作出 ………… 118
3　今後の展開 ……………………… 122

第2章　化学合成コラーゲン　　谷原正夫

1　はじめに ……………………………… 126
2　細胞接着性の付与 …………………… 126
3　幹細胞の神経分化誘導機能の付与 …… 129
4　三次元足場基材 ……………………… 130
5　おわりに ……………………………… 135

【第4編　応用と展望】

第1章　機能性食品とコラーゲン　　山本恵一

1　はじめに ……………………………… 139
2　機能性食品としての「コラーゲン」 …… 139
 2.1　食品分野における「コラーゲン」 … 139
 2.2　コラーゲンペプチドの食品としての安全性 ……………………… 141
 2.3　コラーゲンペプチドの食品機能 … 143
3　栄養素としてのコラーゲンペプチド … 144
4　コラーゲンペプチドの機能性研究 …… 145
 4.1　コラーゲンペプチドの皮膚への影響 ……………………………… 145
 4.2　コラーゲンペプチドの骨への影響 ……………………………… 147
 4.3　コラーゲンペプチドの関節への影響 ……………………………… 150
 4.4　コラーゲンペプチドの生体調節機能 ……………………………… 150
  4.4.1　血圧上昇抑制作用 ……………… 150
  4.4.2　消化管粘膜保護作用 …………… 150
5　コラーゲンペプチドの体内への吸収 … 151
 5.1　コラーゲンペプチドの吸収形態 … 152
 5.2　コラーゲンペプチドの腸管吸収メカニズム ……………………… 153
6　まとめ ………………………………… 154

第2章　化粧品とコラーゲン　　服部俊治

1　はじめに ……………………………… 156
2　コラーゲン可溶化までの歴史 ………… 156
3　化粧品に利用されるまで ……………… 157
4　コラーゲン分子の特徴 ………………… 159

5 コラーゲンの精製法 …………… 160	性 …………………………………… 172
6 コラーゲンとゼラチンとコラーゲンペプチド ……………………………… 163	11 化粧品に配合するコラーゲン……… 174
	12 スキンケアとコラーゲン…………… 174
7 コラーゲンの変性 ………………… 165	13 保存の注意………………………… 176
8 I型以外のコラーゲン-コラーゲンの型について …………………………… 166	14 コラーゲンシート………………… 177
	15 コラーゲン経口摂取について……… 178
9 コラーゲンの生理作用 …………… 168	16 まとめ……………………………… 179
10 コラーゲンの生合成-ビタミンCの必要	

第3章　人工皮膚とコラーゲン　　片倉健男

1 はじめに …………………………… 182	2.2.2 調製した各種コラーゲンスポンジの特性 *in vitro* …………… 188
2 コラーゲン使用人工皮膚 ………… 183	
2.1 コラーゲン使用人工皮膚の構成および使用方法 ……………………… 183	2.2.3 調製した各種コラーゲンスポンジの生体反応 *in vivo* ……… 188
2.2 コラーゲンの調製 ……………… 186	2.2.4 再構築された組織に対する考察 ……………………………… 191
2.2.1 コラーゲンの調製 ………… 187	

第4章　化学合成コラーゲンの人工皮膚　　谷原正夫

1 はじめに …………………………… 192	3 三重らせん骨格を持つ抗菌性ペプチド ……………………………………… 196
2 増殖因子（bFGF）ペプチドを用いる人工皮膚 ………………………………… 193	
	4 おわりに …………………………… 203

第5章　軟骨再生のコラーゲン足場材料　　陳　国平，川添直輝

1 はじめに …………………………… 204	3.2 足場材料の素材としてのコラーゲン ……………………………… 206
2 軟骨組織の再生 …………………… 205	
3 生体組織再生のための足場材料 …… 205	4 コラーゲンゲルを用いた軟骨組織の再生 ……………………………………… 206
3.1 生体組織の細胞をとりまく環境と三次元細胞培養 …………………… 205	
	5 軟骨再生のコラーゲンスポンジ足場材料

　　　　……………………………………… 207
　5.1　コラーゲンスポンジの作製法 …… 207
　5.2　コラーゲンスポンジを用いた軟骨組
　　　　織の再生 ……………………………… 207
6　コラーゲンと生体吸収性合成高分子との
　　複合化 …………………………………… 208
　6.1　複合化の必要性とその方法 ……… 208
　6.2　コラーゲン-PLGA 複合スポンジの
　　　　作製 ……………………………………… 210
　6.3　コラーゲン-PLGA 複合メッシュの
　　　　作製 ……………………………………… 210
　6.4　コラーゲン-PLGA 複合組みヒモの
　　　　作製 ……………………………………… 212
7　コラーゲン，生体吸収性合成高分子，
　　ハイドロキシアパタイトの複合化 …… 212
8　コラーゲン-PLGA 複合メッシュを用い
　　た軟骨組織の再生 …………………………… 213
9　コラーゲン-PLGA 複合メッシュと間葉
　　系幹細胞を用いた軟骨再生 ……………… 216
10　コラーゲン複合多孔質足場材料による
　　　軟骨・骨組織の同時再生 ……………… 217
　10.1　軟骨，骨組織の再生にそれぞれ適
　　　　　した材料からなる階層構造材料 … 217
　10.2　軟骨組織と骨組織をそれぞれ再生
　　　　　してから組み合わせる方法 …… 219
11　細胞の漏出を抑制できるコラーゲン-
　　　合成高分子メッシュ複合多孔質材料 … 221
　11.1　足場材料からの細胞漏出の問題 … 221
　11.2　合成高分子メッシュとの複合化に
　　　　　よる細胞漏出の低減 ……………… 221
　11.3　コラーゲン-合成高分子メッシュ複
　　　　　合スポンジを用いた軟骨組織の再生
　　　　　………………………………………… 223
12　おわりに…………………………………… 224

序章　コラーゲン開発の現状と展望

谷原正夫*

　現在，動物由来コラーゲン（第2編参照）は，各種用途に幅広く使用されている。動物由来コラーゲンは多くの利点とともに避けがたい短所も持ち合わせている。そこで，動物組織からの抽出に頼らないコラーゲンの作製方法の代表的なものとして，遺伝子組換えコラーゲンや化学合成コラーゲンを紹介した（第3編参照）。これらは，動物由来病原体の汚染の危険性がないことだけでなく，新規な特性，機能性を持たせることができる。既に試薬レベルで市販されているものもあり，実用化の動きも活発であるが，普及のためにはこれらの新規な特徴を生かした製品開発が重要である（第4編参照）。

　さらに，これらに続く新規なコラーゲンの作製方法として，ペプチド鎖の自己集合を利用した超分子コラーゲンの創成が試みられている。これらの詳細な解説は後日に譲るが，技術の概要を以下に紹介し，今後の新規コラーゲンの開発の方向性を展望したい。

　小出らは，図1に示すように，三重らせん構造を形成するペプチド鎖をCys架橋で位置をずらして固定することにより，相補的なペプチド鎖の自己集合による超分子化に成功している[1]。形成された超分子コラーゲンの見かけ上の分子量は10万以上であることが報告されている。Kotchらも同様の超分子コラーゲンの生成を報告している[2]。

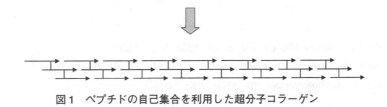

図1　ペプチドの自己集合を利用した超分子コラーゲン

＊　Masao Tanihara　奈良先端科学技術大学院大学　物質創成科学研究科　教授

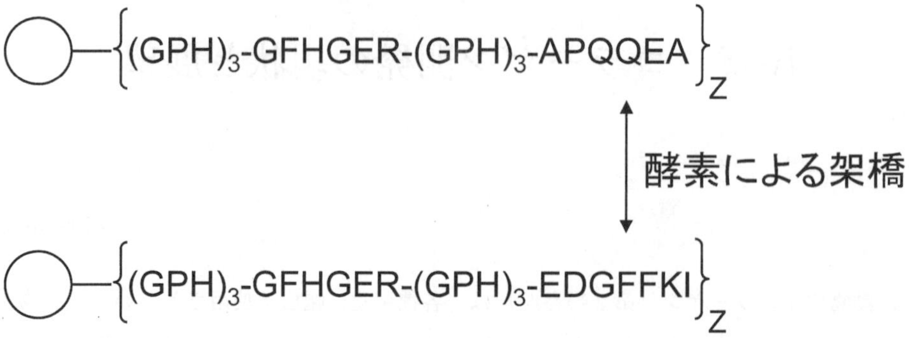

○─{(GPH)₃-GFHGER-(GPH)₃-APQQEA}_Z

↕ 酵素による架橋

○─{(GPH)₃-GFHGER-(GPH)₃-EDGFFKI}_Z

図2　デンドリマーの架橋による超分子コラーゲンの創成

また，Khewらは，図2に示すような，酵素で架橋される配列と細胞接着配列，三重らせん鎖形成配列を含むペプチド鎖を枝とするデンドリマーを報告している[3]。合成されたデンドリマー間を酵素で架橋すると超分子コラーゲンゲルが得られ，細胞接着を促進することを報告している。

これらの技術の直接の実用化はコスト等の問題で困難と考えられるが，相補的なペプチド鎖を利用した粒径やゲル化の可逆的な制御，不可逆的な架橋を利用したゲル化の制御などは今後の各種コラーゲンの応用展開を考える上で大変有用な技術である。

遺伝子組換えコラーゲンや化学合成コラーゲンは高分子量化合物であるため，物性の安定性や材料強度に優れるという利点がある反面，可逆的なゲル化などの機能性の付与には特別の工夫が必要なことなどの不利な点もある。相補的なペプチド鎖やデンドリマーなどを用いる超分子コラーゲンは，可逆的なゲル化などの機能性発現には適しているが，材料強度や物性の安定性という面では問題がある。今後は，両者の利点を生かすような材料の分子設計が重要である。

文　献

1)　T. Koide *et al., Bioorg Med Chem Lett*, **15**, 5230-5233（2005）
2)　FW. Kotch, RT. Raines, *Proc Natl Acad Sci USA*, **103**, 3028-3033（2006）
3)　ST. Khew *et al., Biomaterials*, **29**, 3034-3045（2008）

第1編　コラーゲンの基礎

第1章　コラーゲンの分子構造・高次構造

奥山健二*

1　はじめに

　コラーゲンは哺乳動物に最も多量に存在するタンパク質であり，我々の体の全タンパク質の約1/3を占めている。脊椎動物では，異なるポリペプチド鎖からなる少なくとも27種類のコラーゲンファミリーが知られている。コラーゲンと名前はついていないが，自然免疫に関係するマンノース結合レクチン（MBL）などのコレクチン，フィコリン，C1qなどでも，コラーゲンらせんを持つことが知られており，コラーゲンらせんはコラーゲンにだけ存在する構造モチーフではない。コラーゲンファミリーの27種類のコラーゲンは，発見順にI型，II型，III型，…と名前がついており，その数は年と共に増え続けている。これらコラーゲンはいずれも，三重らせん（triple-helix）を形成するという特徴を持っており，動物の組織構造の維持，細胞間接着，創傷治癒等で重要な役割をはたしている。また，大きく分けると繊維を形成するI，II，III，V，XI型コラーゲン（fiber-forming collagen）と，それ以外の繊維を形成しないコラーゲンの2種類に分かれる。コラーゲンらせんをとるかどうかは，1次構造中にグリシン（Gly）が3残基毎に存在して，Gly-Xaa-Yaa（Xaa，Yaaは各種のアミノ酸）で表せる3残基が数十個以上続いているかどうかで決まる。繊維形成コラーゲンでは，X線回折によりコラーゲンらせんの特徴である2.86 Åの子午線反射の他に，小角X線回折や電子顕微鏡観察により670 Åの周期構造が観測できる。

　コラーゲンの構造研究のほとんど全ては，最も多量に存在し，最も早く発見されたI型コラーゲンについてのものであり，本章で扱う構造も天然コラーゲンに関してはI型の構造である。アミノ酸配列の類似性から見ても，他の繊維形成コラーゲンの分子構造も，基本的にはI型の分子構造と同じであると考えられる。本章では，コラーゲンの1次構造（アミノ酸配列），分子構造（triple-helix構造），高次構造（D-stagger構造）について説明する。図1にコラーゲンのとる階層構造の概略を示す。

＊　Kenji Okuyama　大阪大学　大学院理学研究科　高分子科学専攻　教授

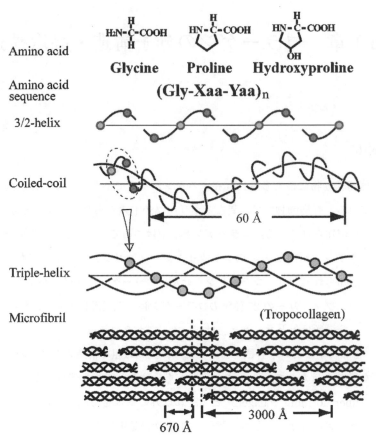

図1 コラーゲンの階層構造

poly(Gly)のⅡ型，poly(Pro)のⅡ型は，3/2-helix（左巻き3/1-helix）構造をとる。3/2-helixのらせん軸がさらにらせんを巻き（coiled-coil），3本集まったものがコラーゲンらせんである。図中の○は，3/2-helixとcoiled-coilではアミノ酸1残基を，triple-helixでは3残基を表す。

2 1次構造

　コラーゲン分子は3本のペプチド鎖からできており，各1本鎖をα鎖と呼ぶ。α鎖は，タンパク質の2次構造モチーフであるα-helixと紛らわしいが関連はない。さて，Ⅰ型コラーゲンはα1(Ⅰ)鎖2本とα2(Ⅰ)鎖1本からなるヘテロトライマーであるが，Ⅱ型，Ⅲ型は，それぞれ，同じα1(Ⅱ)鎖やα1(Ⅲ)鎖3本からなるホモトライマーである。他の型のコラーゲンも含めて，どのα鎖のアミノ酸配列も次に示す特徴を持っており，この特徴のためtriple-helix構造という特異な分子構造となる。第1の特徴は，厳密に3残基毎にグリシン（Gly）が存在することであり，コラーゲンの1次構造はGly-Xaa-Yaaの3残基(triplet)の繰り返しとして表せる。第2の特徴は，

第1章 コラーゲンの分子構造・高次構造

```
            9          19         29         39         49         59
 -40 |                                              QLSYGYDEK STGGISVPGP
  20 | MGPSGPRGLP GPPGAPGPQG FQGPPGEPGE PGASGPMGPR GPPGPPGKNG DDGEAGKPGR
  80 | PGERGPPGPQ GARGLPGTAG LPGMKGHRGF SGLDGAKGDA GPAGPKGEPG SPGENGAPGQ
 140 | MGPRGLPGER GRPGAPGPAG ARGNDGATGA AGPPGPTGPA GPPGFPGAVG AKGEAGPQGP
 200 | RGSEGPQGVR GEPGPPGPAG AAGPAGNPGA DGQPGAKGAN GAPGIAGAPG FPGARGPSGP
 260 | QGPGGPPGPK GNSGEPGAPG SKGDTGAKGE PGPVGVQGPP GPAGEEGKRG ARGEPGPTGL
 320 | PGPPGERGGP GSRGFPGADG VAGPKGPAGE RGSPGPAGPK GSPGEAGRPG EAGLPGAKGL
 380 | TGSPGSPGPD GKTGPPGPAG QDGRPGPPGP PGARGQAGVM GFPGPKGAAG EPGKAGERGV
 440 | PGPPGAVGPA GKDGEAGAQG PPGPAGPAGE RGEQGPAGSP GFQGLPGPAG PPGEAGKPGE
 500 | QGVPGDLGAP GPSGARGERG FPGERGVQGP PGPAGPRGAN GAPGNDGAKG DAGAPGAPGS
 560 | QGAPGLQGMP GERGAAGLPG PKGDRGDAGP KGADGSPGKD GVRGLTGPIG PPGPAGAPGD
 620 | KGESGPSGPA GPTGARGAPG DRGEPGPPGP AGFAGPPGAD GQPGAKGEPG DAGAKGDAGP
 680 | PGPAGPAGPP GPIGNVGAPG AKGARGSAGP PGATGFPGAA GRVGPPGPSG NAGPPGPPGP
 740 | AGKEGGKGPR GETGPAGRPG EVGPPGPPGP AKGEGPPGTP GPAGAPGTPG PQGIAGQRGV
 800 | VGLPGQRGER GFPGLPGPSG EPGKGPSGA SGERGPPGPM GPPGLAGPPG ESGREGAPGA
 860 | EGSPGRDGSP GAKGDRGETG PAGPPGAPGA PGAPGPVGPA GKSGDRGETG PAGPGAPVGP
 920 | VGARGPAGPQ GPRGDKGETG EQGDRGIKGH RGFSGLQGPP GPPGSPGEQG PSGASGPAGP
 980 | RGPPGSAGAP GKDGLNGLPG PIGPPGPRGR TGDAGPVGPP GPPGPPGPPG PPSAGFDFSF
1040 | LPQPPQEKAH DGGRYYRA
```

図2 ヒトのI型コラーゲンα1(I)鎖のアミノ酸配列（SwissProt accession code P02452）
両末端の非ラセン領域をアンダーラインで示す。アミノ酸は1文字表記であり、主なアミノ酸の1文字表記は、G = Gly, P = Pro, A = Ala, V = Val, F = Phe, I = Ile, L = Leu, M = Met, D = Asp, E = Glu, K = Lys, R = Arg, S = Ser, T = Thr, Y = Tyr, C = Cys, N = Asn, Q = Gln, H = His, W = Trp である。この配列は遺伝子解析から決めたものであり、ここでは、翻訳後修飾により Hyp となる Y 位の Pro も P と表記されている。

他のタンパク質に較べてイミノ酸の含量が非常に多い（約20%）ことである。ここでイミノ酸とは、プロリン（Pro）とハイドロキシプロリン（Hyp）のことであり、イミノ酸ではCα炭素とアミノ基の窒素が側鎖を介して結合しているため、他のアミノ酸に較べコンフォメーションの自由度が制限される。一例として、図2にヒトのI型コラーゲンα1(I)鎖の配列を示す。最上段のグルタミン（Q, Gln）から17残基のN末非らせん領域、1014残基のらせん領域、26残基のC末非らせん領域と続いている。生合成直後の前駆体プロコラーゲンでは、N末側の上流には139残基のN末プロペプチド、そのさらに上流に22残基のシグナルペプチドが付いており、C末側にも246残基のC末プロペプチドが付いている。プロコラーゲンは細胞外に分泌された後、シグナルペプチドおよび両末端のプロペプチドが、それぞれ特異な酵素により切断されて図2のコラーゲン分子（トロポコラーゲン）となる。C末プロペプチドは、3本鎖への会合を助けるが、3本鎖がさらに会合する繊維形成を阻害する。細胞外に分泌された後、プロペプチド部分が切断されたトロポコラーゲンは、自己会合により繊維を形成し、沈着すると考えられている。繊維を形成するI, II, III型のコラーゲンでは、図2で見たように1,000残基以上のらせんを形成する領域と、その両端の20残基程度の非らせん領域がある。らせん領域では厳密な Gly-Xaa-Yaa

の繰り返しであるが，非らせん領域ではこの繰り返しはない。一方，繊維を形成しないコラーゲンでは，らせん領域に2〜10程度，多い場合には20箇所以上，Gly-Xaa-Yaaの繰り返しを破る箇所があり，C1qなどではその部分でキンクしている。

Gly-Xaa-YaaのXとYの位置には，原理的には20種のアミノ酸全てが存在できるので，Gly-Xaa-Yaaのtripletには400通りの可能性がある。しかし，これまでに配列解析のされた4,040 tripletsを調べてみると，可能な組み合わせの約半分は全く出現せず，1%以上出現するものはわずかに24 tripletsであった[1]。そのうち，2.0%以上のものは，Gly-Pro-Pro（11.9%），Gly-Leu-Pro（6.3%），Gly-Glu-Pro（2.9%），Gly-Pro-Lys（2.8%），Gly-Glu-Lys（2.7%），Gly-Ala-Pro（2.6%），Gly-Phe-Pro（2.6%），Gly-Pro-Ala（2.5%），Gly-Pro-Arg（2.4%），Gly-Ser-Pro（2.3%），Gly-Pro-Gln（2.2%），Gly-Glu-Arg（2.1%）である。したがって，コラーゲンの1次構造中に出現する配列は非常に限られた種類のtripletだけである。

図2や上で述べたtripletの配列には，コラーゲンの全アミノ酸中に約10%含まれているはずのHypがない。これはコラーゲンの1次構造が，DNAの配列解析から決められているためであり，この段階ではHypとProの区別はなく，共にProである。Hypは，生合成された後にプロリル4-ヒドロキシラーゼによりProをヒドロキシ化すること（翻訳後修飾）により生成する。詳しくは，Hypは4-(R)Hypと書き，Proの4位のC_γ炭素の水素原子が-OH基に置き換わったイミノ酸である。C_γ炭素は光学活性となりR-体とS-体の2つの可能性があるが，天然のものはR-体となる。通常，Hypと書かれていれば4-(R)Hypであり，4-(S)Hypのときは4-(S)HypまたはalloHypと書く。この酵素は，Y位にあるProをHypに代え，これによりコラーゲンの三重らせんは熱的に安定な構造となる。コラーゲンの翻訳後修飾としてはProのヒドロキシ化以外に，Lysのヒドロキシ化，糖の付加などがある。

3 分子構造

一般に，結晶性の繊維状高分子試料では結晶性部分（微結晶）と非晶性部分が混在している。試料中の無数にある微結晶はランダムな方向を向いているため，X線を照射するとDebye ringからなる粉末回折像が得られる。一方，試料を一軸方向に延伸して，微結晶中の分子鎖方向の結晶軸（通常c-軸）を延伸方向に配向させることができる。このような試料にX線を照射すると，いわゆる繊維回折像が得られ，これは単結晶の結晶軸回りの回転写真に相当する。球状タンパク質と異なり単結晶を得ることができなかった天然コラーゲンの分子構造研究は，繊維回折像からのデータに基づいたものである。多くの研究者が天然コラーゲン試料として用いてきた，カンガルーやネズミの尻尾の腱では，延伸をしなくても分子鎖は腱の長軸方向にすでに配向している

第1章　コラーゲンの分子構造・高次構造

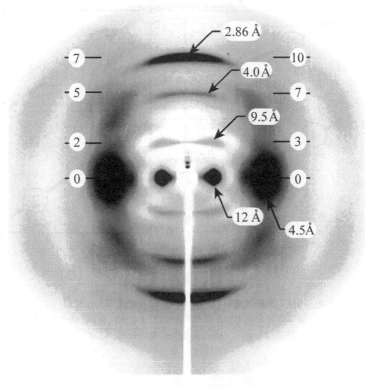

図3　Wallaby の尻尾の腱からの広角 X 線回折像（繊維回折像とも呼ぶ。SPring-8，BL40B2）
特徴的な反射のスペーシングと，繊維周期が 20 Å（左）と 28.6 Å（右）の場合の層線指数を示す。

（図3）。ただし，これまで研究されてきたコラーゲン試料は結晶性ではなく，微結晶は存在しない。そのため，分子鎖は繊維軸方向に配向しているが，繊維軸に垂直方向では分子間に相関がなく，ネマチック液晶のような状態である。このような分子の配向状態は，Watson と Crick が二重らせんを発見するきっかけとなった X 字型パターンを示す B-DNA と同じである。DNA では結晶性の試料も調製できるが，天然コラーゲンでは結晶性の繊維は得られていない。そのため，天然コラーゲンからの X 線回折像だけでは情報量が少なく，一義的な分子構造モデルの決定はできていない。まず，らせんの表記法と動径投影について説明した後，天然コラーゲンの構造研究，次に，1990 年代から始まったコラーゲンモデルペプチド単結晶の高分解能解析に基づく研究について述べる。

3.1　らせんの動径投影

コラーゲンの triple-helix 構造を理解するためには，らせんの動径投影（radial projection）

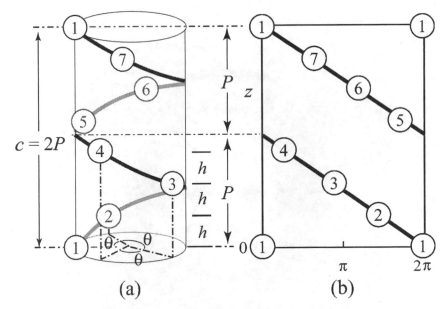

図4 円柱の表面に巻いた7/2-helix (a) とその動径投影 (b)
丸はラセンの繰り返し単位を表す。Pはラセンのピッチを，h，θ はそれぞれ繰り返し単位当たりのラセン軸方向の進み (unit height) と回転角 (unit twist) を表す。

を使うのが便利である。図4 (a) には円柱の表面にらせんが描いてある。このらせんは，繊維周期 c の中に繰り返し単位が7個あり，8個目は最初の単位の真上，c Åのところにある。また，その間に2回転している。このようならせんを7/2-helixと書く。一般に，分子のらせん対称を m/n-helix で表す。m と n は，それぞれ繊維周期 c 中の繰り返し単位数とらせんの回転数である。らせんには右巻きと左巻きがあるが，図4 (a) のらせんは左巻きであるので，正確には「左巻き7/2-helix」のように書くか，右巻きにして「7/5-helix」と書く。通常，何も書かれていなければ，暗黙の了解として右巻きになる。結晶学では結晶対称に，2, 3, 4, 6回のらせん対称があり，例えば，3_1, 3_2 らせんのような表記をする。これらは全て右巻きである。結晶のらせん対称と区別するために，通常，分子鎖のとるらせんは m/n-helix と表記するが，論文の中には m_n-helix という表記も見かける。さらに，結晶学では右巻きを標準としているので，図4 (a) のらせんは 7_5-helix と書かれることもある。コラーゲンの分子構造研究では，7/2-helix と 10/3-helix の2つのモデルが出てくるが，この場合には左巻きであるにもかかわらず，慣例として「左巻き」を省略して単に7/2-helix，10/3-helixと書くので，本章でもこの表記に従う。

さて，図4 (a) の円柱の表面を縦に切り開き，平面に広げると，らせんは2つの平行な直線となる (b)。縦軸 z はらせん軸方向の長さ，横軸は円柱表面の円周であり，0 から 2π までの角

度で表す。このらせんは7つの単位で2回転しているので，2本の平行な直線が繊維周期 c の中にある。このような図を動径投影（radial projection）と呼び，コラーゲンのような多重らせん構造を検討する際には非常に便利である。

3.2　天然コラーゲンからのアプローチ
3.2.1　triple-helix モデル以前の研究

　天然コラーゲンからのX線回折パターン（図3）の特徴は，① 2.86 Å の強い子午線反射，② 赤道線上の，12 Å の非常に強い反射と 4.5 Å のブロードな回折，③子午線近くの 9.5 Å と 4.0 Å の回折である。このうち，「2.86 Å の強い子午線反射」は，コラーゲンらせんにおける繰り返し単位（Gly-Xaa-Yaa）をらせん軸方向へ投影したときの長さ（図4の h），「赤道線上の 12 Å の非常に強い反射」は，コラーゲン分子間の距離を表し，試料の水分含量により 11 Å から 14 Å の範囲で変化する。結晶ではないためこれらの回折点に指数付けはできず，分子軸方向の繰り返し周期（繊維周期, c）と，X線強度分布から分子構造に関する情報を入手しなければいけない。ところが，DNA の場合と異なり赤道線以外の層線上の回折は，2.86 Å，9.5 Å と 4.0 Å のわずか3つの回折点であり，繊維周期の一義的な決定はできていない。すなわち，Herzog は繊維周期を29.1 Å としたが，Bear は 20 Å とし，Cowan らは延伸したネズミの尻尾の腱を用いて，31 Å か 21 Å のどちらかであるとした。また，分子構造についても Bear は 7/2-helix を，Cowan は 31 Å の 10/3-helix または 21 Å の 7/2-helix を提案した。1950年代の初め，コラーゲンは1本鎖であると考えられており，この2つのモデルも1本鎖らせんである。これらのモデルは，図5の動径投影において繰り返し単位である○を破線で結んだ構造として表せる。繊維回折像から得られる最も重要な情報は，繊維周期と，繰り返し単位（散乱単位）がどのような1本鎖らせんを形成しているかを表すらせん対称である。分子が何本のペプチド鎖で構成しているかは，回折像だけからは判定できず，分子の立体化学や，分子量等の物理化学的な知見に基づき決定する。次節で述べる Ramachandran の triple-helix 構造の提案以前には，多くの研究者がコラーゲンは1本鎖であると考えており，多重鎖モデルとしてはDNAの二重らせん構造を提案した Crick が2本鎖構造を，Pauling が密度の考察から平行に並んだ3本鎖構造を提案していただけであり，いずれも短命のモデルであった。

3.2.2　triple-helix モデル

　Ramachandran と Ambady は，乾燥したカンガルーの尻尾の腱の回折像は，20 Å の繊維周期では全ての反射を十分に説明することができず，繊維周期は 28.6 Å であるとした。この論文には独立な14個の層線反射が描いてある回折像のイラストがあるだけで，回折像そのものは掲載されていない[2]。一方，多くの研究者はすでに述べた3個の層線反射，または 1.43 Å の子午線

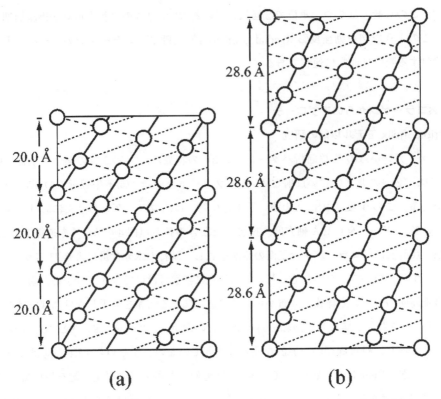

図5 コラーゲンの 7/2-helix モデル (a) と 10/3-helix モデル (b) の動径投影
丸は繰り返し単位である Gly-Xaa-Yaa triplet を表す。破線方向に繰り返し単位が結合していれば，1本鎖構造となり，点線に沿って結合していれば2本鎖構造，実線に沿って結合していれば3本鎖構造となる。

反射を加えた4個の反射のみを信頼できるものとして，繊維周期の決定に使っている。いずれにしても，この2ページ足らずの論文は他の同種の論文に較べ特に重要な論文であるとは思えない。しかし，翌年，この繊維周期に基づき Ramachandran と Kartha (1955) が提案した最初の triple-helix 構造 (10/3-helix)[3] は，それまでに提案されたモデルに較べて種々の点においてずば抜けて優れており，28.6 Å の繊維周期を持つ3本鎖からなる 10/3-helix 構造のフレームワークは，発表直後から多くの研究者により受入れられた。彼らのモデルでは，まず Gly-Xaa-Yaa の3残基で1回転する 3/2-helix を3つ，Gly が軸の近くに来るように中心軸の周りに配置する（図6）。(a) では，A鎖の4番の Gly は1番の Gly の真上であるが，(b) では中心軸の周りに 36° だけ回転させ，7番目の Gly はさらに 36° 回転させる。この操作を繰り返していくと，31番目の Gly は1番目の Gly の真上に来る。ここで，アミノ酸1残基ではなく Gly-Xaa-Yaa の3残基を単位にすると，10単位で1回転する 10/1-helix と考えることができる（図5 (b) の実線で

第1章　コラーゲンの分子構造・高次構造

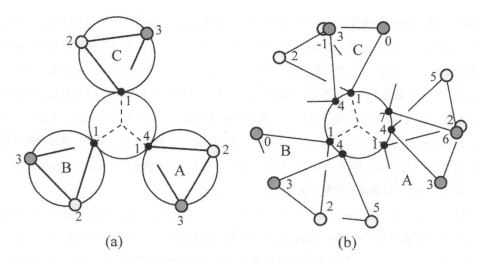

図6　軸方向から見た triple-helix 構造の概略図
(a) 残基1を中心に向けてパラレル配向した3本の左巻き 3/1-helix，(b) 左巻き 3/1-helix に右巻きの撚りを入れて生成した coiled-coil 構造，3残基を繰り返し単位にとると，各1本鎖は 10/1-helix となる。

結んだ構造)。他の2つのペプチド鎖にも同様の操作をして，10/1-helix を作る。ただし，B，C 鎖の1番目の Gly は，それぞれ，A，B 鎖の1番目の Gly に対して中心軸方向（紙面に垂直方向）の高さを，2.86 Å だけずらせておく（one-residue stagger）。これにより，ある高さのところには3本鎖の中の1つの Gly だけが存在し，中心軸付近の狭い空間を有効利用できるのでタイトな triple-helix が形成する。このような構造をとっているならば，コラーゲンのアミノ酸配列において3残基毎に側鎖を持たない Gly が来なければいけない理由も理解できる。これに対して，X 位，Y 位のアミノ酸はらせんの外側に位置しており，側鎖に影響されずにいろいろなアミノ酸が存在し得る。このように Ramachandran らの triple-helix 構造のフレームワークはコラーゲンの1次構造の特徴を巧みに説明し，また，X線回折データをも満足するものであった。しかし，残念なことに隣接鎖間に原子間接触があり，また，彼らの用いた Gly-Xaa-Pro という繰り返し単位が，その当時の最新の知見である Gly-Pro-Hyp という配列と異なっていた。そのため，Rich と Crick は全く同じらせんのフレームワークを持つ構造モデルを，Ramachandran らの論文発表後2ヶ月足らずで，同じ Nature 誌に発表した[4]。その後，彼らは詳しい構造を 1961 年に発表した[5]。この構造が Rich & Crick モデルと呼ばれているモデルである。彼らの論文には，繊維周期 20 Å で 7/2-helix 構造をとる triple-helix についての検討はない。さらに，1953 年には 28.6 Å と 20 Å の2つの繊維周期の可能性を提案していた Cowan らも Rich と Crick の論文に遅れること1ヶ月足らずで Nature 誌に同じらせんのフレームワークの構造を提案し，なぜ 20 Å の繊

維周期の triple-helix を採用しないのかについては議論していない[6]。それまでに提案されていたモデル構造に対して，Ramachandran らのモデルはずば抜けて合理的な構造であり，慌てて軌道修正したのではないかと考えられる。1970年代にはコラーゲンの triple-helix といえば必ず Ramachandran の名前が出てきたが，最近の生化学の教科書には Rich と Crick の名前が出ても Ramachandran の名前を見ることはない。最近の総説では，コラーゲンの triple-helix 構造は，Ramachandran ら，Crick ら，Cowan らが独立に見つけたことになっている[7]。繊維の構造解析で最も重要なのは，繊維周期の決定と，分子の持つらせん対称の決定である。Ramachandran らのオリジナリティーは認めるべきであろう。

この流れとは別に，奥山らはコラーゲンモデルペプチド，(Pro-Pro-Gly)$_{10}$（PPG10 と略す）単結晶からの X 線回折データが，明瞭に $c = 20$ Å の繊維周期と 7/2-helix 構造を示したこと[8]，歴史的にも天然コラーゲンからの X 線回折像は 20 Å の周期でも説明されていたことから，この構造をコラーゲンの新しい構造モデルとして提案した[9]。しかしながら，多くの研究者は 7/2-helix 構造はモデルペプチドの構造であり，アミノ酸配列の複雑なコラーゲンの構造は Rich と Crick のモデル（10/3-helix）であるとする見解をとってきた。ところが，最近，天然コラーゲンからの X 線回折データに基づき，2つのモデル構造の精密化を行った結果，7/2-helix モデルで何ら問題なく，むしろ 7/2-helix の方が実測データをより良く説明することが分かった[10]。

3.2.3 天然コラーゲンの繊維構造解析

Rich と Crick は，彼らの提案した 10/3-helix 構造に基づく構造振幅と，天然コラーゲンの繊維回折像から求めた実測の構造振幅を定性的に比較した[5]。Fraser らは，繊維状高分子のための構造解析プログラム LALS（Linked-Atom-Least-Squares）[11]を用いて構造を精密化した[12]。その際，アミノ酸配列は poly(Gly-Pro-Hyp) であるとし，繊維周期は 29.83 Å，分子のらせん対称は 10/3-helix のフレームワークの下で，らせんの繰り返し単位，Gly-Pro-Hyp，3残基中のペプチド主鎖の内部回転角を変数として構造を精密化した[12]。その結果，R-因子が 0.272 の最終構造を得ており，この構造が Rich & Crick モデルを精密化した構造として良く引用されている。しかしながら，彼らの解析には，① 7/2-helix の可能性を正しく評価していない点，②現実の配列中では，X 位と Y 位には約 1/3 しかイミノ酸が存在しないにもかかわらず，Pro と Hyp が 100%存在しているとした点，③強度データの測定に多重フィルム法を用いており，コラーゲンのように小数のブロードな回折しか存在しない場合には測定データの信頼性に疑問がある点などの問題がある。そこで，奥山らは，放射光と Imeging Plate の利用，最近のコラーゲンモデルペプチド単結晶からの構造情報の利用，存在比に基づく X 位と Y 位のイミノ酸含量を用いる等の改良を試み，20 Å と 28.6 Å の両方の繊維周期に基づく層線強度測定データに対して，それぞれ 7/2-helix および 10/3-helix 構造を Win LALS プログラム[13]で精密化した[10]。その結

果，7/2-helix では 0.23，10/3-helix では 0.26 の R-因子を与える構造を得た。長年にわたり 7/2-helix はモデルペプチドの構造であり，天然コラーゲンは 10/3-helix であるといわれてきたが，7/2-helix でも何ら問題なく天然コラーゲンの回折像が説明できることを定量的に示したことは重要な意味を持つ。

3.3 モデルペプチドからのアプローチ

先に述べたように，トロポコラーゲンのらせん領域の1次構造は Gly-Xaa-Yaa の繰り返しで表せ，X と Y の位置には，それぞれ Pro と Hyp が約 1/3 の頻度で出現する。そのため，この特徴を持った多数のモデルペプチドが 1960 年代に合成され，それらの構造や物理化学的性質が調べられた。しかし，これらは分子量に分布を持つペプチドポリマーであり，1次構造は明確であるものの，それら試料からの X 線回折像は天然コラーゲン以上の構造情報を与えるものではなかった。1960 年代の末には榊原らが固相法で分子量のそろったモデルペプチドの合成に成功し，コラーゲンの物理化学的研究の飛躍的な発展に貢献した。中でも，PPG10 は繊維状化合物としては初めて X 線回折可能な大きさの単結晶を与え，反射データは繊維周期 20 Å の 7/2-helix 構造の存在を明瞭に示した[8]。当時の単結晶からは 1,000 個程度の反射しか得られず，タンパク質単結晶と同じ解析手法は使えず，繊維の構造解析プログラム（LALS）を用いて3次元構造が解析された[14]。このペプチドはその後，奥山ら，アメリカの Berman ら，イタリアの Zagari らにより独立にタンパク質単結晶に対する手法を用いて解析された[15, 16]。この結晶ではらせん軸方向の真の周期は明瞭ではなく，100 Å であると推測されていたものの，この周期に関する反射が極端に少ないため，3グループ共 $c = 20$ Å のサブセル構造での解析を行った。その後，Zagari らはスペースシャトルの微重力下で良好な単結晶を得，放射光を用いた回折データから真の周期は予想していた約2倍の 182 Å であることを見つけ，フルセルでの構造解析に成功した[17]。一方，奥山らは，分子長とらせん周期 20 Å の関係を基に，新たに (Pro-Pro-Gly)$_9$（PPG9 と略す）を合成し，地上でも非常に丈夫で高分解能データを与える単結晶の構造解析に成功した[18]。

一般に，X 位と Y 位のどちらかがイミノ酸でない triplet の繰り返しでは triple-helix は形成しない。Brodsky らは，そのような配列でも両端をらせん形成能の高い (Pro-Hyp-Gly)$_n$（POGn と略す）等でサンドイッチすることにより triple-helix を形成させ，物理化学的な研究を行うという手法を用いてコラーゲン研究に新たな流れを作った[19]。このようなペプチドをホスト・ゲストペプチドと呼び，1994 年に POG4-Pro-Hyp-Ala-POG5（Ala → Gly ペプチドと略す）構造が初めて高分解能で解析されて以来[20]，すでに 20 例以上の構造解析が発表されている。得られた構造を整理するために使われる helical twist について説明し，次にモデルペプチド単結晶の構造解析の概略と，解析結果の概略をまとめた。

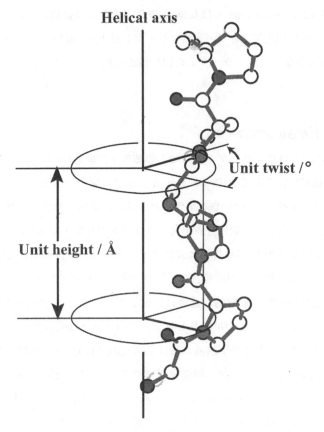

図7 コラーゲンらせんにおける unit twist と unit height

3.3.1 ヘリカルツイスト

単結晶構造解析によりペプチド主鎖の原子座標が分かれば，ある任意の triplet のコンフォメーションが繰り返してできる仮想的ならせんのらせんパラメーター（unit twist, θ と unit height, h）が求まる。ここで，unit twist とは，1つの triplet と次の triplet がらせん軸周りに何度回転しているかを示す角度であり，helical twist ともいう。また，unit height とは1つの triplet と次の triplet との間のらせん軸方向の距離である（図4, 7）。triplet 内の9個の主鎖原子（それぞれ3個の N, C, C 原子）の分子内座標（それぞれ9組の結合長，結合角，内部回転角）を用いて，らせんパラメーターは計算できる[21]。構造解析されたモデルペプチドの triplet 毎の helical twist をこの方法を用いて調べ，その平均値から分子構造のらせん対称が議論できる。理想的な 7/2-helix モデルでは各ペプチド鎖は 7/1-helix 構造であるので（図5），helical twist は 51.4°（= 360°/7）となり，10/3-helix モデルでは 36° となる。

3.3.2 コラーゲンモデルペプチドの構造解析

コラーゲンモデルペプチドの単結晶構造解析は，通常のタンパク質の解析手法と同じである。分子長はアミノ酸残基数に 2.86 Å を乗じた値をとる棒状分子であり，初期構造（プローブ）としてこのような構造を用いれば，分子置換法で初期位相を決定できる。最初に高分解能解析に成功した Bella らの Ala → Gly ペプチドでは，プローブとして Fraser らが繊維構造解析で求めた 10/3-helix 構造の 3 triplets（3本鎖全体では 9 triplets）を用いて解析を進め，精密化後の構造は中央のゲスト部分を除き 7/2-helix に極めて近い構造となった[20]。X 線回折データは，放射光を利用した低温（100 K）測定が一般的で，数万の反射強度が測定できる。球状タンパク質結晶に較べ，コラーゲンのモデルペプチド単結晶は X 線照射に対して非常に丈夫であり，室温測定でも同様のデータを得ることができるが，保存や放射光施設への運搬を考えると凍結結晶の方が便利である。構造解析では，使用する反射データを段階的に高分解能にしていき，2～1.8 Å分解能データから水の導入を始める。これまでの解析結果からペプチド分子に直接水素結合している第 1 層の水は共通して見つかっているので，まずこれらの水から導入していく。ペプチドと直接には水素結合していない第 2 層の水では，必ず他の水分子と水素結合距離にあり，差フーリエ図で電子密度が確認できるもののみ導入していく。導入後の精密化の結果も参考にし，温度因子が他の水分子に較べ極端に大きなものは除く。解析した多くのモデルペプチドでは，棒状分子の長軸に垂直面での分子の位置は容易に分かるが，長軸方向での分子の位置，長軸周りの分子の回転角の決定は難しく，数十個，数百個の可能性についての検討が必要な場合もある。

3.3.3 ペプチド主鎖のコンフォメーション

単結晶が得られたコラーゲンモデルペプチドは，全て triple-helix 構造をとっており，特殊なゲスト部の構造を除き，7/2-helix に極めて近いコンフォメーションであった。一例として，POG4-(Leu-Hyp-Gly)$_2$-POG4（LOG2 と略す）分子のステレオ図を図 8 に載せた[22]。Gly のアミドの窒素と隣の鎖の Xaa のカルボニル酸素の間が水素結合しており，N⋯O 間距離の平均は 2.91 Å であった。この水素結合はらせん軸にほぼ垂直で，triple-helix 内部にあり，周辺の水分子からは隔離されている。また，この水素結合は Rich & Crick model（10/3-helix）でも奥山らのモデル（7/2-helix）でも共通して見られ，一般の N⋯O 間水素結合距離よりも若干長めであるのもコラーゲンらせんの特徴の 1 つである。Gly-Xaa-Yaa の triplet 中の残り 2 つ，Gly と Yaa のカルボニル基はらせんの外側を向いており（図 8），X 位，Y 位にイミノ酸でないアミノ酸が来た場合にも，これら残基の N-H 基とは直接の水素結合はできない。LOG2 ペプチドのゲスト部の X 位には Leu が 2 つあり，水素結合可能な N-H 基がある。これら N-H 基は水を介して，ペプチド分子と強固な水素結合ネットワークを形成していた。これについては次節で述べる。

表 1 に triplet 中の各残基の ϕ，Ψ，ω の平均値と helical twist の平均値を載せた。ϕ，Ψ，

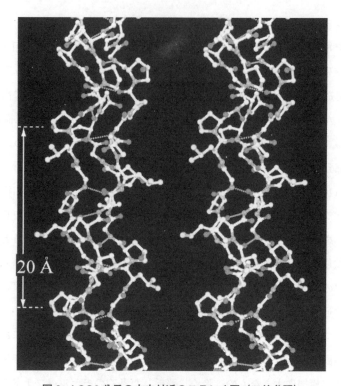

図8　LOG2分子の中央付近のステレオ図（口絵参照）
グリーンの点線は，N-H(Gly)…O=C(Xaa) の水素結合を示す．結晶中の水分子は除いてある．

ω の値からは 7/2-helix か 10/3-helix の区別は難しいが，平均の helical twist を見れば構造の違いは明確である．

3.3.4　水和水の結合パターン

　これまでに高分解能解析されたモデルペプチド単結晶の構造から，triple-helix に水和する水分子は一定の様式に従っていることが分かった．すなわち，triplet 当たり3個あるカルボニル酸素のうち，X位のものは triple-helix の内側に向き，前節で述べたようにこれら酸素に水分子は接近できない．一方，Yaa と Gly のカルボニル基の酸素は，らせんの外側を向いており（図8），多くの場合，2個と1個の水分子が，それぞれ結合している．後者のもう1つの結合サイトは，隣のペプチド鎖により多くの場合ブロックされていた．また，X位，Y位に Hyp が来るとヒドロキシ基の酸素にも2個の水分子が結合できる．図9の左上ではY位の Hyp のカルボニル酸素と2個の水分子との水素結合が，また，この Hyp に続く Gly のカルボニル酸素が1個の水分子と水素結合している様子が分かる．X位，Y位にイミノ酸でなくアミノ酸が来ると，これらのアミノ基は直接水素結合できる適当なカルボニル基がないため，水分子と水素結合を形成する．例

第1章 コラーゲンの分子構造・高次構造

表1 LOG1, LOG2, POG11 の単結晶解析や，天然コラーゲンの繊維解析から得た主鎖二面角（φ, Ψ, ω）とラセンパラメーター（h, θ）

	LOG1(ref.22)		LOG2(ref.22)		POG11 (ref.28)	Fiber diffraction(ref.10)	
	all	guest	all	guest		7/2-helix	10/3-helix
φ(X)/°	−69.9	−64.1	−68.0	−68.1	−70.0	−77.9	−67.6
Ψ(X)/°	162.1	159.5	158.2	156.5	162.3	166.1	147.7
ω(X)/°	174.1	171.5	175.2	173.6	172.3	175.8	−171.5
φ(Hyp)/°	−56.9	−59.8	−60.6	−62.4	−57.0	−60.3	−69.0
Ψ(Hyp)/°	150.2	152.7	153.4	151.5	149.6	163.4	155.4
ω(Hyp)/°	176.0	176.0	177.1	178.1	174.6	179.7	−166.9
φ(Gly)/°	−69.4	−67.6	−70.9	−68.2	−71.1	−75.7	−78.5
Ψ(Gly)/°	175.6	171.8	174.4	170.8	173.4	176.3	147.1
ω(Gly)/°	177.6	177.9	178.2	176.5	178.7	173.5	−165.6
h/Å	8.37	8.43	8.43	8.47	8.44	8.57	8.58
θ/°	53.9	51.1	52.0	46.9	51.9	51.4	36.0

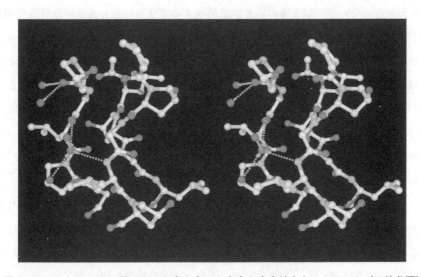

図9 LOG1 と LOG2 で見つかった水を介した安定な水素結合ネットワーク（口絵参照）

えば，Leu-Hyp-Gly 配列はコラーゲンのラセン領域の配列中では Pro-Hyp-Gly についで頻繁に出現する triplet であるが，ゲスト部にこの配列を持つ POG4-Leu-Hyp-Gly-POG5（LOG1 と略す）や LOG2 では，Leu のアミノ基は水分子と水素結合しており，この水分子はさらに，図 9 に示すように隣接鎖の Gly のカルボニル酸素，Gly から 2 残基 C-末側の Hyp のヒドロキシ酸素と水素結合していた[22]。LOG1 と LOG2 には独立した Leu は合計 9 個あるが，その総てでこの水素結合パターンが見つかった。さらに，アミノ基に水素結合した 9 個の水分子中 8 個は，第 2 層の水とも水素結合しており，水素結合による四面体構造を形成していた（図 9）。また，これら水分子の酸素の温度因子はペプチドの非水素原子の値と同程度，他の水分子のほぼ半分であり，三重らせん構造の安定化に寄与しているものと考えられる。同様の水分子は，POG4-Glu-Lys-Gly-POG5（EKG と略す）ペプチドにおいても見つかっており，Glu の NH に水素結合した水分子が隣接鎖の Gly のカルボニル酸素にも水素結合している[23]。ただし，この場合には Gly から 2 残基 C-末側にあるのは 2 つの鎖では Lys であるため水素結合しておらず，残り 1 つの鎖だけで Hyp の水酸基と水素結合している。一方，Y 位にアミノ酸が来た場合にも水分子と水素結合するが，NH の方向は triple-helix の外側を向いており，NH に結合した水がさらに同一ペプチド分子中の原子と結合することはない。POG3-Ile-Thr-Gly-Ala-Arg-Gly-Leu-Ala-Gly-POG4（T3-785 と略す）[24] の水素交換実験から，Y 位のアミノ酸の NH プロトンは迅速に水素交換されるのに対して，Gly と X 位のアミノ酸の NH プロトンは非常に遅いという水溶液中での結果もこのことを裏付けている[25]。

　以上述べた水分子は，ペプチド原子に水素結合したいわゆる第 1 層の水である。ペプチド原子には直接水素結合しないが，第 1 層の水と水素結合する第 2 層の水も高分解能解析で明らかになった。図 10 は PPG9，LOG1，(Gly-Hyp-Hyp)$_9$（GOO9 と略す）ペプチド単結晶中に含まれる水分子のヒストグラムで，横軸は水分子と再近接のペプチド原子との距離である。これら 3 つのペプチドは，X 位，Y 位が共に疎水性の Pro である PPG9[18] や PPG10[17]，Y 位が親水性の Hyp になった LOG1[22]，Ala → Gly ペプチド[20]，EKG[23]，POG3-Pro-Arg-Gly-POG4（PRG と略す），X 位も Hyp になった GOO9[26]，(Hyp-Hyp-Gly)$_{10}$（OOG10 と略す）[27] の 3 つのグループの代表として載せたもので，各グループ内では非常に似たヒストグラムを示す。なお，第 2 のグループは，本来，POG10 または POG11 の構造を使うべきであるが，これらの単結晶解析は $c = 20$ Å の副格子についてのみ成功しており，真の格子中の構造は分かっていない[28]。そのため POG 配列をホストとするホスト・ゲストペプチドの構造で代用した。もちろん，POG10，POG11 の副格子構造でもこのグループのヒストグラムの特徴は持っているが，解析は $c = 20$ Å 内の 7 triplets 分であるため水分子の数も少なく，ホスト・ゲストペプチドの結果を用いた。

　PPG9 のヒストグラムには 2.75 Å と 3.55 Å をピークにした 2 つの明瞭な集団があり，これが第

第1章 コラーゲンの分子構造・高次構造

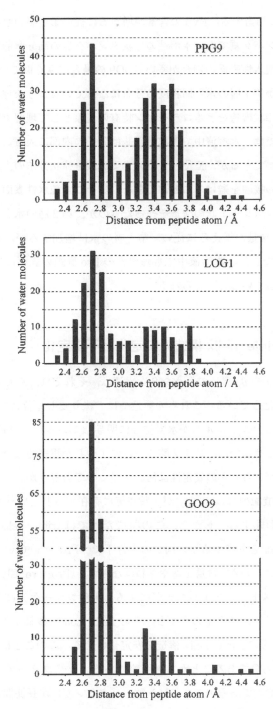

図10 疎水性の異なる3種類のペプチド結晶における，ペプチド中の最近接非水素原子からの距離に対する水分子の頻度分布
PPG9とGOO9は非対称単位中にペプチド分子が2つ入っているが，LOG1では1つである。そのため，LOG1と他の2つの頻度を比較する際には，LOG1の頻度は2倍にする必要がある。

1層の水，第2層の水に相当する。Hypの含量が増えるに従い第1層の水は増加し，第2層の水は減少していく。膜タンパク質でない水溶性の球状タンパク質の高分解能解析で見つかった水分子のヒストグラムは，親水性表面の割合が多いGOO9の場合に良く似ている。一方，PPG9のように第2層の水の分布が第1層の水と同程度の分布になっているような球状タンパク質の例は知られていない。これは棒状構造をとるコラーゲン特有の現象として理解できる。すなわち，水溶性の球状タンパク分子では，水溶液中で疎水性残基は分子の内部に入ることにより周囲の水分子との接触を避けることができるが，X位，Y位のアミノ酸を棒状分子の表面に突き出した構造のコラーゲンでは，水との接触を避けることができない。そこで疎水性表面を水分子間の水素結合ネットワークで覆いクラスレート状の構造を作ったものが，第2層の水として表れたものと考えられ，親水性のHypの含量が増えるに従い，第1層の水は増加するが，第2層の水は急激に減少していくことも理解できる。水溶液中でも疎水性のPro側鎖の表面には，このようなクラスレート状の水の層が覆っていると考えられる。

4 Hypによるtriple-helix構造の安定化と不安定化

タンパク質のα-helixやβ-構造のような2次構造は，それぞれ，らせん内水素結合やシート内水素結合により安定化している。これらの構造では，繰り返し単位はアミノ酸1残基であり，全てのアミノ酸のNHとカルボニル基が水素結合に関与している。α-helixやβ-構造よりも複雑な構造のコラーゲンらせんでは，アミノ酸3残基に1つしか規則的な分子内水素結合は存在しない。それではコラーゲンらせんの安定性は何に基づくのであろうか。

コラーゲンのアミノ酸配列には，「Glyが3残基毎に存在する」という特徴があり，この特徴によりtriple-helixが形成する。しかし，この特徴だけではtriple-helixは形成しない。例えば，PPG9はtriple-helixを形成するが，同様の条件下で(Pro-Ala-Gly)$_9$は形成しない。triple-helixを形成させるにはイミノ酸含量を増やさねばならず，(Pro-Pro-Gly)$_4$-Pro-Ala-Gly-(Pro-Pro-Gly)$_4$のようなホスト・ゲストペプチドにする。天然コラーゲンにおいても，各種生物から集めたコラーゲンのイミノ酸含量の多少と，そのhelix-coil転移温度T_mとは比例する。同じイミノ酸でもHypはさらにtriple-helix構造を安定化させる。このことは，PPG10とPOG10のT_mがそれぞれ30℃と60℃であることからも明瞭である。天然コラーゲンにおけるProのヒドロキシ化反応の際の補酵素であるアスコルビン酸（ビタミンC）が長期間にわたり不足すると壊血病になるが，この病気は，Pro→Hypへの反応が起こらないためtriple-helix構造の安定性が不足することに関係している。Hypがtriple-helix構造を安定化させる機構の解明は，コラーゲン研究者にとってチャレンジングなテーマであり，最近のモデルペプチドを使った多くの研究に

より大きく進展した。

　先に述べた PPG10 と POG10 の T_m の違いと共に, 榊原らは (Hyp-Pro-Gly)$_{10}$ (OPG10 と略す) が triple-helix を形成しないこと[29], Hyp (4-(R)Hyp) の diastereomer である 4-(S)Hyp では, X 位でも Y 位でも triple-helix を形成しないこと[30] も見つけた。そこで, 当初, 研究者達が取り組んだ問題は, ① Gly-Xaa-Yaa 配列において, Y 位に Hyp が来ると triple-helix を安定化させるが, X 位に来ると不安定化させるという Hyp の位置特異的な相反する性質, ②一方, 4-(S)Hyp は何故, 位置に関係なく triple-helix を不安定化させるのかという 2 点であった。

4.1　水和説

　Hyp による安定化に対して, Hyp の OH 基が水を 1 個または 2 個介して, 同じペプチド鎖の 2 残基 N-末側の Gly のカルボニル基と水素結合ネットワークを形成するためであるという説明がなされていた[31]。1 個の水を介する説の中には, この水がさらに隣接鎖の X 位のアミドの NH (イミノ酸の場合には不可能) と水素結合しているとする説もあった[32]。モデルペプチドの高分解能解析により, 結晶構造中で沢山の水分子がペプチド鎖と水素結合している様子が分かった。T_m を下げることから triple-helix 構造を不安定化することが分かっている Hyp-Pro-Gly や Pro-3(S)Hyp-Gly 配列をゲストにしたホスト・ゲストペプチドでも Hyp の水酸基は水と水素結合ネットワークは作っている[33]。剛直な棒状構造をしているコラーゲン分子では, triplet 当たり 2 個のカルボニル酸素 (Gly と Yaa) と, Hyp の O_γ はラセンの外側に突き出しているので, ペプチド分子を取り囲んでいる水と接しており, これらの水と水素結合する。このような水が全てらせん構造の安定化に寄与しているとは思えず, 個々の場合について吟味が必要である。例えば, Ramachandran らが提案した水素結合ネットワーク[32] の水分子に, もう 1 つ水分子を配位させた構造は LOG1 や LOG2 の構造解析で見つかり[22] (図 9), しかも中心の水分子の温度因子は他の水分子の半分程度しかなく, このネットワークが安定であることを示していた。このような水分子を介した水素結合ネットワークはコラーゲンらせんを安定化しているものと思われる。

4.2　誘起効果説

　Raines らは水酸基の代わりに Pro の C_γ 炭素にフッ素を導入したフルオロプロリン (Flp, 詳しくは 4-(R)Flp) を使って (Pro-Flp-Gly)$_{10}$ (PFG10 と略す) を合成し, この化合物の T_m が POG10 よりもさらに 30℃高いことを見つけた[34]。フッ素は水素結合に関与しないことから, 長らく信じられてきた水和説はこの論文により勢いをなくした。Raines らは, C_γ 位に付いた基の電気的な誘起効果により, イミノ環が up-(exo) コンフォメーション (図 11) をとる傾向が強くなり, またペプチド結合部分の *trans/cis* の割合も *trans* が強くなるため, Y 位の Hyp や Flp

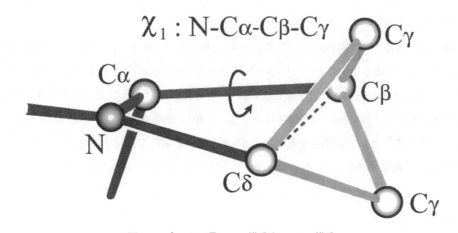

図 11 プロリン環の up-構造と down-構造
二面体角 χ_1 (N-C_α-C_β-C_γ) が負の値なら up-puckering, 正の値なら down-puckering と呼ぶ。

は triple-helix 構造を安定化するという誘起効果説を提案した。一般に天然のアミノ酸からなるペプチドやタンパク質は，ペプチド結合部分は *trans* 構造をとる。これは *cis* 構造に較べ，*trans* 構造の方が 2 kcal/mol 程度エネルギーが低く，*trans/cis* 間のエネルギー障壁が 20 kcal/mol 程度あるためである[35]。ところがプロリンでは，エネルギー差，エネルギー障壁共に小さくなり，タンパク質の構造中に *cis* 構造の Pro が見つかっている。また，コラーゲンの triple-helix 構造とも密接に関係する poly(Pro) のとるポリプロリン II 型構造 (3/2-helix, 繊維周期 9.36 Å, h = 3.12 Å, θ = $-120°$) では，ペプチド部分は全て *trans* 構造であるが，ポリプロリン I 型構造 (h = 1.9 Å, θ = $-108°$) では，全て *cis* 構造であることも知られている[36]。ところが，Pro の C_γ 位に置換した基の電子吸引効果により coil 状態での *trans/cis* の割合が *trans* 側に傾けば，*trans* 構造をとっている triple-helix から random coil に転移しても，取り得る構造の数がそれ程増加しないので，エントロピー効果で転移温度は上昇する。この説では，Y 位の Hyp による構造安定化は説明できるが，X 位の Hyp による不安定化を明瞭には説明できていない。

4.3 puckering 説 (propensity-based hypothesis)

5 員環構造をとるプロリン環には，通常，C_γ 炭素がカルボニル酸素側を向いた C_γ-エンド型 (down-puckering) と反対側を向いた C_γ-エキソ型 (up-puckering) の 2 種類のコンフォメーションがある (図 11)。タンパク質の結晶構造データ (PDB) や低分子の結晶構造データ (CSD) で，Pro の puckering を調べてみると up と down は，ほぼ同数であるのに対して，Hyp は up が圧倒的に多い。また，高分解能解析した PPG10 の構造では，X 位の Pro は down，Y 位の Pro は

第1章 コラーゲンの分子構造・高次構造

up 構造であったことから，Vitagliano らはコラーゲンらせんの X 位は down，Y 位は up のコンフォメーションを好む傾向（propensity）があり，両コンフォメーションを取り得る Pro は X 位，Y 位どちらにも存在できると考えた。一方，それ自身 up 構造が安定である Hyp は Y 位に来ると構造を安定化するが，X 位に来ると Hyp の性癖（residual propensity）と X 位の性癖（positional propensity）が異なり，構造は不安定になるとして，PPG10，POG10，OPG10 の triple-helix の安定性を説明した（propensity-based hypothesis）[37]。4-(R)Hyp や 4-(R)Flp は up-構造を好むが，それらの diastereomer である 4-(S)Hyp や 4-(S)Flp は down-構造を好む。また，OH よりも F の方が電気的誘起効果は強いので，Flp の方が Hyp よりもその性癖は強い。この仮説により，(Pro-4-(R)Hyp-Gly)$_{10}$，(Pro-4-(R)Flp-Gly)$_{10}$，(4-(S)Flp-Pro-Gly)$_{10}$ が安定な triple-helix を形成すること，(Pro-4-(S)Hyp-Gly)$_{10}$，(Pro-4-(S)Flp-Gly)$_{10}$，(4-(R)Hyp-Pro-Gly)$_{10}$，(4-(R)Flp-Pro-Gly)$_{10}$ が triple-helix を形成しないことは説明できる。(4-(S)Hyp-Pro-Gly)$_{10}$ が triple-helix を形成しないことだけが，この仮説で説明できないが，これは 4-(S)Hyp が X 位に来ると隣接鎖との立体障害があることから説明できた[37]。また，C-OH と C-F の結合長の差により，(4-(S)Flp-Pro-Gly)$_{10}$ では triple-helix は形成するものの（$T_m = 54.5°$[38]），(Pro-4-(R)Flp-Gly)$_{10}$ よりも T_m が低いことからもこのことは理解できる。

このように propensity-based hypothesis は，かなり広範囲の実験事実を説明することができた。ところが，新たな問題も生じた。すなわち，OPG10 の例から X 位に Hyp が来ると，構造を不安定化すると長らく考えられていたが，無脊椎動物のコラーゲンでは X 位の Pro がヒドロキシ化されていること，Y 位に Hyp や Thr が来た OOG10 や (Hyp-Thr-Gly)$_{10}$ では triple-helix を形成すること[39, 40]，特に OOG10 では POG10 よりも T_m は高いことが分かった。また，GOO9[26] や OOG10[27] の構造解析で，X 位と Y 位の Hyp は共に up 構造をとっていることも分かった。Vitagliano らは，単結晶解析から得られた構造を基に，X 位と Y 位の Hyp による相互作用を量子化学的に解析し，triple-helix 中で互いに向き合った Hyp 環の $C_γ$-$O_δ$ グループが双極子-双極子の相互作用をしており，これが構造安定化に重要な寄与をしていると報告した[41]。Hyp-Thr-Gly 配列に対しても同様の説明が可能かどうか興味あるところであるが，この配列の信頼できる単結晶構造はまだ得られていない。

Hyp による triple-helix 構造の安定化，不安定化の機構については，旨く工夫されたペプチドの合成と高分解能の構造解析により多くの知見が得られたものの，さらに新たな解決すべき問題も生じ，今後もさらなる研究が必要である。

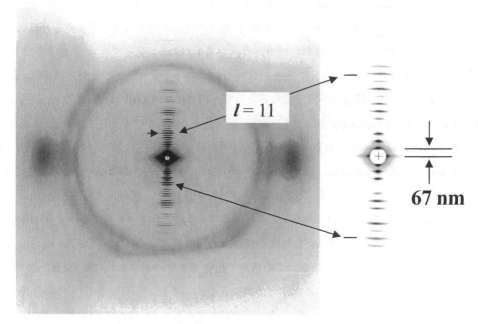

図12　ワラビーの腱の小角X線回折像（左，SPring-8, BL40B2）とその拡大像（右）

5　高次構造（D-stagger構造）

　コラーゲン繊維を電子顕微鏡やAFMで観測すると約67（670 Å）nmの規則的な縞模様が観測できる。また，小角X線回折でもこの周期構造に基づく30〜40次におよぶ子午線上のBragg反射が観測できる（図12）。長さ300 nmの分子から何故67 nmの周期構造が現れるかについて，HodgeとPetruskaは図1のように，分子を67 nm（この長さをDという）だけ分子鎖方向にずらすことにより説明した[42]。分子が複雑な高次構造を形成する際には，いきなり複雑な最終構造を作るのではなく，数段階に分けて高次構造を形成する方が効率的である。コラーゲンの繊維形成においても，図1に示した5本が同心円上に並んで太さ約3.6 nmの単位となった細繊維（microfibril）の存在がSmithにより提案されていたが[43]，1本の細繊維そのものを見たという信頼できる報告はこれまでなかった。Müllerらはマイカ表面に形成させたI型コラーゲンフィルムが，厚みが〜3 nmで，D-周期の縞模様を持っていることをAFMで観察した。彼らは，このフィルムはミクロフィブリルが1層並んだものであり，フィルムの厚みはミクロフィブリルの太さであるとした[44]。孤立したミクロフィブリルの観測ではないが，コラーゲン分子5本からなるミクロフィブリルという単位は恐らく存在するのであろう。それでは，ミクロフィブリル

第1章 コラーゲンの分子構造・高次構造

中でコラーゲン分子が分子軸方向に何故Dだけズレながら自発的に会合するのか，どのような原理でD-stagger構造が形成されるのであろうか。

コラーゲンのアミノ酸配列が明らかになるのと同時に，Hulmesらは直線上に書いたI型コラーゲンのアミノ酸配列2つを平行に並べ，一方を1残基ずつズラしていき，その度に2本の鎖間で疎水相互作用と静電相互作用の数を数えた[45]。ズラした残基数に対して相互作用の数をプロットすると，S/N比は良くないが1D，2D，3D，4Dのところがピークになっており，アミノ酸配列からコラーゲンの高次構造をある程度説明することができた。この論文は，疎水性アミノ酸が±2残基，正電荷を持つアミノ酸と負電荷を持つアミノ酸が±3残基以内に接近していれば相互作用していると見なして点数を与えるという，非常に単純な方法で1次構造から高次構造を予測したユニークなものである。その後，いろいろな改良を加えた同趣旨の論文が数多く発表されたが，未だにHulmesらの論文の域を超えた報告はない。前節で述べたように最近の10年間で，信頼のおけるコラーゲンの構造情報は飛躍的に増加した。そこで，これらの情報に基づく，もっとS/N比の良いD-stagger構造の説明が待たれている。そのためには，①ミクロフィブリルを構成しているコラーゲンの分子構造（7/2-helix）が考慮されていること，②ミクロフィブリルを構成する5本の分子鎖は緩いらせん構造をとっていると考えられるが，このらせんに関する情報を得ること，③T3-785ペプチドの構造からも分かるように，アミノ酸配列により局所構造は7/2-helixからずれた構造をとるが，分子間相互作用の観点から局所構造の最適化を行うこと，等が課題となろう。また，不思議なことにHulmesらの研究以降の研究においても，1D，2D，3D，4Dの4箇所で同程度の相互作用があることを示す結果を得ているが，2つのコラーゲン分子が会合する場合に4つの可能性が等価であれば，4種類の会合パターンができるので均一な繊維の形成はできない。この点も今後の課題であろう。ミクロフィブリルは，会合してより大きな繊維になる。Orgelらは小角領域では結晶性の良い繊維試料から得た414個の反射を用いて，分子構造を精密化して繊維構造を調べている[46]。1,000残基以上のアミノ酸を含むコラーゲンの分子構造を414個の小角反射データで精密化した結果にどのような意味があるのかは疑問である。

一方，モデルペプチドを使った繊維形成の研究も現れ始めた。Brodskyらは，POG10が自己会合して作る高次構造はコラーゲンの繊維構造とは異なるが，繊維の核形成や成長の機構はコラーゲンに類似しており，T_m直下の高温で核形成や繊維の成長が最も早いことを明らかにした[47]。また，酸性pHでは会合せず，中性条件でのみ繊維化する点，糖により繊維化が阻害される点などもコラーゲンと同様であった。さらに，N末側とC末側に，それぞれ正および負の電荷を持つアミノ酸を持つモデルペプチドで，D-stagger構造に似た周期構造を持つ繊維が形成したという報告もある[48]。モデルペプチドによる研究は繊維形成の研究にも貢献が期待される[49]。

6 おわりに

　X線回折を研究手段とする研究者にとって，近年の放射光の利用や信頼性の高い2次元検出器の出現は大いに研究の質を高め，また，量を増やすことに役立った。コラーゲンの構造研究においては，さらにモデルペプチドの自動合成が比較的簡単に行われる様になったことも加わり，この15年間の進展には目を見張るものがある。コラーゲンの構造や物性に関する問題を，適切に分子設計したモデルペプチドを使って，その高分解能構造を知った上で議論できることは，研究の質の向上に多大の貢献をしている。この様な状況の中で，天然コラーゲンに対するモデル構造の1つであるRich & Crickモデル（10/3-helix）の構造を持つモデルペプチドが見つからないのは，この構造がもともとコラーゲンの構造モデルとしては不適当であったことを示している。一方，奥山らの提案している7/2-helixモデルは，これまで高分解能解析された全てのモデルペプチドで見つかっており，コラーゲンヘリックスの参照構造として相応しいものと考える。

　今後，コラーゲンの構造研究としては，現在のイミノ酸含量の多いペプチドに較べ，より天然の配列に近い配列や天然の配列そのもの（30〜40残基程度）の研究や，triple-helix構造の安定化の研究のために，さらに巧妙に分子設計されたペプチドの研究が考えられる。また，モデルペプチドから得た構造情報を基にしたD-stagger構造の解明と共に，分子設計により，分子間会合を制御したペプチド繊維の研究からも天然コラーゲンのD-stagger構造解明に関わる重要な知見が得られる可能性もある。

文　　献

1) J. A. M. Ramshaw, N. K. Shah and B. Brodsky, *J. Struct. Biol.,* **122**, 86-91（1998）
2) G. N. Ramachandran and G. K. Ambady, *Curr. Sci.,* **23**, 349-350（1954）
3) G. N. Ramachandran and G. Kartha, *Nature*（London）, **176**, 593-595（1955）
4) A. Rich and F. H. C. Crick, *Nature*（London）, **176**, 915-916（1955）
5) A. Rich and F. H. C. Crick, *J. Mol. Biol.,* **3**, 483-506（1961）
6) P. M. Cowan, S. McGavin and A. C. T. North, *Nature*（London）, **176**, 1062-1064（1955）
7) B. Brodsky and A. V. Persikov, "Advances in protein chemistry", vol.70, Ed. by D. D. Parry and J. M. Squire, Elsevier Academic Press, Amsterdam, p.301-339（2005）
8) K. Okuyama, N. Tanaka, T. Ashida, M. Kakudo, S. Sakakibara and Y. Kishida, *J. Mol. Biol.,* **65**, 371-373（1972）
9) K. Okuyama, M. Takayanagi, T. Ashida and M. Kakudo, *Polymer J.,* **9**, 341-343（1977）

第1章 コラーゲンの分子構造・高次構造

10) K. Okuyama, X. Xu, K. Iguchi and K. Noguchi, *Biopolymers*, **84**, 181-191 (2006)
11) P. J. C. Smith and S. Arnott, *Acta Crystallogr.*, **A34**, 3-11 (1978)
12) R. D. B. Fraser, T. P. MacRae and E. Suzuki, *J. Mol. Biol.*, **129**, 463-481 (1979)
13) K. Okada, K. Noguchi, K. Okuyama and S. Arnott, *Compt. Biol. Chem.*, **27**, 265-285 (2003)
14) K. Okuyama, S. Arnott, M. Takayanagi and K. Kakudo, *J. Mol. Biol.*, **152**, 427-443 (1981)
15) V. Nagarajan, S. Kamitori and K. Okuyama, *J. Biochem.*, **124**, 1117-1123 (1998)
16) R. Z. Kramer, L. Vitagliano, J. Bella, R. Berisio, L. Mazzarella, B. Brodsky, A. Zagari and H. M. Berman, *J. Mol. Biol.*, **280**, 623-638 (1998)
17) R. Berisio, L. Vitagliano, L. Mazzarella, A. Zagari, *Protein Sci.*, **11**, 262-270 (2002)
18) C. Hongo, K. Noguchi, K. Okuyama and N. Nishino, *J. Biochem.*, **138**, 135-144 (2005)
19) J. A. Ramshaw, N. K. Shah and B. Brodsky, *J. Struct. Biol.*, **122**, 86-91 (1998)
20) J. Bella, M. Eaton, B. Brodsky and H. M. Berman, *Science*, **266**, 75-81 (1994)
21) K. Okuyama, G. Wu, N. Jiravanichanun, C. Hongo and K. Noguchi, *Biopolymers*, **84**, 421-432 (2006)
22) K. Okuyama, H. Narita, T. Kawaguchi, T. Noguchi, Y. Tanaka and N. Nishino, *Biopolymers*, **86**, 212-221 (2007)
23) R. Z. Kramer, M. G. Venugopal, J. Bella, P. Mayville, B. Brodsky and H. Berman, *J. Mol. Biol.*, **301**, 1191-1205 (2000)
24) R. Z. Kramer, J. Bella, B. Brodsky and H. Berman, *J. Mol. Biol.*, **311**, 131-147 (2001)
25) P. Fan, M. Li, B. Brodsky and J. Baum, *Biochemistry*, **32**, 13299-13309 (1993)
26) M. Schumacher, K. Mizuno and H. P. Bächinger, *J. Biol. Chem.*, **280**, 20397-20403 (2005)
27) K. Kawahara, Y. Nishi, S. Nakamura, S. Uchiyama, Y. Nishiuchi, T. Nakazawa, T. Ohkubo and Y. Kobayashi, *Biochemistry*, **44**, 15812-15822 (2005)
28) K. Okuyama, C. Hongo, R. Fukushima, G. Wu, H. Narita, K. Noguchi, Y. Tanaka and N. Nishino, *Biopolymers*, **76**, 367-377 (2004)
29) K. Inoue, Y. Kobayashi, Y. Kyogoku, Y. Kishida, S. Sakakibara and D. J. Prockop, *Arch. Biochem. Biophys.*, **219**, 198-203 (1982)
30) K. Inoue, S. Sakakibara and D. J. Prockop, *Biochem. Biophy. Acta*, **420**, 133-141 (1976)
31) E. Suzuki, R. D. B. Fraser and T. P. MacRae, *Int. J. Biol. Macromol.*, **2**, 54-56 (1980)
32) G. N. Ramachandran, M. Bansal and R. S. Bhatnagar, *Biochim. Biophys. Acta*, **322**, 166-171 (1973)
33) N. Jirabanichanun, C. Hongo, G. Wu, K. Noguchi, K. Okuyama, N. Nishino and T. Silva, *ChemBioChem*, **6**, 1184-1187 (2005)
34) S. K. Holmgren, K. M. Taylor, L. E. Bretscher and R. T. Raines, *Nature*, **392**, 666-667 (1998)
35) G. E. Schulz and R. H. Schirmer, "Principles of Protein Structure", p.25, Springer-Verlag, New York (1979)
36) R. D. B. Fraser and T. P. MacRae, "Conformation in Fibrous Proteins and Related Synthetic Polypeptides", p.257-260, Academic Press, New York (1973)
37) L. Vitagliano, R. Berisio, L. Mazzarella and A. Zagari, *Biopolymers*, **58**, 459-464 (2001)
38) M. Doi, Y. Nishi, S. Uchiyama, Y. Nishiuchi, T. Nakazawa, T. Ohkubo and Y. Kobayashi, *J.*

Am. Chem. Soc., **125**, 9922-9923 (2003)
39) R. Berisio, V. Granata, L. Vitagliano and A. Zagari, *J. Am. Chem. Soc.,* **126**, 11402-11403 (2004)
40) J. G. Ban and H.P. Bächinger, *J. Biol. Chem.,* **275**, 24466-24469 (2000)
41) R. Improta, R. Berisio and L. Vitagliano, *Protein Sci.,* **17**, 955-961 (2008)
42) A. J. Hodge and J. A. Petruska, "Aspects of Protein Structure", Ed. G. N. Ramachandran, p.289-300, Academic Press, London and Orland (1963)
43) J. W. Smith, *Nature,* **219**, 157-158 (1968)
44) F. Jiang, H. Hörber, J. Howard and D. J. Müller, *J. Struct. Biol.,* **148**, 268-278 (2004)
45) D. J. S. Hulmes, A. Miller, D. A. D. Parry, K. A. Piez and J. Woodhead-Galloway, *J. Mol. Biol.,* **79**, 137-148 (1973)
46) J. P. R. O. Orgel, T. C. Irving, A. Miller and T. J. Wess, *PNAS,* **103**, 9001-9005 (2006)
47) K. Kar, P. Amin, M. A. Bryan, A. V. Persikov, A. Mohs, Y. H. Wang and B. Brodsky, *J. Biol. Chem.,* **281**, 33283-33290 (2006)
48) S. Rele, Y. Song, R. P. Apkarian, Z. Qu, V. P. Conticello and E. L. Chaikof, *J. Am. Chem. Soc.,* **129**, 14780-14787 (2007)
49) B. Brodsky, G. Thiagarajan, B. Madhan and K. Kar, *Biopolymers,* **89**, 345-353 (2008)

第2章　コラーゲンの基本物性

川内義一郎*

1　はじめに

　コラーゲンは，動物の体を構成するタンパク質の一種である。コラーゲンは，革製品や，熱水で変性させて溶かしたゼラチンの形で接着剤（膠）として，古くから利用されてきた。現在では，ゼラチンの原料，化粧品や食品の添加物，さらには直接体内に埋入する医用材料まで幅広く利用され，多くの分野で常に注目されている材料である。

　これまでコラーゲンはウシやブタといった家畜由来のコラーゲンが広く利用されてきた。牛海綿状脳症（BSE）問題を発端として家畜以外のコラーゲンの供給源にも需要が広がり，サメ，サケやイカからとれる海洋性コラーゲンも利用されるようになっている。ただし，海洋性コラーゲンであっても，動物由来であるため，抗原性や未知のウィルスや病因性のタンパク質の残存は，依然として懸念される。そこで，化学処理によりコラーゲンの抗原性を低くしたアテロコラーゲンや化学合成したコラーゲン様ポリペプチド（人工コラーゲン）が開発され，すでに多方面で利用されている。さらには，ヒト型コラーゲンの量産まで検討が始まっている。

　このように現在，多種多様なコラーゲンが各方面で使用されるとともに，より安全で高機能なコラーゲンを求めた新しい研究の展開が進んでいる。本章では，これらのコラーゲンの基本的な性質や物性についてまとめ，今後の展望について述べる。

2　コラーゲンとは

　コラーゲンは，人間をはじめ，いろいろな動物の中で細胞と細胞をつなぎ，体全体あるいはいろいろな臓器の枠組みをつくるタンパク質である。単細胞動物や植物には存在せず，多細胞動物固有のタンパク質である。構造上の顕著な特徴として，三重らせん構造をとり，線維状となる点が挙げられる。コラーゲンはミミズからヒトまで動物共通に細胞外基質（細胞外マトリクス）の主成分となっている。すなわち，タンパク質の多くは，細胞内でその機能を果たしているのに対して，コラーゲンは主に細胞の外でその機能を果たしている。哺乳動物の場合，体の全タンパク

＊　Giichiro Kawachi　名古屋大学　大学院工学研究科　助教

質のおよそ3分の1をコラーゲンが占める。動物は，コラーゲンという大きな分子量のタンパク質をつくれるようになったために大型化できたといわれている。

松村は，コラーゲンについて，次のような段階的な定義を設け，以下の定義1，定義2を充足しているものをコラーゲンと分類し，定義3のみに含まれるものをコラーゲン近縁のタンパク質と分類した[1]。

定義1　広角X線回折がコラーゲン構造の存在を証明している。構造単位としてコラーゲン細線維が電子顕微鏡下で観察され，特有な周期をなす縞目があって，このことは小角X線回折からも証明される。構成するアミノ酸はグリシンが全残基の約1/3を占め，イミノ酸（プロリン＋ヒドロキシプロリン）およびアラニンが多く，残りのアミノ酸には含硫アミノ酸，有核アミノ酸が少ない。

定義2　広角X線回折がコラーゲン構造の存在を証明している。構成するアミノ酸はグリシン，イミノ酸が多い。

定義3　系統的に定義1，または定義2によるコラーゲンを原形として由来したと想定されるタンパク質であって，定義1，または定義2の一部を充足しないものを含む。

ここで，コラーゲン構造とは，コラーゲンの最大の特徴である分子鎖が三重らせん構造を形成することを指す。

現在では，三重らせん構造を分子の中に持つことと，体の中で線維や網目構造などの会合体をつくっていることで，コラーゲンを定義づけている[2]。

3　コラーゲンの種類

コラーゲンは，体の中で臓器や体全体の形をつくるために使われ，皮膚，腱，軟骨，靭帯，血管や骨に多く含まれている。これらの組織は，それぞれではたらきが異なるので，その生体組織に適した異なる型のコラーゲンが含まれている。現在，ヒトの身体には少なくとも20種類のコラーゲンが存在するといわれている。その一部を表1にまとめる。コラーゲンは存在する組織に特有の分子形状をしており，この分子形状が物性に大きく影響している。たとえば，腱は筋肉と骨をつなぎ，常に強い応力にさらされている。このため，高い機械的強度が求められ，それを満足するために繊維を形成しやすい分子形状をとっている。皮膚は強さとともに柔軟さが要求されるために，織物のような構造をとっている。角膜においては，透明さが必要とされるために，線維がきれいに積み重なって層状の構造をとる。骨組織では，コラーゲン線維上にリン酸カルシウムの一種である水酸アパタイトが析出し，それがきれいに織り込まれている。骨においては，高強度で高弾性率の水酸アパタイトをコラーゲン線維が補強する構造をとることで，しなやかさと

第2章　コラーゲンの基本物性

表1　コラーゲンの種類と分布

型	主な分布
Ⅰ型	皮膚，骨，腱などあらゆる臓器
Ⅱ型	軟骨，硝子体
Ⅲ型	血管，皮膚など
Ⅳ型	基底膜
Ⅴ型	胎盤，皮膚，筋肉，角膜など
Ⅵ型	血管，子宮，胎盤，皮膚
Ⅶ型	胎盤，皮膚
Ⅷ型	内皮細胞，角膜デスメ膜，神経膠星状細胞腫
Ⅸ型	軟骨
Ⅹ型	肥大軟骨

※「藤本大三郎，コラーゲン，共立出版，p.37」より抜粋。

高い機械的強度を併せて獲得している。また，動物種間でも，含まれているコラーゲンに差異が認められている。

4　コラーゲン分子の特徴

　コラーゲンは，存在する組織に特有の分子形状をしている。これにより組織に必要とされる特有の機能を発現している。これは，コラーゲンの物性がコラーゲンの分子形状により大きく影響を受けるためである。コラーゲンの分子形状は，ペプチドの繰り返し結合に由来している。コラーゲンでは，分子を構成する全アミノ酸のうち3分の1がグリシンである。グリシンはポリペプチド鎖の三つおきに配列されており，コラーゲン分子は，グリシン-X-Y（XとYには任意のアミノ酸）という特有のアミノ酸配列を有している。このアミノ酸の繰り返し配列がらせん構造の形成をもたらす最大の要因である。Xの位置にはプロリン，Yの位置にはヒドロキシプロリンが高頻度で占有する。

　コラーゲンの分子量は約30万で，3本ポリペプチド鎖により三重らせん構造が形成される。コラーゲン（Ⅰ型）は直径約1.5 nm長さ約300 nmの棒状のタンパク質である（図1）。コラー

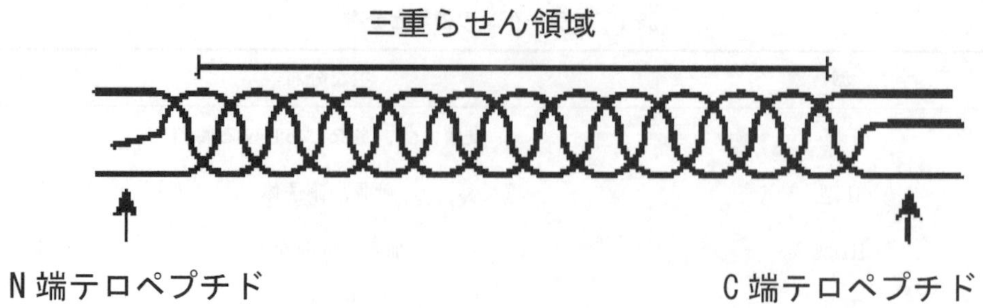

コラーゲンの製造と応用展開

図1 コラーゲン分子の構造

ゲン分子は中央部分にらせん部分，両末端に非らせん部分（テロペプチドと呼ぶ）の2つのパートに分けられる。三重らせんは3本のポリペプチド鎖から構成される。

コラーゲン分子は単独で存在せず，分子同士が会合して高次構造を形成する。図2にコラーゲン繊維の構造についてまとめる[3]。コラーゲン繊維の基本単位はmicrofibrilであると考えられており，この中では分子（図中の矢印）が隣の分子と670 Å（分子長の約1/4に相当し，D単位と呼ばれる）だけずれて並んでおり，同列上分子間には0.6Dの間隔（hole zone）がある。分子間には分子末端（テロペプチド）で分子架橋を生成する。Microfibrilは5本の分子が正五角形の各頂点に位置した円筒である。Microfibrilが多数集まってfibril（電子顕微鏡で670 Åの周期が観察される）をつくり，さらにfibrilが多数集合してfiberを形成し，多数のfiberが絡み合ってfiber bundleをつくる。

一方，コラーゲン分子に着目するとⅠ型コラーゲンの場合では，三重らせんを構成する3本のポリペプチド鎖のうち，2本が同じポリペプチド鎖（α1(I)と呼ぶ）で，残りの1本はα1(I)とは異なったアミノ酸配列（α2(I)と呼ぶ）を有する。一方，Ⅱ型コラーゲンの場合，三重らせんを構成する3本のポリペプチド鎖はすべて同じで，Ⅰ型コラーゲンのα1(I)ともα2(I)とも異なったアミノ酸配列（α1(Ⅱ)と呼ぶ）を有している。現在，コラーゲンを構成するポリペプチド鎖は8種類（α1(I)，α1(Ⅱ)，α1(Ⅲ)，α2，C，D，A，B）ある。このようなポリペプチド鎖の違いからコラーゲン分子同士の相互作用が異なり，コラーゲン分子は様々なネットワークを形成している（表2）。たとえば，腎臓においては，主にネットワークを形成してろ過フィルターとなっている。

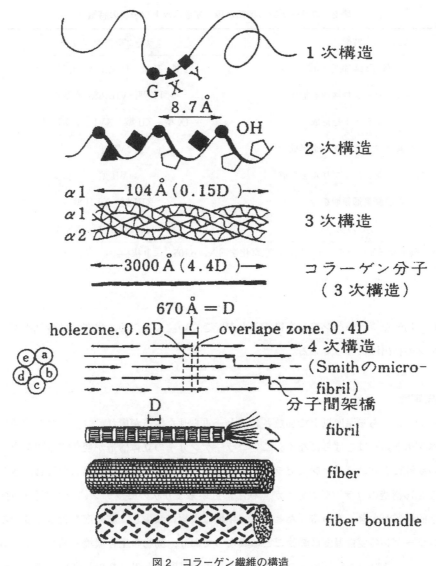

図2　コラーゲン繊維の構造
※「伊藤博ほか, *Fragrance Journal*, **25**(7), 25-30 (1997)」より引用。

5　コラーゲンの物性

5.1　溶解性および抽出法

　コラーゲンは可溶性コラーゲンと不溶性コラーゲンに分けられる。動物の場合，年齢とともにコラーゲン分布が不溶性になっていくことも知られている。コラーゲン線維の一部はクエン酸緩衝液やリン酸緩衝液，食塩水などに溶ける。一方でアルカリ性や中性塩では，コラーゲンの一部

表2 コラーゲンの種類と構成するネットワークの特徴

特徴	コラーゲンファミリー
1/4ずれ繊維を形成	I型, II型, III型, V型, XI型
ネットワーク様構造を形成	IV型, VIII型, X型
ファシットを形成	IX型, XII型, XVI型, XIX型
数珠状フィラメントを形成	VI型
アンカリングフィブリルを形成	VII型
細胞膜貫通領域を持つ	XIII型, XVII型
その他	XV型, XVIII型, XX型

※「藤本大三郎, コラーゲン物語, 東京化学同人, p.105」より抜粋。

が変性して均一なコラーゲン溶液を得ることができない。このため，現在では酸抽出が一般的なコラーゲンの抽出法になっている。

5.2 熱安定性

コラーゲンは，ある温度以上で加熱されると三重らせん構造が崩れ，コラーゲン分子を構成するポリペプチド鎖がばらばらになる。このコラーゲン分子の立体構造が変化する現象を変性といい，この変性によりコラーゲンはゼラチンになる。コラーゲン溶液を加熱した場合，きちんとした三重らせん構造のコラーゲン分子が無秩序に近い糸まり状のゼラチンになる変化に対応して，物理化学的性質が大きく変わる。たとえば，粘度は大幅に減少し，旋光度も大きく変わる。

このコラーゲンの変性温度は動物ごとに異なっており，動物の生存環境と関わりがあると考えられている[4]。動物のコラーゲンの変性温度は，環境温度の上限より少し高めに設定されている場合が多い。具体的には，人間や牛の体温は約37℃であるのに対し，コラーゲンの変性温度は約40℃である。変温動物である魚類のタラは，冷たい海に住んでおり，そのコラーゲンの変性温度は約16℃である。

これらのコラーゲンにおける変性温度の違いは，コラーゲンを構成するアミノ酸組成に大きく依存することが明らかにされた。これまでに，イミノ酸（プロリンおよびヒドロプロリン）含有比率と変性温度の関係が報告されている（図3)[5]。イミノ酸の含有量が増えるにつれ，変性温度が高くなっていることが分かる。すなわち，イミノ酸が三重らせん構造の安定性に重要な役割をしている。

第2章　コラーゲンの基本物性

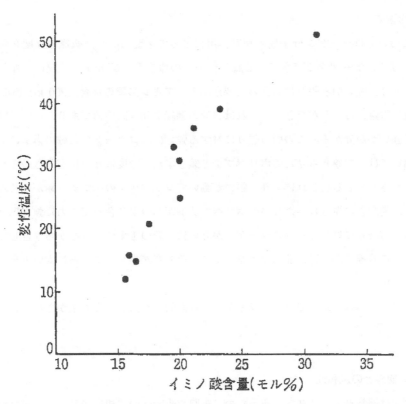

図3　コラーゲンの変性温度とイミノ酸（プロリンおよびヒドロプロリン）の含有量との関係
※「須藤和夫，"4. コラーゲン分子の三次元構造の化学的基礎"，野田春彦，永井裕，藤本大三郎編，南江堂，p.89（1975）」より許諾を得て転載）。

「プロリン-ヒドロキシプロリン-グリシン」の繰り返し配列からなる化学合成コラーゲン様ポリペプチド（人工コラーゲン）においては，80℃でも三重らせん構造を維持できる材料も得られている[6]。

5.3　ゼラチンのゲル化

熱によりばらばらになったコラーゲンのポリペプチド鎖を有する溶液（ゼラチン溶液）を冷却していくと，ポリペプチド鎖が寄り集まって部分的に再び三重らせん構造が再生され絡み合う。これにより，架橋構造ができ上がり溶液はゲル化する。このとき，溶液を冷却しながら円二色性スペクトルを測定すると三重らせん構造の形成，さらに粘度の測定からもゲル化が確認できる。一方，ゲル化は溶液のpHや共存イオンの影響を受ける。これは，ばらばらになったポリペプチド鎖の電荷が共存するイオンと相互作用して三重らせんの形成を阻害するためである。

5.4 機械的強度

生体内においてコラーゲン分子間の相互作用によって必要に応じた組織の強度を発現している。ここでは，コラーゲンでできている腱についての報告[7]を紹介する。腱は，骨と筋肉をつなぐ組織であり，強い引っ張りに耐える必要がある。アキレス腱の場合，200 kg（5.6 kg/mm^2）に及ぶ荷重にも耐えることができる。これは普通の鋼線よりも高い値であり，いかに腱が引っ張りに対して強いかが分かる。この引っ張りに対する強さは，コラーゲンと腱の構造にある。コラーゲンにおいては，左巻きらせんのポリペプチド鎖3本が，今度は互いに右巻きのらせんをつくって巻き合わさっている。これにより，張力が働いてコラーゲンのペプチド鎖がらせんを伸ばそうとしても，逆向きに巻き合った3本のポリペプチドがぶつかり合って張力に強く抵抗する。さらに，この引っ張りに対して強いコラーゲンが互いに4分の1ずつずれながら集合して，細い線維をつくる。この線維が平行に並んで束をつくり，その束が集まってさらに太い束をつくり，腱がつくられている。

このように，生体内においては，コラーゲンの特徴的な構造がうまく生かされて利用されている。

5.5 生体や組織との親和性

コラーゲンは細胞外マトリクスであるために細胞や組織への親和性が高い。このため，コラーゲンは創傷被覆材，細胞培養容器のコーティングや化粧品，さらには組織修復のための細胞培養担体（スキャホールド）など，細胞や組織に直接関連する用途で使われる。

コラーゲンは異種動物間においてもアミノ酸配列が極めて類似しているタンパク質のひとつである。このため，比較的抗原性が低いタンパク質と考えられて異種動物由来のコラーゲンが生体材料へ適応されてきた。しかし，ヒトと動物のアミノ酸配列が完全に一致していないために異種動物由来のコラーゲンには抗原特異性がある。そこで，動物由来のコラーゲンを化学処理することで抗原特異性を低くしたアテロコラーゲンが利用されてきた。アテロコラーゲンとは，抗原性の高いテロペプチドを酵素処理により消化・除去して精製したコラーゲンである。テロペプチドはコラーゲン分子の両末端のラセン構造をとらない動物種特有の領域を指す。アテロコラーゲンは抗原部位の除去だけでなく，精製されているためにコラーゲン以外のタンパク質の混入タンパク質が極めて少ない。このため，コラーゲンを体内で用いる医用材料では重要である。

近年では，異種動物に寄生する未知のウィルスやタンパク質への懸念があることから，化学合成した人工コラーゲンも開発されている。

6 まとめと展望

コラーゲンは様々な用途で利用されている。本章では，動物共通の細胞外マトリクスの主成分であるコラーゲンの基本的物性について述べた。コラーゲンの機能はコラーゲンの分子構造と密接な関係がある。日々明らかとなっているコラーゲンの機能と分子構造の解明から新たな機能発現のモチーフを見出し，それを化学合成することでより安全で高機能なコラーゲンを利用することができると期待される。

文　　献

1) 松村外志張,"8. コラーゲンの比較生化学", コラーゲン-化学，生物学，医学-，野田春彦，永井裕，藤本大三郎編，南江堂，pp.170-171（1975）
2) 藤本大三郎，コラーゲン，共立出版，p.43（1994）
3) 伊藤博，宮田暉夫,"化粧品原料としてのコラーゲンの歴史（特集 コラーゲンは今）", *Fragrance Journal,* **25**(7), 25-30（1997）
4) 藤本大三郎，コラーゲン，共立出版，pp.24-27（1994）
5) 須藤和夫,"4. コラーゲン分子の三次元構造の化学的基礎", 野田春彦，永井裕，藤本大三郎編，南江堂，p.89（1975）
6) T. Kishimoto, Y. Morihara, M. Osanai, S. Ogata, M. Kamitakahara, C. Ohtsuki and M. Tanihara, "Synthesis of poly(Pro-Hyp-Gly)(n) by direct polycondensation of (Pro-Hyp-Gly)(n), where n = 1, 5, and 10, and stability of the triple-helical structure", *Biopolymers,* **79**(3), 163-172（2005）
7) 蛋白質研究奨励会編，タンパク質ものがたり，化学同人，pp.99-100（1998）

第 2 編　コラーゲン各論

第2部 フィールズ大会

第1章　ウシコラーゲンの製造と応用

阿蘇　雄[*1]，宮田暉夫[*2]

1　はじめに

　人類が地球上に誕生し狩猟生活をしていた時代から，人類は得た獲物の肉は食料とし，副産物である皮や毛皮などは様々な処理法が試され，衣類や保存用，運搬用の容器などに加工する技術を見つけ出し，生活の一部に取り入れ利用してきた。これらの利用は，まさに，コラーゲンを有効利用した最初の段階であった。コラーゲンは植物のセルロースとならんで，ともに古くから現在に至るまで人類に広く利用されてきた天然高分子材料であるといえよう。

　科学の進歩とともに，コラーゲン分子の特性について物理化学的，生物化学的な見地から基礎的な研究がなされ，また，それら研究の蓄積の上に，コラーゲンの工業的な応用技術が確立されてきた。食品をはじめ，化粧品，医療機器，医薬品等あらゆる方面への応用が幅広く検討されてきた。身近なところでは，靴やバックなどの皮革製品，食品ではソーセージ用のケーシングなどの可食性食品包装フィルム，保湿成分としての化粧品原料，写真用フィルムのコーティング材等，医療分野では止血材，ドライアイ治療，核酸，機能性タンパク質，活性ペプチドなどのDDS（Drug Delivery System）基材等，多くの分野で応用開発されてきている。このような中，我々は，これらの研究・技術を応用し，医療，化粧品等の分野で様々な製品を世に送り出してきた。これまでのコラーゲンの研究に関する歴史を踏まえ，ウシアテロコラーゲンの製造と応用について解説を行いたい。

2　コラーゲン分子

　コラーゲンは，細胞の周囲に多量に存在するいわゆる細胞外マトリックスの主成分で，主な役割は動物の体の形態維持に関与していることから構造タンパク質と呼ばれる。特に真皮，腱，血管などの結合組織や骨，歯などの硬組織中に高い割合で存在し，ほ乳動物の場合，全タンパク質のおよそ1/3に達するといわれる。生体内には複数のタイプのコラーゲンが存在し，発見の

[*1]　Yu Aso　（前）㈱高研　研究所　所長
[*2]　Teruo Miyata　㈱高研　相談役

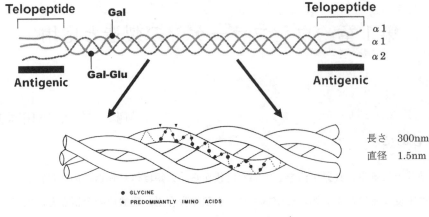

図1 Type I コラーゲン分子[5]

順序に従って番号が付けられ，最も古くから研究されてきた皮膚，腱，骨などに存在するコラーゲンを Type I コラーゲンとした。また，Type I コラーゲンは，動物の生体に最も豊富に存在するコラーゲンであることから，コラーゲン利用の面からも最も重要なマテリアルである。工業的に利用しうるコラーゲンは Type I コラーゲンのみであると考えて差し支えない。以下にウシ Type I コラーゲンについて述べる。

2.1 コラーゲンの構造

図1に示すように，α鎖と呼ばれる分子量が約10万の3本のポリペプチド鎖からなり，2本のα1 (I) 鎖と1本のα2 (I) 鎖で構成される。それぞれのα鎖は左巻きのらせんを巻きながら，それらが3本集まって束になりコラーゲン特有の右巻きのらせん構造（図1下）を形成していて[1〜5]，長さが300nm，直径が1.5nmと非常に細長い棒状の分子である。表1にアミノ酸組成を示した[6]。アミノ酸組成の特徴は，グリシン（Gly）が1000残基中約330残基，イミノ酸であるプロリン（Pro）およびヒドロキシプロリン（Hyp）が併せて約230残基あり，水酸化されたプロリン，リジン（Lys）が検出される点である。また，酸性アミノ酸として検出されるグルタミン酸（Glu）とアスパラギン酸（Asp）のうち約1/3がグルタミン（Gln）とアスパラギン（Asn）由来であり，これらの総数が塩基性アミノ酸であるアルギニン（Arg），リジン，ヒドロキシリジン（Hyl）の合計残基数より少ないことから，塩基性タンパク質の性質を示す。その他の特徴として，①トリプトファン（Trp），システイン（Cys）を含まない，②芳香族アミノ酸であるチロシン（Tyr）やフェニルアラニン（Phe）は非常に少ないことから，芳香族環に由来する280nm附近の紫外部吸収が非常に弱い等があげられる。

第1章 ウシコラーゲンの製造と応用

表1 ウシコラーゲンα鎖のアミノ酸組成[6]

アミノ酸	α1(I)	α2(I)	α1(II)	α1(III)
3-Hyp	1	微量	2	0
4-Hyp	101	80	109	129
Asp	43	50	47	48
Thr	18	20	21	15
Ser	34	45	24	39
Glu	73	76	96	73
Pro	131	111	115	111
Gly	328	316	321	349
Ala	118	103	95	84
Cys	0	0	0	2
Val	17	34	19	14
Met	7	5	10	7
Ile	9	18	10	13
Leu	18	33	26	16
Tyr	2	tr	2	2
Phe	12	12	13	9
His	3	11	3	8
Hyl	7	12	19	6
Lys	29	21	16	27
Arg	49	53	52	48
計	1,000	1,000	1,000	1,000

　ウシコラーゲンのα1鎖のアミノ酸配列をみてみると（図2)[7]，アミノ酸番号1〜1014までがらせん構造を形成する部分で，正確に338組の（Gly-X-Y）の繰り返し配列（XとYは他のアミノ酸を示す）のみからなっている．一方，分子のN末端およびC末端には「テロペプチド」と呼ばれる領域があり，α1鎖1本当りN末端側が16残基，C末端側に24残基のアミノ酸か

```
α CHAIN
   1N Gln-Leu-Ser-Tyr-Gly-Tyr-Asp-Glu-LYS-Ser-Thr-Gly-Ile-Ser-Val-Pro-
   1  GLY-Pro-Met-GLY-Pro-Ser-GLY-Pro-Arg-GLY-Leu-Hyp-GLY-Pro-Hyp-GLY-Ala-Hyp-GLY-Pro-Gln-GLY-Phe-Gln-GLY-Pro-Hyp-GLY-Glu-Hyp
  31  GLY-Glu-Hyp-GLY-Ala-Ser-GLY-Pro-Met-GLY-Pro-Arg-GLY-Pro-Hyp-GLY-Pro-Hyp-GLY-Lys-Asn-GLY-Asp-Asp-GLY-Glu-Ala-GLY-Lys-Pro
  61  GLY-Arg-Hyp-GLY-Glu-Arg-GLY-Pro-Hyp-GLY-Pro-Ala-GLY-Ala-Arg-GLY-Leu-Hyp-GLY-Thr-Ala-GLY-Leu-Hyp-GLY-Met-Hyl-GLY-His-Arg
  91  GLY-Phe-Hyp-GLY-Leu-Asp-GLY-Ala-Lys-GLY-Asp-Ala-GLY-Pro-Ala-GLY-Pro-Lys-GLY-Glu-Hyp-GLY-Ser-Hyp-GLY-Glu-Asn-GLY-Ala-Hyp
 121  GLY-Gln-Met-GLY-Pro-Arg-GLY-Leu-Hyp-GLY-Glu-Arg-GLY-Arg-Hyp-GLY-Ala-Hyp-GLY-Pro-Ala-GLY-Ala-Arg-GLY-Asn-Asp-GLY-Ala-Thr
 151  GLY-Ala-Ala-GLY-Pro-Hyp-GLY-Pro-Thr-GLY-Pro-Ala-GLY-Pro-Hyp-GLY-Phe-Hyp-GLY-Ala-Val-GLY-Ala-Lys-GLY-Glu-Gly-GLY-Pro-Gln
 181  GLY-Ala-Arg-GLY-Ser-Glu-GLY-Pro-Gln-GLY-Val-Arg-GLY-Glu-Hyp-GLY-Pro-Hyp-GLY-Pro-Ala-GLY-Ala-Ala-GLY-Pro-Ala-GLY-Asn-Hyp
 211  GLY-Ala-Asp-GLY-Gln-Pro-GLY-Ala-Lys-GLY-Ala-Asn-GLY-Ala-Hyp-GLY-Ile-Ala-GLY-Ala-Hyp-GLY-Phe-Hyp-GLY-Ala-Arg-GLY-Pro-Ser
 241  GLY-Pro-Gln-GLY-Pro-Ser-GLY-Pro-Hyp-GLY-Pro-Lys-GLY-Asn-Ser-GLY-Glu-Hyp-GLY-Ala-Hyp-GLY-Asn-Lys-GLY-Asp-Thr-GLY-Ala-Lys
 271  GLY-Glu-Hyp-GLY-Pro-Thr-GLY-Ile-Gln-GLY-Pro-Hyp-GLY-Pro-Ala-GLY-Glu-Glu-GLY-Lys-Arg-GLY-Ala-Arg-GLY-Glu-Hyp-GLY-Pro-Ala
 301  GLY-Leu-Hyp-GLY-Pro-Hyp-GLY-Glu-Arg-GLY-Gly-Hyp-GLY-Ser-Arg-GLY-Phe-Hyp-GLY-Ala-Asp-GLY-Val-Ala-GLY-Pro-Lys-GLY-Pro-Hyp
 331  GLY-Glu-Arg-GLY-Pro-Ala-GLY-Pro-Hyp-GLY-Pro-Ala-GLY-Ala-Lys-GLY-Ser-Hyp-GLY-Ala-Hyp-GLY-Ala-Arg-GLY-Val-Ala-GLY-Ala-Lys
 361  GLY-Leu-Thr-GLY-Ser-Hyp-GLY-Ser-Hyp-GLY-Pro-Asp-GLY-Lys-Thr-GLY-Pro-Hyp-GLY-Pro-Ala-GLY-Gln-Asn-GLY-Ala-Hyp-GLY-Pro-Hyp
 391  GLY-Pro-Hyp-GLY-Ala-Arg-GLY-Ala-Ala-GLY-Val-Met-GLY-Phe-Hyp-GLY-Pro-Arg-GLY-Pro-Hyp-GLY-Pro-Hyp-GLY-Lys-Ala-GLY-Glu-Arg
 421  GLY-Val-Hyp-GLY-Pro-Hyp-GLY-Ala-Val-GLY-Pro-Ala-GLY-Lys-Asp-GLY-Glu-Ala-GLY-Ala-Gln-GLY-Pro-Hyp-GLY-Pro-Ala-GLY-Pro-Ala
 451  GLY-Glu-Arg-GLY-Glu-Gln-GLY-Pro-Ala-GLY-Ser-Hyp-GLY-Phe-Gln-GLY-Leu-Hyp-GLY-Pro-Ala-GLY-Pro-Hyp-GLY-Glu-Ala-GLY-Lys-Hyp
 481  GLY-Glu-Gln-GLY-Val-Hyp-GLY-Asp-Leu-GLY-Ala-Hyp-GLY-Pro-Ser-GLY-Ala-Arg-GLY-Glu-Arg-GLY-Phe-Hyp-GLY-Glu-Arg-GLY-Val-Glu
 511  GLY-Pro-Hyp-GLY-Pro-Ala-GLY-Pro-Arg-GLY-Ala-Asn-GLY-Ala-Hyp-GLY-Asn-Asp-GLY-Ala-Lys-GLY-Asp-Ala-GLY-Ala-Hyp-GLY-Ala-Hyp
 541  GLY-Ser-Gln-GLY-Ala-Hyp-GLY-Leu-Gln-GLY-Met-Hyp-GLY-Glu-Arg-GLY-Ala-Ala-GLY-Leu-Hyp-GLY-Pro-Lys-GLY-Asp-Arg-GLY-Asp-Ala
 571  GLY-Pro-Lys-GLY-Ala-Asp-GLY-Ala-Pro-GLY-Lys-Asp-GLY-Val-Arg-GLY-Leu-Thr-GLY-Pro-Ile-GLY-Pro-Hyp-GLY-Pro-Ala-GLY-Ala-Hyp
 601  GLY-Asp-Lys-GLY-Glu-Ala-GLY-Pro-Ser-GLY-Pro-Ala-GLY-Pro-Thr-GLY-Ala-Arg-GLY-Ala-Hyp-GLY-Asp-Arg-GLY-Glu-Hyp-GLY-Pro-Hyp
 631  GLY-Pro-Ala-GLY-Phe-Ala-GLY-Pro-Ala-GLY-Ala-Asp-GLY-Gln-Hyp-GLY-Ala-Lys-GLY-Glu-Hyp-GLY-Asp-Ala-GLY-Ala-Lys-GLY-Ala-Lys
 661  GLY-Pro-Ala-GLY-Thr-Hyp-GLY-Pro-Hyp-GLY-Pro-Ala-GLY-Pro-Hyp-GLY-Pro-Ile-GLY-Asn-Val-GLY-Ala-Hyp-GLY-Hyp-Hyl-GLY-Ala-Arg-GLY-Ser-Ala
 691  GLY-Pro-Ala-GLY-Phe-Hyp-GLY-Ala-Hyp-GLY-Ala-Arg-GLY-Pro-Hyp-GLY-Hyp-Ser-GLY-Asn-Ala-GLY-Pro-Hyp-GLY-Pro-Hyp
 721  GLY-Pro-Ala-GLY-Lys-Glu-GLY-Ser-Lys-GLY-Pro-Arg-GLY-Glu-Thr-GLY-Pro-Ala-GLY-Arg-Hyp-GLY-Glu-Val-GLY-Pro-Hyp-GLY-Pro-Hyp
 751  GLY-Pro-Ala-GLY-Glu-Lys-GLY-Ala-Hyp-GLY-Ala-Asp-GLY-Pro-Ala-GLY-Ala-Hyp-GLY-Thr-Pro-GLY-Pro-Gln-GLY-Ile-Ala-GLY-Gln-Arg
 781  GLY-Val-Val-GLY-Leu-Hyp-GLY-Gln-Arg-GLY-Glu-Arg-GLY-Phe-Hyp-GLY-Leu-Hyp-GLY-Pro-Ser-GLY-Glu-Hyp-GLY-Lys-Gln-GLY-Pro-Ser
 811  GLY-Ala-Ser-GLY-Glu-Arg-GLY-Pro-Hyp-GLY-Pro-Met-GLY-Pro-Hyp-GLY-Leu-Ala-GLY-Hyp-GLY-Glu-Ser-GLY-Arg-Glu-GLY-Ala-Hyp
 841  GLY-Ala-Glu-GLY-Ser-Hyp-GLY-Arg-Asp-GLY-Ser-Hyp-GLY-Ala-Lys-GLY-Asp-Arg-GLY-Glu-Thr-GLY-Pro-Ala-GLY-Pro-Hyp-GLY-Ala-Hyp
 871  GLY-Ala-Hyp-GLY-Ala-Hyp-GLY-Pro-Val-GLY-Pro-Ala-GLY-Lys-Ser-GLY-Asp-Arg-GLY-Glu-Thr-GLY-Pro-Ala-GLY-Pro-Hyp-GLY-Ile-Pro
 901  GLY-Pro-Ala-GLY-Ala-Arg-GLY-Pro-Gln-GLY-Hyp-Gln-GLY-Asp-Hyl-GLY-Glu-Thr-GLY-Glu-Glu-GLY-Asp-Arg-GLY-Ile-Hyl
 931  GLY-His-Arg-GLY-Phe-Ser-GLY-Leu-Gln-GLY-Pro-Hyp-GLY-Hyp-Ser-GLY-Pro-Hyp-GLY-Gln-Val-GLY-Pro-Ala-GLY-Ala-Ser-GLY-Pro-Ala
 961  GLY-Pro-Arg-GLY-Pro-Ala-GLY-Ser-Ala-GLY-Hyp-Lys-GLY-Asp-Arg-GLY-Leu-Asn-GLY-Leu-Hyp-GLY-Pro-Ile-GLY-Hyp-Hyp-GLY-Pro-Arg
 991  GLY-Arg-Thr-GLY-Asp-Ala-GLY-Pro-Ala-GLY-Pro-Hyp-GLY-Pro-Hyp-GLY-Pro-Hyp-GLY-Pro-Hyp-GLY-Pro-Pro-
   1C Ser-Gly-Gly-Phe-Asp-Phe-Ser-Phe-Leu-Pro-Gln-Pro-Pro-Gln-Glu-LYS-Ala-His-Asp-Gly-Gly-Arg-Tyr-Tyr-
```

図2 ウシコラーゲンα1鎖のアミノ酸配列[7]

らなっている。この部分はらせん構造をとらない部分であり, (Gly-X-Y) の繰り返し配列がない。また, その動物の種特異的な配列であるためにコラーゲンの抗原性を示す主たる部位である[8,9]。

また, Type Iコラーゲン分子には少量の糖が結合している。一部のHyl のOHがグリコシレーション (glycosylation) に関与しており, 位置特異的にガラクトース (Gal) あるいはガラクトシルグルコース (Gal-Glc) が結合している。

2.2 コラーゲン分子の鎖組成

コラーゲンの酸性溶液を37℃以上に加熱するか, 高濃度の塩酸グアニジン, 尿素, ロダンカリなどの水素結合切断剤を添加すると, コラーゲン分子のらせん構造が壊れ, ゼラチンに変性する。この変性したコラーゲンは3種の成分から構成されることが超遠心法により確認された[10]。沈降の遅い成分から順に $α$, $β$, $γ$ 成分と名付けられた。その後CMセルロースクロマト法[11,12]やゲルクロマト法[13,14]によって同様の成分からなることが確認された。

コラーゲン分子の変性によって $α$, $β$, $γ$ 成分が生じる様子を図3に示した。分子内に全く架橋がない場合は3本の $α$ 鎖, 2本の $α$ 鎖間に分子内架橋がある場合は $β$ 鎖が生じる。 $β$ 鎖は $α1$ 鎖同士の場合と $α1$ 鎖と $α2$ 鎖の場合があり, 前者を $β_{11}$ (I), 後者を $β_{12}$ (I) という。3本の $α$ 鎖間に分子内架橋がある場合は $γ$ 鎖が生じる。これら各成分の量比を求める最も簡便な

第1章　ウシコラーゲンの製造と応用

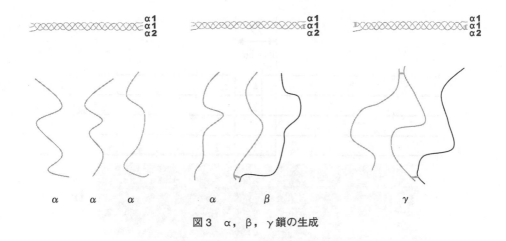

図3　α，β，γ鎖の生成

方法はSDSポリアクリルアミドゲル電気泳動（SDS-PAGE）の後，デンシトメトリーにより測定する方法である。また，場合によってはγ鎖より大きな成分が見られる事がある。これは試料中にdimerやtrimerなどのオリゴマーが混在していることを示し，分子内の架橋だけでなく分子間の架橋も存在していることを示している。

3　コラーゲン線維

Type Iコラーゲンは，生体内で分子が規則的に配向してコラーゲン線維を形成して存在している。この線維をウラニル酢酸やリンタングステン酸による染色を行った後，透過型電子顕微鏡で観察すると，図4[15]に示すような特有の繰り返し周期構造（横紋構造）が観察される。リンタングステン酸によるnegative染色では，重金属イオンがコラーゲン分子の間隙に沈着したhole zone（Ho）と呼ばれる暗い部分と，コラーゲン分子が常に重なっているoverlap zone（Ov）と呼ばれる明るい部分が生じる。この観察から，4D staggerと呼ばれる分子配列が提唱された[16]。この明部と暗部の長さの和をDとすると，コラーゲン分子はそれぞれ隣接する分子とDだけずれながら配向して線維を形成していることがわかった。コラーゲン分子間の静電相互作用および疎水相互作用を計算すると，この4D stagger配列のとき最大であると報告されている[17, 18]。

また，コラーゲン線維中におけるコラーゲン分子の3次元的配列は，図5に示されるSmithのmicrofibrilモデルが最もよく受け入れられている[19]。microfibrilの断面方向から見ると，正5角形の各頂点にコラーゲン分子が配置し，これらがそれぞれ隣接する分子に対してDだけずれて配列している。このmicrofibrilがコラーゲン線維を構成する最小単位であり，microfibrilが多数集合してfibrilを形成している。fibrilの単位になると電子顕微鏡により周期構造が明瞭に

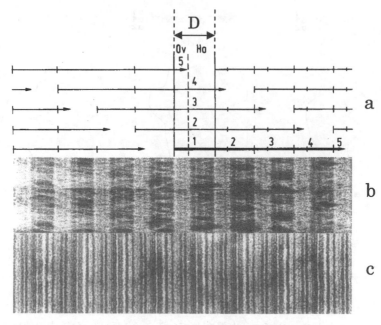

図4　コラーゲンフィブリルの電子顕微鏡写真 [15]
a：コラーゲンフィブリル内でのコラーゲン分子の 4D stagger 配列模式図
b：リンタングステン酸による negative 染色
c：リンタングステン酸とウラニル酢酸による positive 染色
D=67nm　Ov：overlap zones（0.4D）　Ho：hole zones（0.6D）

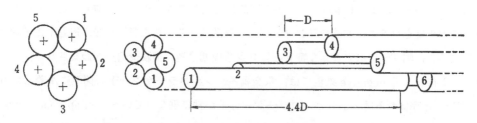

図5　Smith の microfibril モデル [19]

観察でき，この fibril がさらに集合体となって fiber を形成する。例えばアキレス腱はこの様な fiber からなる組織である。この fiber が更にからみ合って fiber bundle を形成する。皮膚の真皮はこの様な fiber bundle からなる組織である（図6）。

第1章 ウシコラーゲンの製造と応用

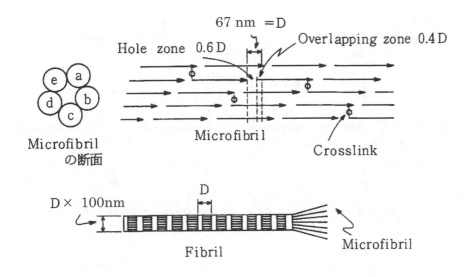

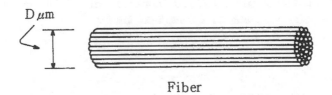

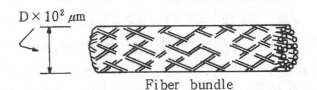

図6 コラーゲン線維（microfibril, fibril, fiber, fiber bundle）の構造[36]

4 コラーゲン分子架橋の生成

コラーゲン線維の成熟の過程において，分子内および分子間での架橋の導入は，動物の成長に伴うコラーゲン線維の強度向上に必要な生化学反応である。前述のようにコラーゲンが3次元的に配向することにより線維としての形状は維持できるが，約1/4ずつずれて同じ軸上に配置（図4および図5）する次のコラーゲン分子の末端との距離（hole zoneの距離）はおよそ40nmもあり，これは化学的な結合が可能な距離ではない。したがって，コラーゲン線維としての強度を維持するためには，分子内の架橋のみならず，隣接する分子間での架橋反応が必須と考えられる。架橋

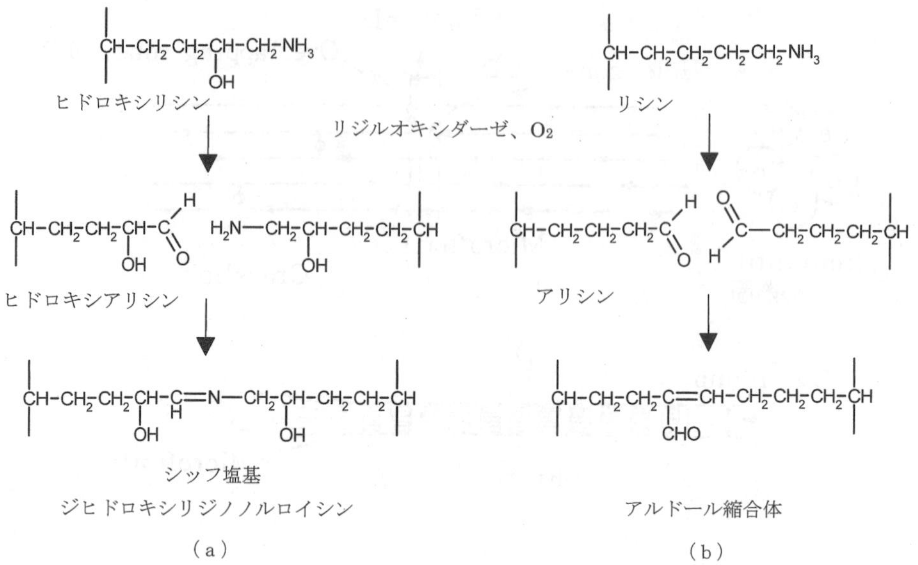

図7 テロペプチド部分のヒドロキシリジンおよびリジンのリジルオキシダーゼによるアルデヒドの生成反応
(a) シッフ塩基による分子間架橋の形成
(b) アルドール縮合による分子内架橋の形成

反応の主な経路は，アルデヒド基と周囲のε-アミノ基との反応によるシッフ塩基型架橋の生成，および周囲に存在するアルデヒド基同士の反応によるアルドール縮合型架橋の生成である。

1966年，Bornsteinらは，α鎖のN末端テロペプチドにあるLysのε-アミノ基がpeptidyl lysyloxidaseにより酸化的脱アミノ反応をうけ，アルデヒド（peptidyl allysine）を生成し，同一分子内に隣接するα鎖のallysineとアルドール縮合して分子内架橋を形成することを示した（図7）[20]。この架橋は，α1（I）9^{N}同士またはα1（I）9^{N}とα2（I）5^{N}の間にのみ形成される。また，1967年BaileyとTanzerは，コラーゲン分子の両末端にあるテロペプチド内に存在するallysineまたはhydroxyallysineが，隣接する分子のLysのε-アミノ基とシッフ塩基を形成して分子間架橋が生じる事を同時に報告した[21～24]。図8に示すように，互いに隣接する分子間で，9^{N}のアルデヒドが隣接する分子の930番目（らせん形成部）のHylと，また16^{C}のアルデヒドは隣接する分子の87番目（らせん形成部）のHylとそれぞれ反応し，分子間架橋を形成する。すなわち9^N→930，16^C→87の組み合わせが4D staggerの配列を安定化している[25]。また，peptidyl lysyloxidaseはコラーゲンに強く結合しているので，コラーゲン線維を生体外に取り出した後でも37℃，中性pHで働きアルデヒド基を生成することが知られている。

これらのアルドールおよびシッフ塩基による架橋は，さらに複雑な反応に関与する。difunctional crosslinkのみではなく，より高次のmultichain crosslinkの形成に発展し，コラー

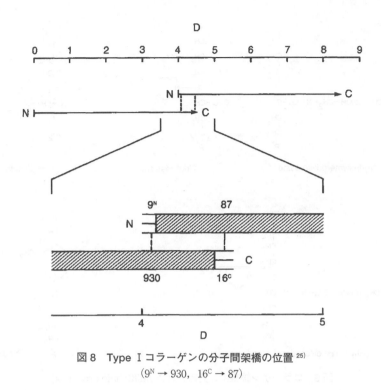

図8　Type Ⅰコラーゲンの分子間架橋の位置 [25]
($9^N \to 930$, $16^C \to 87$)

ゲン線維の成熟が進行する。図9はこれまでコラーゲンの架橋成分として検出された multichain crosslink を示す。

5　コラーゲンの多様性

1960年代前半までは，ポリペプチド鎖組成が $[\alpha 1(\text{I})]_2 \alpha 2$ で表される Type Ⅰ コラーゲン1種類であると考えられていたが，1969年に Miller らは [26] コラーゲンの架橋を抑制する処置を施したニワトリ軟骨より，3本とも同一の新しい α 鎖からなるコラーゲン（鎖組成 $[\alpha 1(\text{Ⅱ})]_3$）を発見し，Type Ⅱ コラーゲンと命名した。これをきっかけに，表2に示されるような新たな Type のコラーゲンが次々と見出され，各 Type のコラーゲンを構成するペプチド鎖，分子構造，高次構造等について研究，調査された。最近は遺伝子配列から（G-X-Y）が含まれる領域が検索され，これまでに30種類以上にものぼる Type のコラーゲンが報告されている。しかしながら，タンパク質としては確認されていないものも少なくない。

Type Ⅰ，Type Ⅱ，Type Ⅲ，Type Ⅴ，Type Ⅺ は，それらを構成する鎖組成は異なるが分子のサイズは同等で，生理的な条件で線維を形成するためフィブリルコラーゲンファミリーと

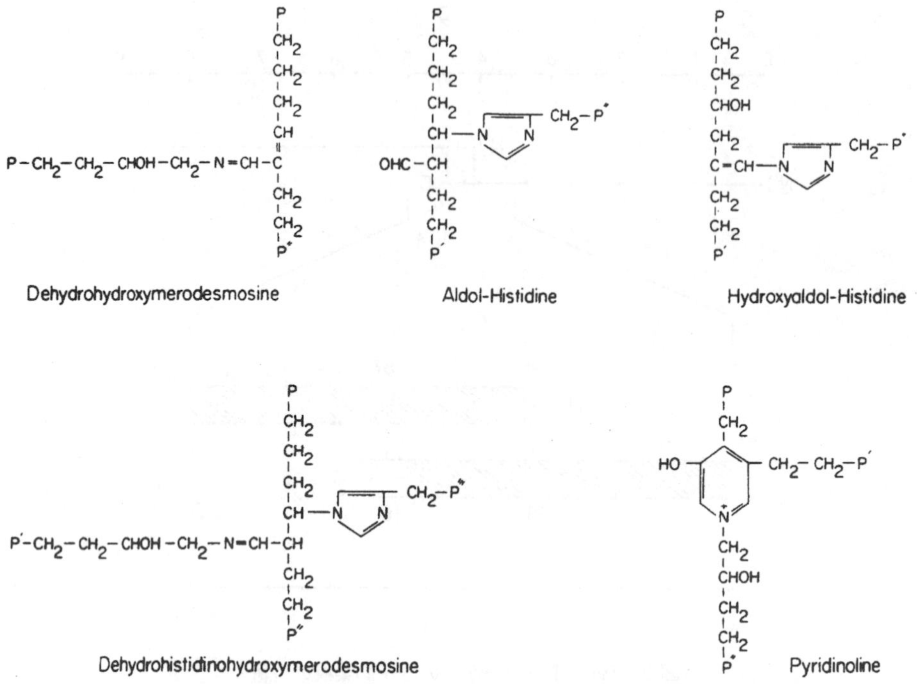

図9 コラーゲン線維中に見出された multichain crosslink[7]

いわれ，67nm の周期構造をとることが確認されている。Type Ⅳは基底膜に多く含まれ，組織中では線維状ではなく2次元的な網目構造をとっている[15]。Type Ⅳはラミニンやプロテオヘパラン硫酸などと共存して基底膜を構成し，上皮細胞や内皮細胞の下に存在し，さらにその下の結合組織との境界をなしており，物質の透過性の調節と密接に関係している。Type Ⅵ以降は比較的新しく見出されたものであり，以下のような分類がなされている。FACIT（fibril-associated collagens with interrupted triple-helices）として Type Ⅸ，Type Ⅻ，Type ⅩⅣ，Type ⅩⅥなど，短鎖型コラーゲンとしては，Type Ⅷ，Type Ⅹなど，マルチプレキシンとして Type ⅩⅤ，Type ⅩⅧなど，MACIT（membrane-associated collagens with interrupted triple-helices）として Type ⅩⅢ，Type ⅩⅦなどがあげられ，特性や機能等について調査研究の対象となっている[27]。

6 コラーゲン溶液の調製

コラーゲン溶液の調製方法については，各組織に含まれるコラーゲンや構成する成分の研究のために，各組織別の調製方法が古くから検討されてきた。ここでは，ウシの皮膚を原料として用いたコラーゲン溶液調製法の代表的な例を述べる。

第 1 章　ウシコラーゲンの製造と応用

表 2　コラーゲン分子種の多様性 [15, 62]

型	分子の構成	分子構造	高次構造	分布
I	$[α1(I)]_2 α2(I)$ $[α1(I)]_3$	300nm 300nm	67nm 周期線維 67nm 周期線維	皮膚, 骨, 角膜など 腫瘍, 皮膚
II	$[α1(II)]_3$	300nm	67nm 周期線維	軟骨, 硝子体
III	$[α1(III)]_3$	300nm	67nm 周期線維	皮膚, 筋肉など
IV	$[α1(IV)]_2 α2(IV)$, プラス $α3(IV), α4(IV), α5(IV)$	390nm, C 球状領域	非線維網目	基底膜
V	$[α1(V)]_2 α2(V)$ $[α1(V) α2(V) α3(V)]$ $[α1(V)]_3$	300nm, N 球状領域	細線維	胎盤, 骨, 皮膚
VI	$[α1(VI) α2(VI) α3(VI)]$	150nm, N＋C 球状領域	ミクロフィブリル, 100nm 周期	子宮, 皮膚, 角膜など
VII	$[α1(VII)]_3$	450nm	アンカーリング線維	羊膜など
VIII	$[α1(VIII)]_2 α2(VIII)$	?	六角格子状	デスメ膜など
IX	$[α1(IX) α2(IX) α3(IX)]$	200nm, N 球状領域	FACIT	軟骨
X	$[α1(X)]_3$	150nm, C 球状領域	六角格子状？	石灰化軟骨
XI	$[α1(XI) α2(XI) α3(XI)]$	300nm	細線維	軟骨

　基本的なコラーゲン溶液調製法として以下の4つの方法がある。①希酸による抽出，②アルカリによる抽出，③タンパク質加水分解酵素による抽出，④中性塩による抽出である。順次以下に説明する。また，原料を加工する際の環境，温度等に関しては，最終的な使用目的によって異なってくるが，雑菌の繁殖，コラーゲンの変性等を考慮すると可能な限り衛生的な環境で，抽出作業は10℃以下で行うことが望ましい。原料となる真皮は月齢が若いものほど可溶化が容易であるので，可能な限り若いものを入手するようにするとよい。

6.1　酸可溶性コラーゲンの調製

　新鮮な仔ウシ皮膚を適当な大きさにカットした後，付着しているよごれを洗い流す。抽出に用いる真皮層がきれいな状態になる様にカミソリ等で毛，表皮層，毛根層を削り取る。肉面には脂肪，筋肉等が付着しているので同様にカミソリ等で削り取り除去する。得られた真皮層を小片

に切断した後，コラーゲン以外の血清タンパク質などを除去するために，1M食塩水で撹拌しながら洗浄する。食塩水は数回交換すると良い。十分水洗後，酸可溶性コラーゲンの抽出を開始する。一般的には0.15Mクエン酸緩衝液（pH 3.6）を用いるが，他に酢酸，乳酸，塩酸等もよく用いられる。条件により，ポリメリックコラーゲンの混入が多くなる場合があるので，必要により用いる酸の選択を検討する。原皮重量に対して5〜10倍重量の希酸溶液を加えた後，ゆるやかに撹拌抽出すると数日で液の粘性が増加する。抽出液を分離し，新しい同希酸溶液を加えて2回目の抽出を行う。抽出液をろ紙等でろ過後，0.02M Na_2HPO_4 溶液に対し透析する。外液は1日1回交換する。数日後には白色の線維状沈澱が生じる。外液のpHがほとんど変化しなくなったら，この白色沈澱を遠心分離で回収する。水洗後0.15Mクエン酸緩衝液（pH 3.6）に再溶解，0.02M Na_2HPO_4 溶液に対する透析を繰り返し，精製する。

コラーゲンを沈澱させる方法としては，0.02M Na_2HPO_4 溶液へ透析する方法，酸性溶液に0.4〜0.7M NaClを加える方法，20℃以下で30〜35%濃度になるようエタノール等の水溶性有機溶剤を加える方法等がある。

本法によって得られるコラーゲンは，テロペプチドが残留している，いわゆるトロポコラーゲンとそのオリゴマーの混合液である。

6.2　アルカリ可溶化コラーゲンの調製 [28]

6.1と同様に毛，表皮，毛根，脂肪，筋肉等を除去した真皮層を適宜カットして小片とし，10〜20% Na_2SO_4，0.05〜0.3Mのアミンを含む0.1〜0.3M NaOH溶液に1〜2週間，20℃附近で浸漬する。処理した真皮片を軽く水洗後，10% Na_2SO_4 溶液中で酸（塩酸，酢酸など）によりpH 5.0附近に調整する。pH 5.0に調整した水で数回洗浄して塩を除去した後，pH 3.0〜3.5の希酸溶液に溶解する。さらに塩を除去する必要がある場合は，水に対し透析する。上記処理した真皮片は，高濃度の中性塩が存在しないと非常に膨潤しやすいので，処理，回収を行う際には注意が必要である。本法によって得たコラーゲンはAsn, Glnの酸アミドが加水分解を受けるため，等イオン点が酸性側にシフトする点を考慮する必要がある。また，本法はある程度不溶化が進んだ加齢動物の不溶性コラーゲンを溶解する方法としても利用される。

6.3　タンパク質分解酵素処理によるコラーゲンの調製

6.1と同様に調製した仔ウシ真皮層を原料とする。図10に示すように，真皮は月齢が若いもの程可溶化が容易であることから，可能な限り若い動物の真皮を入手するとよい。真皮層を水中でホモジナイズした後，pH 3前後の希酸溶液（塩酸，酢酸など）に分散し，真皮層の乾燥重量に対し0.1〜1.0%の酸性プロテアーゼを加え，20℃附近で数日〜1週間程度ゆるやかに撹拌し

第1章　ウシコラーゲンの製造と応用

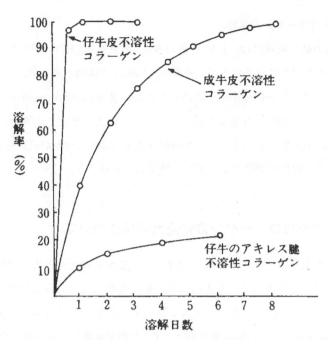

図10　加齢の違いによるウシ真皮不溶性コラーゲンの酸性プロテアーゼによる溶解性の比較

てコラーゲンを可溶化する。得られた溶液は，6.1と同様に0.02M Na_2HPO_4 に対して透析するかNaClを用いる方法で沈澱を回収，再溶解，再沈澱を繰り返して精製する。微量混在している酸性多糖，プロテオグリカン，酵素等の夾雑物はDEAEイオン交換クロマトグラフィにより分離，除去が可能である。すなわち，本コラーゲン酸性溶液（5mM酢酸）をNaOHでpH 7.5附近に調整後0.2M NaCl，2M尿素を含む0.05M Tris-HCl緩衝液（pH 7.5）に透析する。DEAEイオン交換カラムを同緩衝液で平衡化し，上記コラーゲン溶液をカラムに通す。

　プロテアーゼによって可溶化されたコラーゲンは，分子の両末端あるテロペプチドがプロテアーゼによって加水分解を受け，除去される。このテロペプチドを持たないコラーゲンを宮田らはアテロコラーゲン（Atelocollagen）と命名し，以後広く医療や化粧品等への応用の道を開いた[29]。

　また，真皮由来アテロコラーゲンはType ⅠとType Ⅲの混合物である。仔ウシの場合通常95％前後がType Ⅰで5％前後がType Ⅲである。Type Ⅲは加齢が進むにつれて少なくなる傾向がある。マテリアルとして本アテロコラーゲンを用いる場合はType Ⅰ，Type Ⅲが混合していても問題ないが，精密な研究のために単独のTypeが必要なときは別途分離精製を行う。コラーゲンの純度を高める方法としては，CMイオン交換クロマトグラフィなどが行われる[30〜32]。

6.4 中性塩可溶性コラーゲンの調製

非常に若い動物の結合組織には，1 M 以下の NaCl 溶液や Na_2HPO_4 溶液などの中性塩溶液に可溶なコラーゲンがわずかに含まれるが，通常の抽出操作では殆ど得る事が出来ない。したがって，中性塩可溶性コラーゲンの抽出率を高めるために，β-aminopropionitrile 等の lysyloxidase の阻害剤を飼料に加え，動物に与える方法がとられる。例えばラットの場合，通常の飼料 1 kg に β-aminopropionitrile を 1 g 加えて 3～4 週間与えると lathyrism が引き起こされ，架橋の生成が阻害されるので中性塩可溶性コラーゲンの抽出率が上昇する。

7 ウシ由来アテロコラーゲンの安全性確保について

ウシを原料として医薬品，化粧品原料，食品等を製造する場合，その安全性確保について注意を払う必要がある。当然の如く，基本的には人間の食用に用いられる健康なウシであることに変わりはないが，特に 1986 年にイギリスで初めて報告された牛海綿状脳症（BSE；Bovine Spongiform Encephalopathy）の問題を契機として，改めて世界的に安全性について見直された。日本においても厚生省（現厚生労働省）から 1996 年 4 月「医薬品等に用いられる反芻動物に由来する物等の取り扱いについて」（平成 8 年薬研第 13 号，薬審第 224 号，薬機第 215 号，薬安第 40 号，薬監第 32 号）によって英国産ウシの使用禁止の通知以降，特にウシについては，2000 年 12 月「ウシ等由来物を原料として製造される医薬品等の品質および安全性確保について」（平成 12 年医薬発第 1226 号通知）によって原産国および使用部位の両面から規制された。世界的にみても最も厳しい規制であると考えられる。BSE 原因物質と考えられる変異型プリオンタンパク質の不活化について欧州医薬品庁等[33]からいくつかの方法[34]が示されているが，コラーゲンの製造工程においてはそれらの不活化方法を適用することは困難である。したがって，製造工程で不活化処理することよりも原料段階から安全性を確保することが重要であると考えている。また，2000 年 12 月，「ヒト又は動物由来成分を原料として製造される医薬品等の品質および安全性確保について」（平成 12 年医薬発 1314 号通知）により製造工程中の細菌，真菌，ウイルス等の不活化／除去処理の方法について明記するよう通知がなされた。これらを踏まえ，2003 年 5 月に「生物由来原料基準」（平成 15 年告示第 210 号）が制定され，その中に「反芻動物由来原料基準」が明記された。2004 年の改正により，皮由来ゼラチンおよびコラーゲンは原産国の規制が除外され，基本的には安全な原料であるという位置付けがなされた。

さらに，本原料基準には原材料についての品質および安全性の確保上必要な情報が確認できるよう同基準 (4) に掲げる事項が記録され，保存されていなければならない。弊社では，上記規制を踏まえ，以下のように対応し安全性を確保している。

第1章　ウシコラーゲンの製造と応用

① 豪州産仔ウシ真皮を原料とする。豪州はこれまでBSEの発症報告がなく，世界的にみて最も管理されている。豪州産仔ウシ真皮を原料としてアテロコラーゲンを製造している。

② 6ヶ月齢以下の仔ウシ真皮を原料とする。使用する動物はこれまでのBSE発症月齢から考え，6ヶ月齢以下の仔ウシに限定している。これは，6ヶ月齢以下の仔ウシは感染の可能性がないとされているためである。

③ 原料として使用した仔ウシに関する出生の履歴，餌の原料，飼育中の健康状態，と畜時の健康状態等が記録され，トレースが可能である。BSE感染は汚染した餌が原因となって感染が拡大したと考えられることから，餌を含めた飼育環境の管理が重要であると考えるからである。

④ と畜の手順，原料採取手順，採取した部位の取り扱い手順を規定し，汚染の危険性を回避している。安全な部位を原料としているからといっても，原料採取時に感染の可能性が高い部位に接触するようなことがあっては安全性を確保することはできない。

⑤ 製造工程のウイルスバリデーションを実施し，ウイルスの不活化，除去について検証している。実際の製造工程をスケールダウンし，そこにモデルウイルス4種類をスパイクし，一連の工程を経た後にどれだけのウイルスのリダクションがあったかを調べた。その結果，弊社の製造工程では十分なウイルスリダクションが確認された。万が一ウイルスの混入があった場合でも不活化，除去されることが確認されている。

⑥ 品質管理システムの外部機関からの監査。弊社コラーゲンはISOの認証を取得しており，それに基づく認証機関の査察を毎年受けている。このことは弊社の安全性確保のための品質管理システムが外部機関から監査を受け，適正に維持されていることを示している。このように外部からの評価を受けることも安全性確保のためには重要と考える。

8　アテロコラーゲンの応用について

コラーゲンをある目的に利用する場合，その目的に最も適した形に加工する技術を確立することは非常に重要であり，原料選択から最終製品に至るまでの一連のプロセスがその利用目的によって決定される。図11にバイオマテリアルとして利用されている代表的なコラーゲンを示した。これらのうち，アテロコラーゲンが最も広範に用いられる重要なコラーゲンである（図12）。それは，抗原性を示すテロペプチドや他の夾雑タンパク質等を含まない高度に精製されたコラーゲンとして大量に得られるからである。

特に医療用バイオマテリアルとしてコラーゲンを応用するためには，原料の選択と精製法，目的に応じた形状に加工成形する技術，物理的及び，化学的方法による修飾法などの加工技術の組

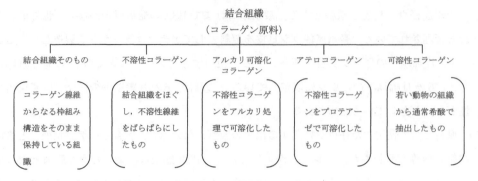

図11 バイオマテリアルに応用されるコラーゲン

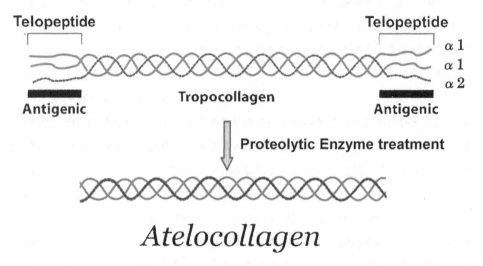

図12 タンパク質分解酵素の作用によるコラーゲン分子からアテロコラーゲンの生成

み合わせが重要である。これらを「Collagen Engineering for Biomaterial」と呼ぶことにし，以下に説明する[35]。

8.1 コラーゲン溶液の性質

コラーゲンを各種用途に応用する際に，不溶性コラーゲン線維の状態を維持しながら精製して使用する場合もあるが，コラーゲン溶液を作成した後に目的とする形状に加工することがほとんどである。したがって，コラーゲン溶液のもつ特徴を知ることは，コラーゲンの利用において非常に重要であると考える。以下に，コラーゲン溶液の特徴について述べる。

第1章　ウシコラーゲンの製造と応用

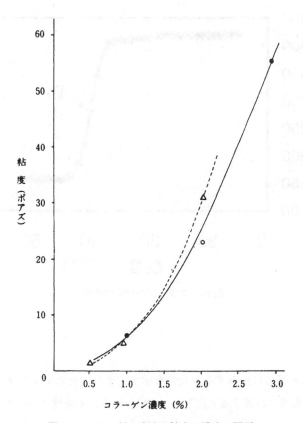

図13　コラーゲン溶液の粘度の濃度の関係
ずり速度 50sec^{-1} での測定値
△：サクシニル化アテロコラーゲン，pH 7.4，20℃
○：アテロコラーゲン，pH 3.5，20℃
●：アテロコラーゲン，pH 7.4，4℃

8.1.1　粘度

コラーゲン分子は長さ300nm，直径1.5nmの非常に細長い分子である事から，同程度の分子量をもつ球状タンパク質やランダムコイルタンパク質と比べ，溶液の粘性が非常に高い。0.15Mクエン酸緩衝液（pH 3.6）に溶解したときの酸可溶性コラーゲン溶液の極限粘度 $[\eta]$ は11.5～14.5dl/gである。一方，本コラーゲン溶液を40℃で加熱変性すると，$[\eta]$ は0.54dl/gとなり，変性前の1/20以下となる。一定ずり速度での粘度と溶液中コラーゲン濃度の関係を図13に示す。溶液の粘度はコラーゲンの濃度に大きく依存し，2％になると流動性がなくなりビーカーを逆さにしても流れ落ちなくなる。この高い粘性がコラーゲン溶液の取り扱いを困難なものにする大きな要因である。

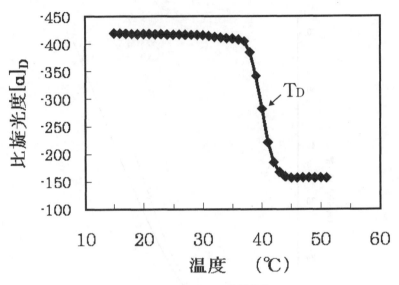

図14 コラーゲンの変性曲線

8.1.2 旋光度

コラーゲンはらせん構造に由来する旋光性を示す。また,旋光度はコラーゲンのらせんの状態を正確に,しかも簡単に評価する方法として利用される。未変性コラーゲン希薄溶液の比旋光度 $[\alpha]_D$ は-400前後の値を示す。一方,変性したゼラチンは-135前後である。すなわち-400-(-135) = -265と算出される比旋光度はコラーゲンのらせん含量を示すものである。

また,比旋光度の測定により,コラーゲンとゼラチンの転移の様子を簡単に追跡することができる。コラーゲン溶液をゆるやかに加温しながら,比旋光度と温度をプロットすると,図14のような曲線が得られる。比旋光度が35℃附近から急激に低下し,40℃附近で一定値になる。この比旋光度の変化の中点(50%ゼラチンに変化したときの温度)を変性温度(T_D)と呼ぶ。この変性曲線を求めることにより,溶液中でのらせん構造の状態を知ることができる。

8.1.3 線維再生

分子分散状態のコラーゲン溶液をある特定の溶液条件にすると,ある一定の分子配列をもったコラーゲン集合体を形成する。これらの様子を図15に示す[36]。例えば,酸性コラーゲン溶液を0.9% NaClを含むリン酸緩衝液(pH 7.4)や0.02 M Na_2HPO_4 などの生理的な緩衝液に透析すると,67 nmの天然型周期構造をもつ線維が再生し,白濁する。塩濃度を2%に上げると,10 nmと非常に短周期の集合体が得られ,さらに5%以上の塩濃度になるとコラーゲンはただちに沈殿し,アモルファスな集合体を生じる。再生した線維を再び酸性にすると溶解し,分子分散溶液となる。コラーゲンが変性してゼラチンとなった場合は,線維再生は起らない。

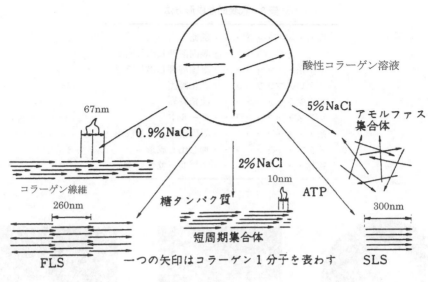

図15 コラーゲン溶液から各種コラーゲン集合体の生成[36]

また，血清糖タンパク質を添加して水に対して透析すると，周期が260 nmのFLS（fibrous long spacing）が生じる。この集合体は，分子の配列方向がばらばらである特徴的な集合体である。一方，ATP（アデノシン3燐酸）溶液に対して透析すると，NおよびC末端が揃ったSLS（segment long spacing）と呼ばれる集合体を生成する。SLSは分子の横方向のみに集合したものであるので，その長さは分子の長さ（300 nm）となる。

8.2 成形（Shape Formation）

コラーゲンは使用目的に応じて，コラーゲン溶液または分散液から，膜，中空糸，糸，ミクロスフェアー，スポンジ，棒，レンズなど様々な形状に加工成形することができる。表3に代表的な加工方法を示した（写真1）。以下にいくつか例を示す。膜はコラーゲン溶液を平らな容器に流しこみ風乾する風乾法や，円筒状のノズルよりNaCl等の飽和塩溶液からなる凝固液に押し出し凝固する方法によって作成できる。また，細い穴から押し出し凝固すれば糸を，細い円筒形ノズルから押し出し凝固すれば中空糸を連続的に作成することが可能である。このように凝固液を用いる成形法（湿式成形法）は，コラーゲン成形物を連続的に量産するのに適した方法である。

そのほか，精密な形状の成形にはモールド法[37]，コラーゲンスポンジ等の作成には凍結乾燥法が有効な方法である。コラーゲンスポンジは創傷カバー材，止血材，再生医療用の細胞の足場となるscaffold等に応用される。また，化粧品領域ではフェイシャルマスクなどに利用されてい

コラーゲンの製造と応用展開

表3 代表的な成形方法

膜	風乾
	凝固浴押し出し成形
中空糸	凝固浴押し出し成形
ミクロスフェア	乳化凝固
スポンジ	凍結乾燥
レンズ	モールド
糸	凝固浴押し出し成形
棒	押し出し成形
粉体	スプレー乾燥

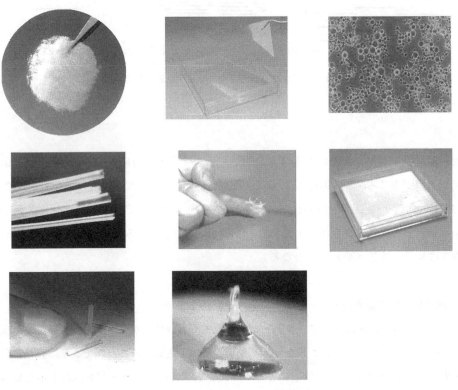

写真1 アテロコラーゲン加工形状の写真

る。さらに，コラーゲンの濃度，種類，形状，凍結速度，乾燥速度などの条件をコントロールすることにより，スポンジのポアサイズ，硬さなどを調節することができる。

しかしながら，これら成型したコラーゲンは再度湿潤状態にすると水を吸収し，物理的強度が極端に低下する。また，pH 5以下の酸性条件にすると膨潤が起り，形状がくずれて溶解してし

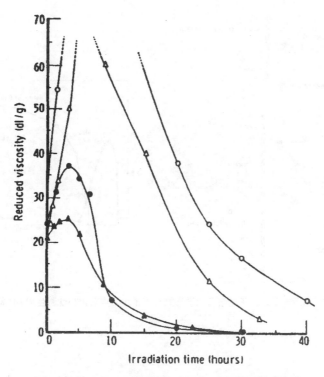

図16 コラーゲン溶液の粘性に対する紫外線照射の効果
○：酸可溶性コラーゲン　N_2下照射
△：アテロコラーゲン　N_2下照射
●：酸可溶性コラーゲン　空気下照射
▲：アテロコラーゲン　空気下照射

まうこととなる。そこで成形時の形状を維持し，湿潤状態の物理的安定性を高めるためには架橋処理が必須となる。代表的な方法について以下に述べる。

8.3　物理的修飾（Physical Modification）

コラーゲンの物理的修飾法として紫外線照射，γ線照射，熱による方法等がある。これらの処理は，コラーゲンに架橋を導入する方法として有効な手段である。これら放射線の照射により，溶媒，酸素などにより各種のラジカル等が生成し，架橋，分解等を引き起こす。図16に，コラーゲン溶液に紫外線を照射したときの粘度の変化を示す[38]。粘度の上昇は紫外線照射により分子間に架橋が入ることによって起こるが，溶液中の酸素の有無により粘度の差が著しい。窒素中では粘度が急上昇しゲル化が生じて粘度が測定できなくなる（破線の部分）が，さらに照射を続けると分解が進んで粘度が低下してくる。一方，空気中では分解の速度が速いため，それほど粘

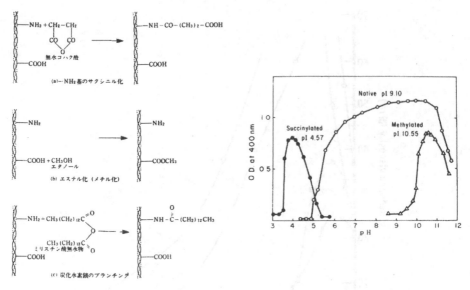

図17 コラーゲン分子側鎖の化学修飾と等イオン点および沈澱生成 pH 領域

度の上昇がみられない。また，アテロコラーゲンはテロペプチドがないために，チロシンやフェニルアラニン等が少ないことから，酸可溶性コラーゲンより影響を受けにくい。これらのことから，溶液への照射は窒素下が望ましい。

8.4 化学的修飾 (Chemical Modification)

化学的修飾は，化学試薬により架橋を生成させて成形品の強度を上げる場合，コラーゲンの側鎖に各種官能基を結合させて分子表面の電荷状態や親水性等を変える場合，生理活性物質を固定化する場合などに用いられる。化学架橋に使用される代表的な試薬としては，グルタールアルデヒド (GA)，ヘキサメチレンジイソシアネート (HMDIC)，ポリエポキシ化合物 (PEC) などがある。一般的に，物理的方法により架橋したものに比べ，生分解性を効果的に抑制できるといわれている。

コラーゲン分子の側鎖のアミノ基をサクシニル化（図17）すると，アミノ基がなくなるとともに新たに負電荷のカルボキシル基が生成され酸性のコラーゲンとなり，中性の pH 領域でも可溶性コラーゲンとなる。同コラーゲン分子の表面は血小板の粘着凝集反応を抑制し，抗血栓性の特性を示すようになる。一方，カルボキシル基をメチルエステル化した場合は，正電荷リッチのコラーゲンとなり，同様に中性 pH 領域で可溶性となるが，血小板に対する粘着凝集反応を高め，血栓性を示す[39]。また，ミリスチン酸等の炭化水素鎖を付加することにより，コラーゲンの疎

第1章 ウシコラーゲンの製造と応用

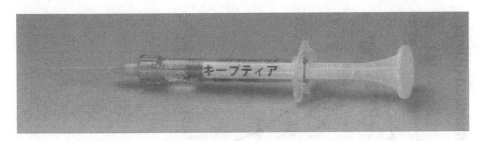

図18 キープティア

水性を高め界面活性能を付与することもできる。これは，化粧品への添加には有効な特性となる。

生理活性物質またはその生理活性物質と親和性の高いリガンドなどをコラーゲン表面に共有結合させ，生理活性物質を固定化したり，徐放化を制御するような機能を付与することも可能である[40]。

8.5 医療分野への応用

弊社では，これまで軟組織陥凹部修復用注入剤，局所止血剤，創傷カバー材，歯周組織再生用膜，歯科用骨補填材等のアテロコラーゲンを用いた医療機器を開発・販売してきた。2008年4月，新たな製品として，涙液分泌減少症いわゆるドライアイに起因する眼の乾燥感，疼痛，異物感などの自覚症状の改善および角結膜上皮障害の改善を目的とした医療機器（キープティア）を発売した。本医療機器は，涙液分泌減少症の症状を呈する患者に対し，アテロコラーゲン溶液を涙道に注入して体温でゲル化させ，涙道を塞栓することにより涙液の流出を抑え，角膜上皮の障害を治療する医療機器である。図18のように組み立てたシリンジより涙管洗浄針を用いて下涙点および上涙点より注入を行い，15分程度閉眼によりゲル化させるものである。

臨床試験[41,42]における有効性評価を適用後8週目に本人による自覚的所見および医師による他覚的所見として評価の結果，対象者69症例中57例（82.6％）の他覚的評価は本処置により「著しく改善」あるいは「改善」の成績であった。一方，60例（87.0％）の自覚的評価は「とてもよくなった」あるいは「よくなった」の成績であった。また，従来同患者に対してとられていたシリコーン製の涙小管プラグを用いた治療に比べ，異物感，脱落，疼痛などの問題がない。これらのことから，アテロコラーゲンによる涙道閉鎖がドライアイ治療には有効であり，広く臨床で用いられると考えている。

このほかにも，皮膚の再生，軟骨の再生，骨の再生，リンパ節の再生など再生医療分野におけるscaffoldとしての応用研究がなされ実用化に向け検討されている[43〜46]。

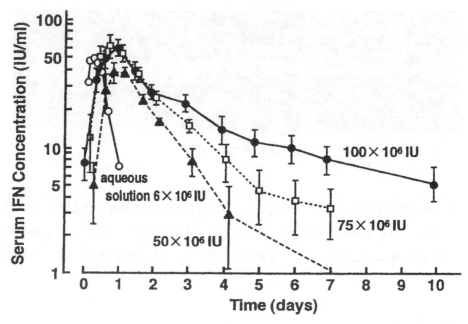

図19 アテロコラーゲン-インターフェロン製剤の健常人における血清中インターフェロン濃度の経時変化

8.6 医薬品の徐放性担体としての応用

　Drug delivery system（DDS）は，医薬品をターゲットとなる組織に，有効な量を，長時間に渡って送達するシステムである。近年薬効をできるだけ高めると同時に医薬品に由来する副作用を極力抑える剤型，投与法が盛んに研究されている。DDS製剤の成功のためにはどのような材料を用いて，どのような形状で医薬品を運搬し徐放させるかという課題が解決されなければならない。そのような中で，コラーゲンは基本的にはどのような形状にも成形が可能であり，また医薬品を放出した後は生体に吸収代謝されることから，DDSの基材として好ましい性質をもっている。一方，体液等の水分を吸収すると膨潤しやすいので低分子医薬品の長時間徐放を得る事は単純な形状では難しい。したがって，コラーゲンによるDDSとして効果的な医薬品は，コラーゲンに対して高い親和性をもつ医薬品，高分子量医薬品，例えば，インターフェロン，インターロイキン-2，神経増殖因子（NGF），塩基性線維芽細胞増殖因子（bFGF）などのサイトカイン類のタンパク質系医薬品が適する[47]。図19に弊社と住友製薬（現大日本住友製薬㈱）が共同開発した太さ1mm，長さ1cmのミニペレット状INF-コラーゲン製剤のDDS効果について示した[47]。このミニペレット製剤は専用の投与器具で皮下に投与される。これまでの静脈注射による投与（○）では，2日目で急速な濃度低下がみられるが，本製剤の場合24時間後にみられるピーク以降，製剤中の濃度にも依存するが，1週間から10日以上有効な血中濃度を持続させる

第1章 ウシコラーゲンの製造と応用

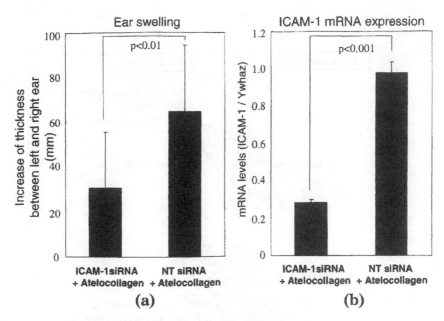

図20 ICAM-1 siRNA/アテロコラーゲン複合体の投与が接触皮膚炎モデルマウスに与える影響
(a) 耳介腫脹の比較, (b) 耳介の ICAM-1 mRNA 発現レベルの比較

ことができる。本製剤の投与により，活性の持続化による治療効果の向上，副作用の抑制，投与回数の減少などメリットが大きい。

　また，近年，癌，感染症，遺伝病などの治療方法として核酸医薬が注目され，アデノウイルスベクター等を用いた遺伝子導入による治療が盛んに検討されてきた。さらに，新たな遺伝子導入試薬や遺伝子システムの開発により，遺伝子そのものを生体内に投与してその遺伝子を発現させ，治療効果を期待する検討がなされている。また，最近は RNA 干渉の発見により，疾患などに関与する特定の遺伝子の機能を抑制する核酸医薬として期待される siRNA の臨床を考慮した効果的なデリバリー方法がにわかに注目され，世界的に多くの企業，研究者がしのぎを削っている。その中で，国立がんセンター研究所の落谷らは，アテロコラーゲンにより核酸やウイルスを機能を失わずに細胞や組織へデリバリーでき，長期に渡り機能することを見出した[48〜57]。さらにがんの転移や薬剤耐性を克服するための動物モデルでの治療の開発にも応用されている[63,64]。

　アテロコラーゲンは生理的条件下において塩基性（正電荷）をもっている一方，siRNA などの核酸類は負電荷であることから，両者は静電気的に結合し複合体を形成すると考えられている。この複合体の形成により核酸はヌクレアーゼによる分解を免れ，血流に乗って組織や細胞に効率よく輸送される。さらに，この複合体はエンドサイトーシスにより細胞内に取り込まれ，機能を開始すると推定される。図20に接触皮膚炎モデルマウスを用いた免疫応答関連遺伝子 ICAM-1

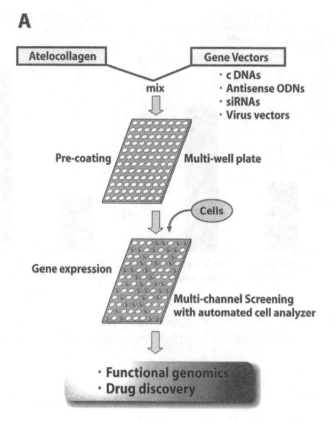

図 21　アテロコラーゲントランスフェクションアレイの概念図

siRNA/アテロコラーゲン複合体を全身投与し，内在性遺伝子の発現および免疫応答を抑制した実験例を示した[60]。耳介腫脹の程度の比較において，接触皮膚炎モデルマウスに siRNA/アテロコラーゲン複合体を全身投与した後に同剤で惹起した群は対照群よりも腫脹が軽減される傾向にあった（図 20 (a)）。組織学的観察においても腫脹，細胞浸潤および表皮過形成は観察されなかった。また耳介の ICAM-1 mRNA 発現レベルは，耳介腫脹と同様に ICAM-1 siRNA/アテロコラーゲン投与群において対照群よりも有意（$P < 0.001$）に低い値を示した（図 20 (b)）。これらのことから，siRNA/アテロコラーゲン複合体が目的の組織に到達し，効率よく目的の遺伝子発現を抑制したことを示している。新たな核酸医薬の薬剤徐放担体として大きな期待が寄せられるところである。弊社では，同技術による *in vivo* 用 siRNA 導入試薬を開発し，高い評価を得ている[61]。

8.7 アテロコラーゲンセルトランスフェクションアレイ

ヒトゲノム解読に伴い，様々な生命現象に関する膨大な遺伝子情報がもたらされた結果，遺伝子の機能を細胞レベルで解析するファンクショナルゲノミクスの重要性が急速に増している。RNAi による Loss of function の解析手法は，ファンクショナルゲノミクスのための強力なツールである。我々は，RNAi による遺伝子機能解析および siRNA 医薬のスクリーニングに向け，アテロコラーゲンを用いたセルトランスフェクションアレイを開発した[49, 56, 58, 59]。本技術は，アテロコラーゲンによる培養細胞への核酸導入技術をハイスループットトランスフェクションアレイとして応用したシステムである（図21）。すなわち，あらかじめ導入可能な状態の核酸を基板上にアテロコラーゲンと混合してアレイ化しておき，そこに細胞を播種して細胞内に取り込ませるリバーストランスフェクション法である。これまで，小脳形成に関与する遺伝子，肝癌や大腸癌で高発現している遺伝子，乳癌の薬剤耐性に関与する遺伝子の機能解析に使用し，有用な遺伝子や核酸医薬をスクリーニングしている。

9 おわりに

これまで，コラーゲンは，生体や組織の形状を維持し，生体の力学的強度を保つための構造タンパク質として理解されてきた。近年，新たな視点からその機能，特性が再評価され，新たな展開を期待させる様々な機能，性質，特性が明らかとなってきている。Collagen Engineering を駆使した，より安全で効果的な医療機器，医薬品への応用の可能性が広がってきている。

文　献

1) R. S. Bear, *Advances in Protein Chemistry*, **7**, 69（1952）
2) G.N. Ramachandran *et al.*, *Nature*, **176**, 593（1955）
3) A. Rich *et al.*, *Nature*, **176**, 915（1955）
4) P. M. Cowan *et al.*, *Nature*, **176**, 1062（1955）
5) M. E. Nimni *et al.*, In "Collagen", ed. by M. E. Nimni, Vol.1, 1,CRC Press Inc.（1988）
6) 永井裕ほか，コラーゲン代謝と疾患，付表1，講談社（1982）
7) E. J. Miller, In "Extracellular Matrix Biochemistry" ed. by K. A. Piez and A. H. Reddi, 41, Elsevier（1984）
8) P. F. Davison *et al.*, *J. Exp. Med.*, **126**, 331（1967）
9) B. Ponz *et al.*, *Eur. J. Biochem.*, **16**, 50（1970）

10) P. Doty et al., "Recent Advances in Gelatin and Glue Research", ed. by G. Stainsby, 92, Pergamon Press (1958)
11) K. A. Piez et al., Biochemistry, **2**, 58 (1963)
12) E. J. Miller, In "Methodology of Connective Tissue Research" ed. by D. A. Hall, Joynson-Bruvvers, 197 (1976)
13) K. A. Piez, Anal. Biochem., **26**, 305 (1968)
14) E. Chung et al., Biochemistry, **13**, 3459 (1974)
15) K. Kuhn, In "Structure and Function of Collagen Types" ed. by R. Mayne, R. E. Burgeson, Academic Press, 1 (1987)
16) A. J. Hodge et al., In "Aspects of Protein Structure", ed. by G. N. Ramachandran, Academic Press, 289 (1963)
17) D. J. S. Hulmes et al., J. Mol. Biol., **79**, 137 (1973)
18) H. Hofmann et al., J. Mol. Biol., **141**, 293 (1980)
19) J. W. Smith, Nature, **219**, 157 (1968)
20) P. Bornstien et al., Biochemistry, **5**, 3460 (1966)
21) A. J. Bailey, Biochem. J., **105**, 34 (1967)
22) M. L. Tanzer, Biochem. Biophys. Acta., **133**, 584 (1967)
23) A. J. Bailey et al., Biochem. Biophys. Res. Commun., **33**, 812 (1968)
24) M. L. Tanzer, J. Biol. Chem., **243**, 4045 (1968)
25) K. A. Piez, In "Extracellular Matrix Biochemistry" ed. by K. A. Piez and A. H. Reddi, Elsevier, 1 (1984)
26) E. J. Miller et al., Proc. Natl. Acad. Sci. USA, **64**, 1264 (1969)
27) 二宮善文ほか，電子顕微鏡，**35**，3，240 (2000)
28) 日本特許 昭和 46 年-15033
29) K. H. Stenzel et al., Ann. Rev. Biophys. Bioengin., **3**, 231 (1974)
30) E. J. Miller et al., In "Methods in Engymology" ed. by L. W. Cunningham and D. W. Frederiksen, **82**, 33 (1982)
31) T. F. Kersina et al., Biochemistry, **18**, 3089 (1979)
32) R. W. Glenville et al., Eur. J. Biochem., **95**, 383 (1979)
33) http://www.emea.europa.eu/pdfs/human/bwp/TSE% 20NFG% 20410-rev2.pdf
    http://www.emea.europa.eu/pdfs/vet/regaffair/041001en.pdf
34) http://whqlibdoc.who.int/hq/2000/WHO_CDS_CSR_APH_2000.3.pdf
35) T. Miyata et al., Clinical Materials, **9**, 139 (1992)
36) 宮田暉夫，化学の領域増刊，**135**，31 (1982)
37) US Patent4223984
38) T. Miyata et al., Biochim. Biophys. Acta, **229**, 672 (1971)
39) 宮田暉夫，日本ゴム協会誌，**62**，325 (1989)
40) Y. Noishiki et al., J. Biomed. Mat. Res., **20**, 337 (1986)
41) 濱野孝ほか，臨床眼科，**58**，13，2289 (2004)
42) K. Miyata et al., Cornea, **25**, 1, 47 (2006)

43) M. Sato *et al.*, *J. Biomed Mater. Res. A*, **64**, 248 (2003)
44) M. Sato *et al.*, *Tissue Engineering*, **11**, 1234 (2005)
45) S. Suematsu *et al.*, *Nature Biotechnology*, **22**, 12, 1539 (2004)
46) J. George *et al.*, *Biotech. Bioeng.*, **95**, 3 (2006)
47) K. Fujioka *et al.*, *Advanced Drug Delivery Reviews*, **31**, 247 (1998)
48) T. Ochiya *et al.*, *Nat. Med.*, **5**, 707 (1999)
49) K. Honma *et al.*, *Biochem. Biophys. Res. Commun.*, **289**, 1075 (2001)
50) T. Ochiya *et al.*, *Curr. Gene Ther.*, **1**, 31 (2001)
51) K. Hirai *et al.*, *J. Gene Med.*, **5**, 951 (2003)
52) A. Sano *et al.*, *Adv. Drug Deliv. Rev.*, **55**, 1651 (2003)
53) M. Nakamura *et al.*, *Gene Ther.*, **11**, 838 (2004)
54) K. Hanai *et al.*, *Hum. Gene Ther.*, **15**, 263 (2004)
55) Y. Minakuchi *et al.*, *Nucleic Acids Res.*, **32**, e109 (2004)
56) K. Honma *et al.*, *Curr. Drug Discov. Technol.*, **1**, 287 (2004)
57) F. Takeshita *et al.*, *Cancer Sci.*, **97**, 689 (2006)
58) S. Saito *et al.*, *Physiol. Genomics*, **22**, 8 (2005)
59) Y. Kurokawa *et al.*, *Int. J. Oncol.*, **28**, 383 (2006)
60) 佐藤勉ほか, 人工臓器, **36**, 3, 220 (2007)
61) 井岡亮一ほか, 細胞, **39**, 12, 34 (2007)
62) S. Ayad *et al.*, "The Extracellular Matrix Facts Book", 9, Academic Press (1994)
63) F. Takeshita *et al.*, *PNAS*, **102**, 34, 12177 (2005)
64) K. Honma *et al.*, *Nat. Med.*, **14**, 9, 939 (2008)

第2章　ブタ由来コラーゲン

肥塚正博*

1　はじめに

コラーゲンは，動物の結合組織を構成している線維状タンパク質で，哺乳類の全タンパク質の中で最も多量に存在し，全タンパク質の約30%を占める。現在，哺乳類では少なくとも28種類の分子種のコラーゲンが発見，報告されている[1]。その中で生体内に最も大量に存在するのがI型コラーゲンであり，産業的利用は，I型コラーゲンに限定される。II型コラーゲン，III型コラーゲン，IV型コラーゲン，V型コラーゲンなどは，研究用試薬として販売されている。

I型コラーゲンは，主に動物の結合組織に含まれるコラーゲンを分散処理や可溶化処理によって得られる。I型コラーゲン分子の特長としては，分子量約10万，アミノ酸数約1000残基のポリペプチド鎖が3本鎖ヘリックス構造を有した分子量約30万のタンパク質である。

I型コラーゲンは，BSE発生以降，豚原料や魚原料を用いた製品開発と用途開発が盛んに行われている。特に，哺乳類由来である豚由来コラーゲンは，ヒトのコラーゲンと生化学的特性や物理的特性が近似している事，優れたヒトへの生体親和性や生分解性を有する事から，生体材料や化粧品などへの用途展開と役割が重要度を増している。

本章では，豚由来コラーゲンの『産業的利用』，『製造方法の基礎』，『物理化学的特性』，『応用展開』についてまとめた。

2　豚由来コラーゲンの産業的利用

豚由来コラーゲンの利用は，古くは皮革産業における豚皮を用いた天然皮革製品の産業的利用に始まる。天然皮革とは，豚皮のコラーゲン組織をなめし処理し，皮革製品としたものである。この製造技術（石灰漬け→フレッシング→脱脂処理→なめし処理など）は，現在においても可溶性コラーゲンの抽出・精製・加工技術の基礎となっており，参考とすべき高度な技術である[2]。

豚の革製品は，他の革製品と比べて，豚皮膚におけるコラーゲン線維が高密度であるために摩擦に強く，天然の油脂が多く含まれ，水をはじく事からレインシューズの革に使用された事もあ

---

*　Masahiro Koezuka　新田ゼラチン㈱　営業本部　開発部　マネージャー

る。現在においては，豚革の特性を活かして靴裏や靴袋物等に使用されている。豚革製品は，3本ずつ揃っている毛穴を利用したデザイン性を生かした製品に使われる事もある。

コラーゲン粉末[3]やコラーゲン分散液[4]の加工食品への利用も検討されている。これは，現在の健康食品として利用されているコラーゲンペプチドとは異なり，豚皮を脱脂・粉砕し，肉製品の加工補助食品として利用したものである。

医療分野での豚由来コラーゲンの利用は，バイオロジカルドレッシングが代表的である。バイオロジカルドレッシングとは，生体組織由来の創傷保護剤の事である[5]。このバイオロジカルドレッシングには，豚皮や牛コラーゲン膜などの異種組織，フィブリン膜，羊膜や死体皮膚などの同種組織が広く用いられてきた。その中で最も評価されてきたのが，豚皮をフリーズドライした凍結乾燥豚皮（LPS）である。LPSで創面を被うと創面の乾燥が防止され，疼痛が軽減される事から，熱傷患者や口腔粘膜欠損の治療に用いられてきた。

豚由来のコラーゲン線維の利用は，古くは皮革産業から始まり，食品への利用，医療への利用が行われてきた。その後，豚真皮層に含まれるコラーゲン線維を，可溶化・抽出・精製し，再加工する技術が開発された。この可溶性コラーゲンは，『化粧品分野』，『細胞培養分野』，『生体材料分野』への利用が検討され，実用化されている。近年においては，再生医療分野への応用展開が検討されている。

3 豚由来コラーゲン製造方法の基礎

3.1 豚原料

国内の畜産資源として豚原料は豊富にあり，可溶性コラーゲンの抽出対象となる皮，腱などは，食肉市場より得られる。豚の解体処理法には皮はぎ法と湯はぎ法がある。コラーゲンの原料としては，熱変性していない新鮮な豚原料を使用する必要性から，熱をかけていない皮はぎ法によって得られた豚皮を用いる。

国内の豚は，品種が少なく（主としてヨークシャー系統とランドレース系統の交配種），飼育期間が短くほぼ一定（約6ヶ月）であるので，豚皮原料としてのバラつきが小さいなどの特徴がある。

3.2 可溶性コラーゲンの製造方法

3.2.1 製造方法の基礎

I型コラーゲンは，コラーゲン線維として結合組織に高濃度に存在する。動物の結合組織から可溶性コラーゲンを得る為には，皮や腱を，酸処理やタンパク分解酵素処理，又はアルカリ処理

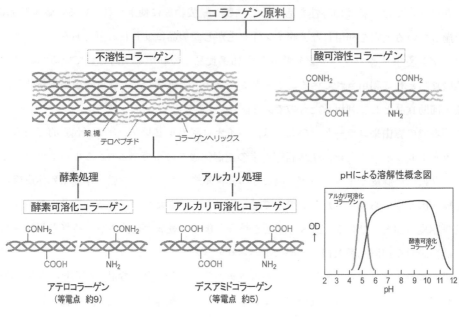

図1 コラーゲンの可溶化方法

する事によって，コラーゲンの末端テロペプチドを切断する必要がある[6]。末端テロペプチドが切断される事によって，分子間架橋が除去され，コラーゲンが可溶化される。

　酸処理によって抽出されるコラーゲンを『酸可溶性コラーゲン』，酵素処理によって抽出されるコラーゲンを『酵素可溶化コラーゲン』，アルカリ処理によって抽出されるコラーゲンを『アルカリ可溶化コラーゲン』と呼ぶ（図1）。酸可溶性コラーゲンや酵素可溶化コラーゲンの等電点は約9であるが，アルカリ可溶化コラーゲンは，等電点は約5である。これは，アルカリ処理によってコラーゲンのアミノ酸残基の酸アミド基が，カルボキシル基に変化する為である。その結果，酸可溶性コラーゲンや酵素可溶化コラーゲンは酸性条件下で溶解し，アルカリ可溶化コラーゲンは中性条件下で溶解する。

　可溶性コラーゲンは，原料とする動物の種類や年齢や部位により，溶解性や化学的性質が異なる[7]。特に，哺乳類由来と魚類由来では，溶解性や化学的性質が大きく異なる。哺乳類由来の方が溶解性は悪く，ハイドロキシプロリンの含有量が高く変性温度が高い。哺乳類由来でも年齢や部位により，コラーゲンの溶解性や化学的性質が異なる。同一の豚原料でも年齢が高くなるとコラーゲンの溶解性は低下し，同一年齢でも，皮の方が腱や骨より溶解性が高い。これは，年齢や部位により，分子間架橋の質や量が異なる為である。

　白井らは，年齢の異なる牛皮と豚皮から，コラーゲンをゼラチンの形で抽出している。牛皮よ

第2章 ブタ由来コラーゲン

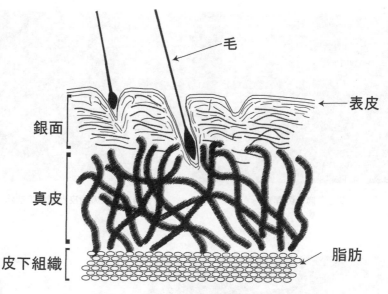

図2 豚皮の断面図

りも豚皮の方が抽出効率が高い事を報告している。動物の年齢で比較すると，成牛皮は3年齢の豚皮に相当し，6ヶ月齢の豚皮は仔牛に相当すると報告されている[7]。

しかし，国内の食肉市場より入手できる原料としての仔牛の生産量は極めて少ない。一方，可溶性コラーゲンの抽出に適した6ヶ月齢の豚は，大量に入手する事ができる。

3.2.2 豚原料の入手

屠殺場にて食用として屠殺された豚から服を脱がせるように，豚皮を剥ぎ取り，塩漬けにされた後，冷凍し，コラーゲン製造工場へ輸送する。

3.2.3 豚皮の使用部位

塩漬けにされた豚皮を，水洗によって脱塩を行った後，背中の部分を約0.5メートル×0.5メートルのサイズにカットする。豚皮の腹の部分は，油脂分が多く，コラーゲンの含有量も少ない事から，コラーゲンの抽出には適さない。

豚皮断面の模式図を図2に示す。表皮の下に細胞外マトリックスとして，コラーゲン線維が三次元の網目構造を示している。真皮層の上は，銀面と呼ばれる細いコラーゲン線維と他の組織で構成される。銀面層の下は太いコラーゲン線維が存在し，他の組織の混入は少ない。この下に皮下脂肪が存在する。純度の高いコラーゲンを効率的に得る為には，銀面層と皮下組織を除去して，コラーゲン線維が多く含まれる真皮層を製造に使用する事が重要である。

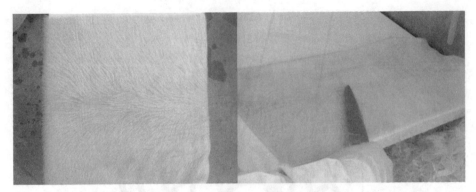

図3 豚皮の写真　　　　　図4 豚皮の表皮と銀面の削除

図5 豚皮の裁断　　　　　図6 豚皮のホモジナイズ処理

3.2.4 豚皮から真皮層の取り出し

豚皮を真上から見た写真を示す（図3）。表面は毛で覆われた表皮層である。表皮と銀面層は、コラーゲン以外に他の組織も多く含まれる為、包丁などでカットする（図4）。この時、毛も同時に除去する。特に、表皮と銀面層の除去は重要であり、除去が不十分だと不純物が混入する。

次に、豚皮から取り出した真皮層を裁断し（図5）、エタノールやアセトンなどによって、脱脂処理を行う。

3.2.5 可溶性コラーゲンの抽出

裁断された豚皮を、酢酸や希塩酸で膨潤させる。膨潤後ホモジナイズ処理（図6）を行い、酸可溶性コラーゲンの抽出を行う。酸抽出を低温下で24時間行う事により、不透明なコラーゲンの溶液（図7）が半透明な溶液状態へと変化する（図8）。これは、豚コラーゲン線維を構成するコラーゲン分子の相互作用が酸によって弱くなる為、コラーゲン分子が抽出され、透明な溶液に

第2章 ブタ由来コラーゲン

図7 ホモジナイズ後のコラーゲン溶液 　　図8 酸可溶性コラーゲンの抽出

図9 酸可溶性コラーゲンの分離

変化していく。高速遠心分離によって酸可溶性コラーゲンと不溶性コラーゲンが分離し，酸可溶性コラーゲンが上澄み液に移行し，沈殿に不溶性コラーゲンが移行する（図9）。

　我々の検討では，豚皮由来の酸可溶性コラーゲンの収率は，6ヶ月齢の豚皮は20〜30％程度であり，豚腱の場合は，10〜20％程度であった。3年齢の豚皮は，10〜15％程度であった。屠殺場より得られる牛皮の場合は，5〜10％程度の収率であり，牛腱では，1〜3％程度の収率であった。

　以上の事から，酸可溶性コラーゲンの収率は，動物種や年齢や部位により異なり，国内の原料入手の背景を考慮すれば，比較的若い原料（6ヶ月齢）が大量に入手できる豚原料は，酸可溶性コラーゲンの抽出に適した原料である。

　次に，酸で抽出されない不溶性コラーゲンの可溶化方法について記載する。不溶性コラーゲンは，分子間架橋によって不溶化したコラーゲン分子の会合体である。不溶性コラーゲンはタンパ

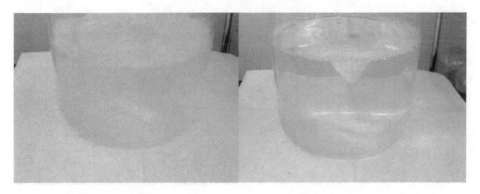

図10 不溶性コラーゲン　　　図11 酵素可溶化コラーゲンの抽出

ク分解酵素やアルカリ処理による末端テロペプチドの切断によって可溶化する事が可能である。

コラーゲンヘリックス構造領域は，一般的なタンパク分解酵素（ペプシンなど）によって切断される事なく，非ヘリックス構造である末端テロペプチド領域のみが切断される。図10に豚皮の不溶性コラーゲンを示す。不溶性コラーゲンの末端テロペプチドが，酵素処理によって切断され，透明に溶解してくる（図11）。その時の可溶化率は，6ヶ月齢の豚皮で70～90％程度，3年齢の豚皮では40～60％程度であった。

3.2.6 可溶性コラーゲンの精製方法

豚コラーゲンの精製方法は，一般的なⅠ型コラーゲンと同様であり，等電点沈殿法や塩分別沈殿法で行われる。等電点沈殿法や塩分別沈殿法を行うとコラーゲン分子が会合し，コラーゲン線維が形成され白濁する。この白濁したコラーゲン線維を遠心分離する事によって，コラーゲン線維が回収される（図12）。次に，このコラーゲン線維を，再度，希塩酸溶液に溶解し，濾過を行う。この工程を3～4回繰り返す事によって，純度の高い可溶性コラーゲンや可溶化コラーゲンが得られる（図13）。

3.3 高圧噴射法を用いた新しい可溶性コラーゲンについて

コラーゲンの物性の改質としては，酵素処理法やアルカリ処理法などの化学処理によって行われるのが一般的である。永冨らは，酵素やアルカリ処理などを用いない高圧噴射法を用いた豚由来コラーゲンと魚由来コラーゲンの改質と均質化について検討を行っている[8]。

高圧噴射法とは,高圧噴射装置によってコラーゲンを吐出させ,強力な衝撃,圧力変化によって，コラーゲンの物性を改質させる方法である。魚（鯛鱗）のコラーゲンは，噴射圧に依存して，コラーゲンの会合体の減少は認められるが，150MPaからα成分が分解し（図14），比旋光度が低

第2章 ブタ由来コラーゲン

図12 コラーゲン線維の回収　　図13 精製された酵素可溶化コラーゲン

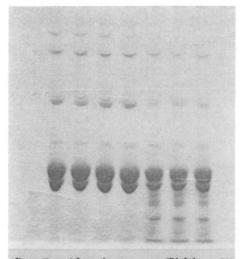

図14 魚コラーゲンのSDS-PAGEの変化

下（図15）する事が報告されている。これに対して，豚由来コラーゲンでは，噴射量に依存してコラーゲンの会合体の減少は認められるが，α 成分の分解（図16）と比旋光度の低下（図17）は，200MPa 以上からであると報告されている。

　魚由来コラーゲンと豚由来コラーゲンの間には，ハイドロキシプロリン含有量に著しい差異がある事が確認されている。高圧噴射時に発生する衝突エネルギー（剪弾力，振動など）による分解と変性は，コラーゲンヘリックス構造の安定化に寄与するイミノ酸含量に相関があると報告されている。

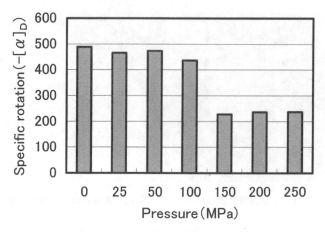

図15　魚コラーゲンの比旋光度の変化

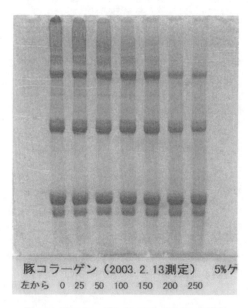

図16　豚コラーゲンのSDS-PAGEの変化

　以上の高圧噴射法による新しいコラーゲンの改質と均一化方法は，豚由来コラーゲンの会合体の除去に有効であり，200MPaの高圧噴射を行えば，コラーゲン会合体を含まないモノメリックな均一なコラーゲン分子を得る事ができ，今後の産業的利用への応用展開が期待される。

第 2 章　ブタ由来コラーゲン

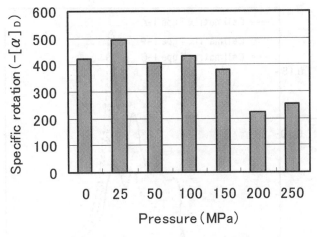

図 17　豚コラーゲンの比旋光度の変化

4　豚由来コラーゲンの物理化学的特性について

豚由来コラーゲンの応用展開の為には，豚由来コラーゲンの物理化学的特性を把握した上で，用途開発を行う必要がある。本節では，豚由来原料として，弊社より製品化されている『Cellmatrix（セルマトリックス）』の物理化学的特性について記載した。以下の記載の『Cellmatrix Type I-A は，豚腱由来の酸可溶性コラーゲン』であり，『Cellmatrix Type I-P は，豚腱由来の酵素可溶化コラーゲン』であり，『Cellmatrix Type I-C は，豚皮由来の酵素可溶化コラーゲン』である。

4.1　分子量分布

Cellmatrix Type I-A, Type I-P および Type I-C を 45℃，30 分加熱変性後，TOYOPEARL HW-60S を用いてゲル濾過を行い，分子量分布を測定した（図 18）。Cellmatrix Type I-A は，I-P および I-C に比べ高分子量部分の比率が高くなっている。

4.2　変性温度

Cellmatrix Type I-A, Type I-P の各温度に対する旋光度変化を測定し，変性温度を調べた（図 19）。Cellmatrix Type I-A の変性温度 39.5℃に対し，I-P の変性温度は 39℃で I-A の方が変性温度が高い事がわかる。

4.3　アミノ酸組成

Cellmatrix Type I-A, I-P および I-C を 6N 塩酸中，真空下で 110℃，24 時間加水分解しア

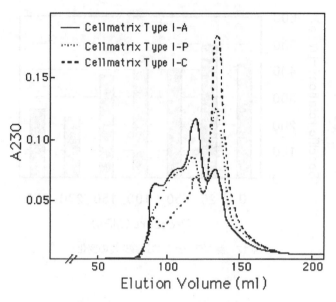

図18 Cellmatrix Type Ⅰの分子量分布

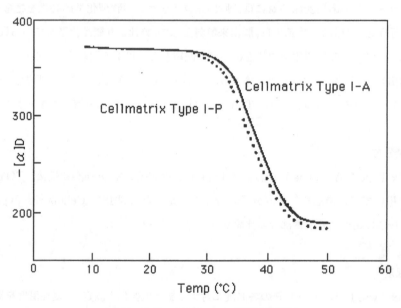

図19 Cellmatrix Type Ⅰの旋光度変化

ミノ酸分析を行った（表1）。Cellmatrix Type I-A に比べ，I-P はチロシンが少なく，さらに I-C は極めてチロシン量が少なく，コラーゲンのテロペプチド部分が除去されている事がわかる。

第2章 ブタ由来コラーゲン

表1 Cellmatrix Type I のアミノ酸組成（残基/1000残基）

Cellmatrix	Type I-A	Type I-P	Type I-C
ヒドロキシプロリン	97.0	100.4	99.1
アスパラギン酸	43.5	44.1	44.5
トレオニン	17.2	16.5	16.5
セリン	33.2	31.3	34.5
グルタミン酸	73.0	70.8	71.0
プロリン	117.6	113.5	112.0
グリシン	324.5	329.2	332.4
アラニン	113.8	112.9	111.0
バリン	22.7	24.3	24.0
メチオニン	6.7	5.5	5.0
イソロイシン	12.2	14.6	14.5
ロイシン	30.2	30.8	30.1
チロシン	5.0	2.5	1.2
フェニルアラニン	12.5	13.5	14.0
ヒドロキシリジン	9.2	9.0	8.0
リジン	23.1	22.6	22.7
ヒスチジン	5.2	4.9	4.8
アルギニン	53.8	53.8	53.1

4.4 ゲル化速度

　Cellmatrix Type I は生理的条件下で線維を形成しゲル化する。Cellmatrix 8部と10倍濃度のリン酸緩衝食塩水1部と NaOH1 部を4℃で混ぜ，pH 7.4 に調製し，25℃と37℃に加温し400nm における吸光度の変化を測定した（図20）。Cellmatrix Type I-A のゲル化速度が非常に速い事がわかる。また，Type I-A は I-P に比べゲル化速度に対する温度の影響が少ない。

4.5 ゲル強度

　種々の濃度の Cellmatrix Type I-A, Type I-P を用いてゲル化速度と同様に調製し，37℃で

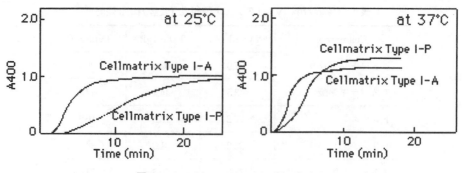

図20 Cellmatrix Type Ⅰのゲル化速度

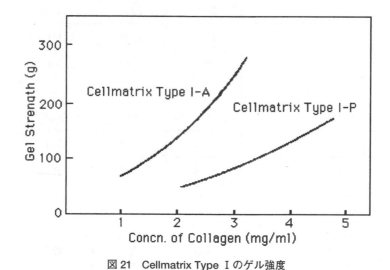

図21 Cellmatrix Type Ⅰのゲル強度

1時間放置後,レオメーターでゲルの強度を測定した(図21)。Cellmatrix Type I-AはI-Pに比べ非常に高いゲル強度を示す。また,濃度依存性も高い。Cellmatrix Type I-Cは,ゲル強度は低く,測定限度以下であった。

5 豚由来コラーゲンの応用展開

5.1 食品分野

豚由来コラーゲンは,食肉加工製品に利用されている。これは,豚皮を,脱水→脱脂→粉砕した粉末状のコラーゲンである。この粉末コラーゲンを食肉加工食品に混合すると,コラーゲンが水により膨潤し,保水効果を発揮する。これによって,肉様の食感を付加する事ができる[3]。相

第2章　ブタ由来コラーゲン

羽らは，豚コラーゲン分散液の調整方法とペプシンを用いた人工消化率について検討し，食品加工食品への利用を報告している[4]。

コラーゲンの熱変性物であるゼラチンは，デザートや料理用として，ゲル化剤，安定剤，ホイップ剤などの役割を持つ食材として長年使用されている。近年，健康食品の分野では，コラーゲンを加水分解したコラーゲンペプチドが，機能性訴求素材として利用されている[9]。このコラーゲンペプチドの機能性と応用展開については，本書の第4編　第1章『機能性食品とコラーゲン』に詳しく記載されている。

5.2　化粧品分野

ヒトの皮膚は，コラーゲンやセラミドを主成分として保湿され，恒常的に皮膚は保湿される。この皮膚保湿の恒常性によって，皮膚組織が正常なターンオーバーを繰り返し，若々しく，みずみずしい肌を保つ事ができる。皮膚保湿能が低下すると，皮膚組織の正常なターンオーバーがくずれ，肌老化の要因となる。この事から，保湿効果を有するコラーゲンが保湿剤として化粧品（ローションやクリーム等）に配合されてきた。

化粧品用コラーゲンは，BSE発生以降，豚由来コラーゲンと魚由来コラーゲンのニーズが高まり，豚由来コラーゲンは魚由来コラーゲンと共に，現在広く化粧品への配合原料として使用されている。

化粧品用コラーゲンとしての重要なポイントは，①安全性が高い事，②無色・無臭である事，③他の配合原料と相溶性が良く沈殿を発生しない事，④弱酸性〜中性付近で溶解する事，⑤医薬部外品にも配合可能である事などである。

この条件を満たすコラーゲンとして，弊社は，豚皮由来コラーゲンとして『コラーゲンP』という製品名で，鯛鱗由来コラーゲンは『マリンジェン』という製品名で製品化している。

豚由来コラーゲンと魚由来コラーゲンは，両者共，保湿剤として使用されているが，豚由来コラーゲンは，化粧品（ローションやクリーム等）に配合した時，しっとりとした使用感を示し，魚由来コラーゲンは，さっぱりとした使用感を示す。

化粧品業界で，コラーゲンは消費者に最も人気のある素材であり，その高い保湿効果や使用感に加え，イメージ戦略上でも非常に重要な化粧品原料となっている。

5.3　細胞培養分野

コラーゲン線維は，生体内において細胞外マトリックスとして存在し，細胞を物理的に支持する基質として存在する。この生体内の細胞外マトリックスの環境を，*In vitro*で再現する為に開発された方法がコラーゲンゲル培養法である[10, 11]。

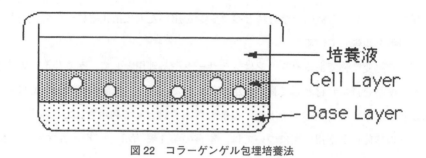

図22 コラーゲンゲル包埋培養法

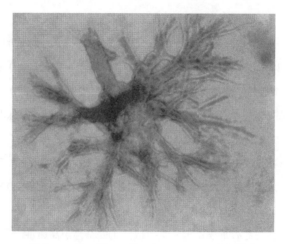

図23 コラーゲン・ゲル内における三次元増殖

　コラーゲンゲル培養法は，酸可溶性コラーゲンが生理的条件下に置かれた時，コラーゲン分子の疎水性相互作用により，コラーゲン溶液からコラーゲンゲルに変化する性質を利用した方法である。図22にコラーゲンゲル包埋培養法の模式図を示す。コラーゲンゲルに包埋された乳癌細胞は，三次元的な増殖形態を示す（図23）。

　このコラーゲンゲル培養法を最適な状態で行う為には，①ゲル強度が高く，②ゲル化速度が速く，③透明なゲルを作る事が求められる。我々は，①～③の条件を満たすコラーゲンを開発する為に，種々の原料種や原料部位を検討した。その結果，豚腱由来の酸可溶性コラーゲンが①～③の条件を満たす事を見出した。特に，ゲル強度は重要で，ゲル強度が異なると細胞の増殖と形態が異なる事が報告されている[12]。

　榎並と川村と肥塚らは，初めて，このコラーゲンを用いて乳腺上皮細胞と乳癌細胞の培養を行い，ホルモンや細胞増殖因子による三次元的な増殖促進効果と細胞分化の誘導に成功してい

る [13, 14]。肥塚らは，色々な種類の癌細胞の培養を行い，癌細胞と正常細胞との三次元的な増殖形態の違いによる識別化に成功している [15]。

その後，このコラーゲンを用いた培養法は，色々な細胞に対して，三次元的な細胞増殖，細胞分化の誘導，形態形成の構築等に有用である事が報告されている（表2）。1例として，辻らは，歯胚を構成している上皮細胞と間葉細胞をそれぞれ別々のコラーゲンゲルに包埋した後，2つのコラーゲンゲルを重ねて培養を行い，歯胚を作り出す事に成功している [16]。

コラーゲンゲル培養法以外にも，温度感受性ポリマーとコラーゲンの複合化 [17] やコラーゲンスポンジ培養法 [18] や三次元培養皮膚モデル [19] なども開発され，動物代替法や再生医療分野への応用展開が進められている。

5.4 医療分野
5.4.1 生体材料への利用

コラーゲンは生体に含まれる主要タンパク質であり，優れた生体親和性や生分解性から生体材料として利用されてきた。コラーゲンは，他のタンパク質と比較すると抗原性は低いが，コラーゲンの末端テロペプチドに抗原部位がある事から，生体材料として用いる時は，酵素やアルカリ処理等によって，抗原部位を除去して用いる。酸可溶性コラーゲンから，末端テロペプチドを除去した酵素可溶化コラーゲンの抗原性は低くなる [20]。

高岡らは，この酵素可溶化コラーゲンと骨形成因子との複合化による骨形成量の変化を測定している。末端テロペプチドを除去した酵素可溶化コラーゲンは，骨形成の発現量を著しく増加させる効果がある事を報告している [20]。

酵素可溶化コラーゲンを利用した人工皮膚が，松田と筏らによって開発されている [21]。この人工皮膚を皮膚欠損部位に移植すると，コラーゲンスポンジの中に，患者自身の線維芽細胞や毛細血管が侵入し，真皮様組織が再生し，重症熱傷患者などの治療に効果がある事が報告されている [22]。この人工皮膚は，現在，臨床の場で広く使用されている。

酵素可溶化コラーゲンの線維形成能を利用したナノ組織化人工骨も開発されている [23, 24]。このナノ組織化人工骨は，コラーゲン・アパタイト複合線維をスポンジ状に整形した人工骨である。この人工骨は，コラーゲン線維のしなやかさとアパタイトの硬さを持つ弾力性のある人工骨として注目されている。この人工骨を，生体内にインプラントすると，自家骨に置換される事が確認されており，臨床応用が期待されている。

清水らは，ポリグリコール酸（PGA）チューブに，コラーゲンスポンジを充填し，イヌの末梢神経の再生や臨床応用に成功している [25]。この他，豚由来酵素可溶化コラーゲンは，人工気管，人工食道など，様々な生体材料の開発に利用されている。

コラーゲンの製造と応用展開

表2 豚由来コラーゲン基質で培養された細胞

- 脳腫瘍細胞
1. A. Yamada *et al., Neuropathology,* **19**, 366-369 (1999)
- 乳腺上皮細胞
2. T. Kanazawa *et al., Cell Biol Int,* **23**, 481-487 (1999)
- 水晶体及び角膜上皮細胞，角膜細胞
3. T. Hibino *et al., Jpn J Ophthalmol,* **42**, 174-179 (1998)
4. H. Mishima *et al., Jpn J Ophthalmol,* **42**, 79-84 (1998)
- ケラチノサイト，他（脂肪細胞，線維芽細胞）
5. K. Morota *et al., Tiss Cult Res Commun,* **17**, 87-93 (1998)
6. H. Sugihara *et al., Br J Dermatol,* **144**, 244-253 (2001)
- 毛包細胞
7. R. Kuwana *et al., J Dermatol,* **17**, 11-15 (1990)
8. 桑名隆一郎ほか，西日皮膚，**52**, 3-7 (1990)
- 線維芽細胞
9. 幸野健ほか，西日皮膚，**52**, 986-992 (1990)
10. T. Kono *et al., Arch Dermatol Res,* **282**, 258-262 (1990)
11. 幸野健ほか，皮膚，**32**, 190-195 (1990)
12. T. Kono *et al., J Dermatol Sci,* **2**, 45-49 (1991)
13. K. Takakuda *et al., Biomaterials,* **17**, 1393-1397 (1996)
14. N. Akutsu *et al., Connective Tissue,* **32**, 267-272 (2000)
15. T. Fujimura *et al., Biol Pharm Bull,* **23**, 291-297 (2000)
16. T. Fujimura *et al., Biol Pharm Bull,* **23**, 1180-1184 (2000)
- 歯根膜線維芽細胞
17. 相原治美，神奈川歯学，**32**, 1-11 (1997)
18. 相原治美ほか，神奈川歯学，**32**, 89-95 (1997)
- メラノーマ細胞
19. 幸野健ほか，皮膚，**32**, 7-11 (1990)
20. T. Kono *et al., Arch Dermatol Res,* **282**, 263-266 (1990)
21. M. Furukawa *et al., Arch Dermatol Res,* **282**, 278-279 (1990)
22. T. Kono *et al., Acta Derm Venereol* (Stockh), **70**, 185-188 (1990)
- 脂肪細胞
23. H. Sugihara *et al., Acta Histochem Cytochem,* **30**, 63-76 (1997)
24. N. Yonemitsu *et al., Acta Histochem Cytochem,* **31**, 9-15 (1998)
- 血管内皮細胞
25. Y. Sato *et al., FEBS,* **322**, 155-158 (1993)
- 胎児造血内皮細胞
26. S. Nishikawa *et al., Immunity,* **8**, 761-769 (1998)
- 腎癌細胞
27. *Jpn J Cancer Res,* **88**, 982-991 (1997)
- 骨髄細胞
28. *Cell Struct Funct,* **18**, 409-417 (1993)
- 破骨細胞
29. T. Akatsu *et al., J Bone Miner Res,* **7**, 1297-1306 (1992)
30. S. Kakudo *et al., J Bone Miner Metab,* **14**, 129-136 (1996)
31. M. Nakagawa *et al., FEBS Lett,* **473**, 161-164 (2000)
- 軟骨細胞
32. K. Kawasaki *et al., J Cell Physiol,* **179**, 142-148 (1999)
- 前立腺上皮細胞
33. M. Sasaki *et al., Cell Biol Int,* **23**, 373-377 (1999)
- 膵島細胞，膵癌細胞
34. H. Yamanari *et al., Exp Cell Res,* **211**, 175-182 (1994)
35. N. Nagata *et al., Cell Transplant,* **10**, 447-451 (2001)
- 咽頭癌細胞
36. S. Yamada *et al., Arch Otolaryngol Head Neck Surg,* **125**, 424-431 (1999)
- 甲状腺細胞，甲状腺癌細胞
37. S. Nishida *et al., Histol Histopath,* **8**, 329-337 (1993)
38. S. Toda *et al., Endocrinology,* **138**, 5561-5575 (1997)
- 肝細胞
39. Y. Hirai *et al., Cytotechnology,* **6**, 209-217 (1991)
40. M. Suzuki *et al., Cytotechnology,* **11**, 213-218 (1993)
41. T. Ueno *et al., Hum Cell,* **6**, 126-136 (1993)
42. KH. Lin *et al., Biotechnol Appl Biochem,* **21**, 19-27 (1995)
43. Y. Nishikawa *et al., Exp Cell Res,* **223**, 357-371 (1996)
- 胆嚢上皮細胞
44. K. Saito *et al., Acta Med Biol,* **45**, 15-20 (1997)
45. T. Kinugasa *et al., Int J Cancer,* **58**, 102-107 (1994)

5.4.2 再生医療への利用

再生医療の目的は，生体組織の再生と臓器機能の代替による病気の治療である。現在，ES細胞やiPS細胞といった多能性幹細胞の研究が行われている。生体組織再生の為には，細胞の増殖，分化を促す場を作り与える事が必要であり，細胞や細胞成長因子の他に，三次元的な再生誘導の為の細胞の『足場材料』(Scaffold) が必要となる[26]。

豚由来コラーゲンは，先に記載した『コラーゲンゲル培養法の実績』と『生体材料の実績』から，生体組織再生誘導の為の足場材料として期待される。足場材料には，生体親和性，生体吸収性，多孔性である事が求められ，ポリ乳酸，ヒアルロン酸，コラーゲンなどが素材として用いられているが，細胞との親和性，架橋剤による生体吸収性の制御，低抗原性などの点から，コラーゲンスポンジが多く用いられている。しかし，このコラーゲンスポンジは，物理的強度が低いという問題がある。

平岡らは，ポリグリコール酸 (PGA) 繊維をコラーゲンスポンジに加える事によって，圧縮強度の強い足場材料を開発している。このPGA-コラーゲンスポンジは生体に移植した際の圧縮にも耐え，細胞との親和性を維持しており三次元的な細胞の足場として有効であると報告されている[27]。

このPGA-コラーゲンスポンジは，毛の再生[28]，骨再生[29,30]，皮膚再生[31]の三次元的な生体組織再生誘導の足場として有益である事が報告され，再生医療への応用展開が期待されている。

以上，述べてきたように，豚由来酵素可溶化コラーゲンは，優れた生体親和性と生体吸収性を有している事から，皮膚や骨の開発や末梢神経の再生にとどまらず，気管[32]，小腸[33]，脂肪[34]など，様々な生体組織再生への応用展開が検討されている。

6 おわりに

豚由来コラーゲンは，古くは皮革への利用から始まり，食品への利用，化粧品への利用，細胞培養への利用，生体材料への利用など，幅広い分野で貢献してきた。

近年では，再生医療分野での新しい生体材料の素材として期待されている。このように豚由来コラーゲンは，長年にわたる『様々な分野での貢献と利用実績』から，今後の更なる応用展開が期待される。

コラーゲンの製造と応用展開

文　献

1) K. E. Kadler et al., *J. Cell Sci.*, **120**(12), 1955 (2007)
2) 久保知善ほか, 硬蛋白質利用研究施設報告, **18**, 48 (1988)
3) 折原慶典, New Food Ind., **29**(5), 33 (1987)
4) 相場英雄ほか, 東京都立皮革技術センター報告書, 46 (2003)
5) 相川直樹ほか, 看護技術, **29**(13), 53 (1983)
6) 萬代佳宣ほか, 工業材料, **48**(11), 78 (2000)
7) 白井邦郎ほか, 食品加工技術, **21**(1), 7 (2001)
8) 永冨功治ほか, 日本写真学会要旨, **2003**, 75 (2003)
9) 大塚龍郎, 食品加工技術, **20**(3), 125 (2000)
10) 榎並順平ほか, 組織培養, **13**(1), 26 (1987)
11) 榎並順平ほか, 組織培養, **13**(2), 64 (1987)
12) J. Enami et al., *Dokkyo J. Med. Sci.*, **12**, 25 (1985)
13) J. Enami et al., "Growth and Differentiation of Mammary Epithelial Cells in Culture", p.125, Japan Scientific Societies Press (1987)
14) K. Kawamura et al., *Proc. Japan Acad.*, **62**, 5 (1986)
15) M. Koezuka et al., *Int. J. Oncology*, **2**, 953 (1993)
16) K. Nakao et al., *Nature Methods*, **4**(3), 227 (2007)
17) 肥塚正博ほか, 日本農芸化学会誌, **68**(4), 783 (1994)
18) 平岡陽介ほか, 細胞, **35**(4), 144 (2003)
19) 諸田勝保, 組織培養工学, **24**(4), 28 (1998)
20) 高岡邦夫, 生体材料, **10**(5), 277 (1992)
21) 松田和也ほか, 熱傷, **17**(2), 29 (1991)
22) 鈴木茂彦ほか, 形成外科, **36**(5), 479 (1993)
23) M. Kikuchi et al., *Biomaterials*, **22**, 1705 (2001)
24) 庄司大助ほか, ソフトナノテクノロジー, シーエムシー出版, p.53 (2005)
25) 清水慶彦, J. Nippon Med. Sch., **70**(5), 422 (2003)
26) 田畑泰彦ほか, 再生医療のためのバイオマテリアル, コロナ社, p.1 (2006)
27) Y. Hiraoka et al., *Tissue Eng.*, **9**(6), 1101 (2003)
28) M. Itoh et al., *Tissue Eng.*, **10**(5/6), 818 (2004)
29) M. Fujita et al., *Tissue Eng.*, **11**(9/10), 1346 (2004)
30) H. Hosseinkhani et al., *Tissue Eng.*, **11**(9/10), 1476 (2005)
31) H. Nagato et al., *J. Dermatol.*, **33**(10), 670 (2006)
32) K. Omori et al., *Ann. Otol. Rhinol. Laryngol.*, **114**(6), 429 (2005)
33) Y. Nakase et al., *Tissue Eng.*, **12**(2), 403 (2006)
34) Y. Hiraoka et al., *Tissue Eng.*, **12**(6), 1346 (2006)

第3章　マリンコラーゲン

野村義宏*

水生動物由来コラーゲンの特徴とコラーゲンの製造方法について解説し，骨粗鬆症や関節症などの運動器の疾患に関する効果についてまとめた。

1　はじめに

機能性食品として利用されている加水分解コラーゲンは，年間40,000トンに達している（図1，日本ゼラチン工業組合資料）。国内での牛海綿状脳症（BSE）の発生時に，一時的に減退したが，原料をブタ皮，魚鱗，魚皮に変えることで右肩上がりの生産・消費が続いている。ゼラチン製造メーカーでは，主力であった写真フィルム用ゼラチンの需要が落ち込んでいるが，印画紙用ゼラチンの需要が微増しており，それに加えて，機能性食品用の加水分解コラーゲンの製造量が増え

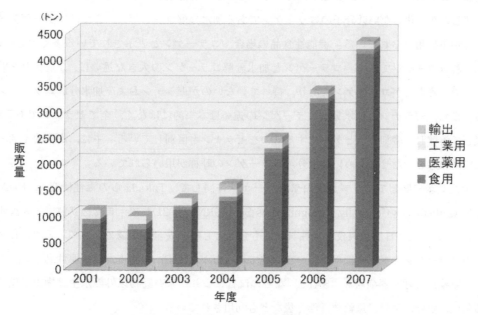

図1　加水分解コラーゲン販売量の推移

---

*　Yoshihiro Nomura　東京農工大学　農学部附属硬蛋白質利用研究施設　准教授

ている。水生動物由来の加水分解コラーゲンの製造は，開発初期において，色や臭いの問題があり，非常に高価なものであった。しかし，製造方法の改良，海外産の一次加工原料を使用することで，ブタ皮由来のものに比べ，やや高めではあるが安定して供給できるようになっている。特に，価格の問題から中国産の加水分解コラーゲンが注目されているが，食品被害の問題から国内における占有率は，それ程高くなっていない。

加水分解コラーゲンは，肌への効果を期待する機能性食品としての認知度が高く，大手食品メーカーが販売することで市場が拡大している。ゼラチンや加水分解コラーゲンを食べることでの効果に関する研究は遅れているが，肌への効果以外に，運動器の疾患に関する効果も期待されている。本章では，当研究室で行ってきたマリンコラーゲンの製造に関する研究，および運動器の疾患である骨粗鬆症やリウマチ，変形性関節症に関する効果について紹介する。

2 マリンコラーゲンの基礎知識

コラーゲンおよびその変性物であるゼラチンは，皮革，食品，写真用フィルム，化粧品，カプセル，工業用接着剤，医療用材料，機能性食品など広い範囲で利用されている[1]。化粧品や機能性食品としてのコラーゲンが認知されて以来，ゼラチンを酵素ないし酸またはアルカリにより加水分解したゲル化しない低分子のコラーゲンである加水分解コラーゲン（またはコラーゲンペプチド）が主に用いられている。機能性食品の場合，コラーゲンと表示されている多くのものは，加水分解コラーゲンである。コラーゲンと加水分解コラーゲンの大きな違いは，3重ラセン構造を持っているものがコラーゲンであり，持っていないのがゼラチンおよび加水分解コラーゲンである。また，ゼラチンと加水分解コラーゲンの違いは本来的にはなく，全てゼラチンであるが，加温して溶解し，冷却するとゲル化するものをゼラチンと区別している。主に，商業的イメージとして高級感を持たせるために加水分解コラーゲンの呼称が用いられている。

安全性試験に関しては，ブタ皮由来コラーゲンに関して，Takadaらの毒性研究[2]，FDAのGRAS（Substances Generally Recognized as Safe, GRN 000021）[3]で，また国立健康・栄養研究所の石見により28日間反復投与毒性試験でも食品としての安全性が認められている[4]。食品としてのコラーゲンの主原料はウシ骨やウシ皮であったが，BSE，口蹄疫，高病原性鳥インフルエンザ，重症急性呼吸器症候群（SARS）などの流行により，家畜動物以外の水生動物由来原料である魚皮，魚鱗，魚骨，魚軟骨，浮き袋なども利用されている。

表1に各種動物由来可溶性コラーゲンのアミノ酸組成を示した。水生動物由来コラーゲンの特徴として，プロリン（Pro）やヒドロキシプロリン（Hyp）の含量が少なく，変性温度が低いという点があげられる。コラーゲンの変性温度は，生育環境に左右され，Hyp含量が少なくなる

第3章　マリンコラーゲン

表1　各種動物由来コラーゲンのアミノ酸組成

	クラゲ[*1]	ホタテ[*2]	魚鱗[*3]	サメ皮	マグロ皮	サケ皮	ブタ皮	ウシ骨
Hyp	43	87	63	64	62	49	69	103
Asp	81	60	52	40	48	53	45	46
Thr	43	33	24	22	30	23	17	16
Ser	37	58	40	44	38	50	37	28
Glu	108	115	73	77	95	92	78	84
Pro	78	92	108	121	65	62	157	103
Gly	306	354	324	332	336	365	327	341
Ala	87	54	125	117	150	141	111	121
Cys	4	0	0	0	0	2	0	2
Val	35	17	19	24	22	11	22	25
Met	12	0	10	15	11	16	6	3
Ile	19	19	8	19	8	5	9	1
Leu	31	32	21	22	17	15	23	24
Tyr	7	5	3	2	2	2	3	1
Phe	9	10	22	15	14	12	14	14
Hly	16	0	8	9	8	8	7	9
Lys	32	7	32	24	29	24	26	31
His	2	4	19	8	10	18	5	3
Arg	50	51	52	47	55	53	44	46

[*1] クラゲ傘，[*2] ホタテ外套膜，[*3] イワシ魚鱗の酸可溶性コラーゲン　　　　/1000残基

と低くなる[5, 6]。下等動物では，酸性アミノ酸であるグルタミン酸とアスパラギン酸が多いことも特徴である。動物種により Hyp 量が異なることから，全アミノ酸含量当たりの Hyp 量を測定し係数を求めておくと，食材中のコラーゲン量が推定できる。小山らは，ヒドロキシプロリン係数を求め，動物食材中のコラーゲン量を示している（表2）[7]。当研究室で主に実験に使用しているヨシキリザメは，常に動いている動物であり，腹側の肉中には筋が多く，その筋の大部分はコラーゲンである。

表2 動物性食材中のコラーゲン量

動物性食材	備考	コラーゲン量 (mg/g)
牛肉		8.7
豚肉		13.7
鶏肉	もも（すじあり）	18.0
ハム		12.9
マグロ		6.6
サケ	皮なし	9.4
	皮あり	27.8
サワラ	皮なし	12.1
	皮あり	14.8
ブリ	皮なし	11.2
	皮あり	18.7
カマス	干物，皮なし	11.6
シメサバ	皮あり	8.0
イカ		13.4
エビ		11.1
チリメン		22.2
コウナゴ		14.9
カマボコ		4.4
アサリ		12.8

食肉の科学 Vol.49, No1, p.3（2008）より抜粋

3 マリンコラーゲンの製造方法

　マリンコラーゲン（海洋性ゼラチン）の製造は古くから行われており，宗教上の理由からウシ皮由来のゼラチンを用いることができないヒト向けに製造されていた。世界的に見て，ゼラチン原料はウシ骨の脱灰物であるオセインが主流である。BSE の発生以来，日本国内では，ブタ皮，

第3章 マリンコラーゲン

魚皮（シャケ，サメ，テラピア），魚鱗（タイ，テラピア，イワシ）が使われるようになってきた。加水分解コラーゲンの基本的な製造技術は，写真フィルム用ゼラチンの製造方法に準拠し，酵素分解したものは食品用，酸ないしアルカリ加水分解したものは化粧品用となっている。

　マリンコラーゲンの場合，その原料は，皮，骨，鱗であるが，家畜系原料に比べ，共存する脂質の質と量，溶解性や変性温度が異なるため，最適な条件の検討が必要であった。特に魚原料を使用するには，共存する脂質の除去が問題となる。マリンコラーゲン製造初期の特許には，エタノールを用いた脱脂が記述されている[8]。実験室的には，エタノール等の有機溶媒が使用可能であることから問題はなかったが，産業規模での製造の場合，有機溶媒の使用は避けたい。特に，魚皮原料を用いるためには鮮度が非常に重要であり，抽出操作を行うまで，凍結しておく必要があることから，製品コストに影響を与える。また，魚肉中の脂質が臭いの原因となるため，解凍後速やかに荒塩を加え，物理的に除去する工程が重要になる[9, 10]。その後は，ゼラチン製造工程に従い，石灰処理，洗浄，加熱，酵素（酸またはアルカリ）処理，濾過，乾燥を行うことで加水分解コラーゲンが製造されている。鱗は，ケラチンとアパタイトからなる上層と，コラーゲンからなる下層の2層構造を形成している（図2）。鱗の一次処理は，中国・東南アジアにおいて行われており，アパタイトを除くために希酸で処理した後，水洗し，天日乾燥，ゴミの除去が労働者の手作業で行われている。この前処理済みの脱灰鱗の輸入が可能となり，国内における製造が安定した。脱灰鱗からの加水分解コラーゲンの製造は比較的容易であり，抽出，濾過，乾燥工程である。マリンコラーゲンの主原料が鱗である理由は，臭いの元となる脂質が少ない，前処理がいらない，原料が安価であることにある。FAOの調査によれば，200種類の魚類のうち約60％が資源枯渇の危険性があると言われている。しかし，廃棄されている漁獲量として年間2,000万トンが見積もられている。水産資源のゼロエミッションの観点から，非可食部をフィッシュミールに加工し，肥飼料として利用することで一応の成果は上げられるが，商品価値が低いため全てが利用されているわけではない。主な非可食部である魚皮，魚骨，および魚鱗からコラーゲンやゼラチンを抽出し，新たな食品原料および化粧品原料として付加価値を高めることは重要であり，量的確保が可能で，かつ適正価格のものが望まれている。水産物のゼロエミッションの観点から，魚の非可食部からマリンコラーゲンが製造されることは非常に喜ばしい現象である。

4　コラーゲンを食べることにより期待される効果

　コラーゲン摂取により期待される効果として，①骨密度改善，②皮膚の水分保持力向上，③胃粘膜保護，④腸管吸収向上，⑤免疫賦活があげられている。コラーゲンを食べることにより期待される効果を検証した研究は少ないが，関連した研究について示す。

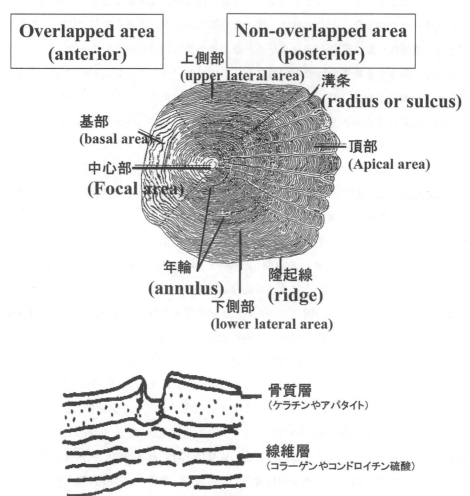

図2 円鱗の構造

4.1 加水分解コラーゲンの代謝に関する研究

　コラーゲンが加齢に伴い減少することから，それを補う必要があると言った広告が多々あり，一般消費者も摂取したコラーゲンがそのまま吸収されて利用されているものと錯覚していることが多い。そこで，加水分解コラーゲン摂取により血中移行するペプチドに関して研究を行った論文を紹介する。

第 3 章　マリンコラーゲン

　Oesser らは，^{14}C で標識したラット皮由来加水分解コラーゲンをマウスに投与し，その体内分布を調べたところ，皮膚，肝臓，腎臓，脾臓，筋肉，軟骨など全身に分布していたと報告している[11]。また，田中らはゼラチンのラットでの消化吸収性について検討し，小腸内の Hyp 量が 2 時間でピークとなり，4 時間後で 1/3 に，8 時間後で消失し，血液中の Hyp 量は投与 4 時間後にピークを迎え，約 30％がペプチド型であると報告している[12]。

　Iwai らは，ブタ皮由来加水分解コラーゲンをヒトに経口摂取してもらい，その血液中のペプチド性 Hyp が 30～60 分でピークに達し，Pro-Gly が主成分であることを報告している[13]。また，Ohara らはブタ皮，魚鱗および魚皮由来の加水分解コラーゲンをヒトに経口摂取してもらい，血中のペプチド性および遊離アミノ酸量を測定した[14]。その結果，ペプチド性および遊離アミノ酸は 1～2 時間でピークになること，Pro-Hyp が主成分であるが，ブタ皮，魚鱗および魚皮由来加水分解コラーゲン摂取では血液中の加水分解コラーゲン由来ペプチドが異なることが報告されている。魚鱗由来加水分解コラーゲン摂取では，Ala-Hyp，Ala-Hyp-Gly，Ser-Hyp-Gly，Leu-Hyp が 10％以上存在していた。このことは，加水分解コラーゲンでも，その原料により摂取した際の効果が異なる可能性を示唆しているのかもしれない。

4.2　コラーゲン摂取による骨密度改善効果に関する研究

　閉経後の女性は，エストロゲンの分泌低下により骨吸収が亢進することで骨量が減少し，骨粗鬆症が発症しやすくなる。ブタ皮由来加水分解コラーゲンの骨強化に関する研究は，低タンパク食モデル[15]，骨折モデル[16]，低カルシウムモデル[17]での報告がある。いずれのモデルにおいても，加水分解コラーゲン摂取により骨質を改善する効果が認められている。

　本研究室では，骨代謝を極端に制限したラットモデルを用いた[18]。すなわち，4 週齢の Wister 系雌ラットを低タンパク食で飼育し，さらに卵巣摘出するモデルを作成した。ラット体重 100g 当たり 10，20，40mg のサメ皮由来コラーゲン熱変性物（ゼラチン）を強制投与し，2 週間後に大腿骨を切除し，二重エネルギー X 線吸収測定法（DEXA）を用いて骨密度の測定を行った。対照群には，卵白アルブミンをラット体重 100g 当たり 20mg 投与した。大腿骨を 20 分割し測定した中で，海綿骨付近の No.6 および No.18 の骨密度を図 3 に示した。その結果 sham 群に対し，ovx 群は有意に骨密度の低下が認められ，骨粗鬆症の病態を示した。ovx 群の中で，コラーゲン 20mg 投与群が特に効果が大きく，可溶化できたコラーゲン量も多いものであった。骨密度は，破骨細胞による骨マトリックスの分解と骨芽細胞や骨細胞による骨マトリックスの合成のバランスで正常の値を維持している。本実験では，卵巣摘出することでエストロジェンの分泌を抑え，極端な低タンパク食で飼育することで老化を促進させるモデルを用いた。この動物実験は，骨マトリックスの合成系を抑制する系であり，コラーゲン投与により破骨細胞分化を誘導する未熟 B

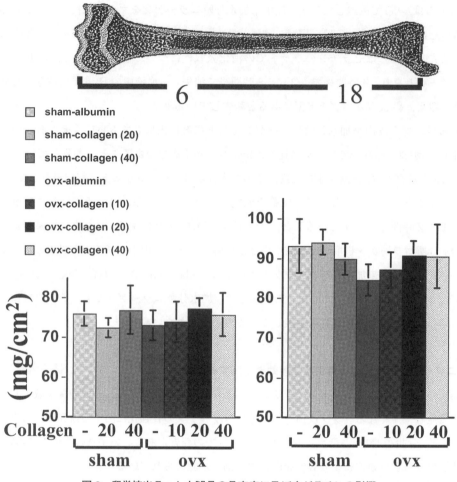

図3 卵巣摘出ラット大腿骨の骨密度に及ぼすゼラチンの影響

細胞の減少を認めている。すなわち，マリンコラーゲンを投与することにより，破骨細胞分化を抑制し，新たに合成される骨中のコラーゲン量を増やすことで，骨密度の改善効果を示すものと考えている。

4.3 関節リウマチ（RA）モデル動物への効果

関節リウマチは，全身の関節が腫れて痛み，進行すると関節が変形する病気である。ある遺伝的要素を持つ人が，何らかの原因で免疫異常を引き起こして発病するのではないかと考えられている。関節リウマチの特徴は関節炎であり，関節の滑膜が炎症し，慢性化すると軟骨や骨破壊へと進行する。比較的穏和なリウマチ関節炎（RA）の実験的動物モデルであるⅡ型コラーゲン誘

第3章　マリンコラーゲン

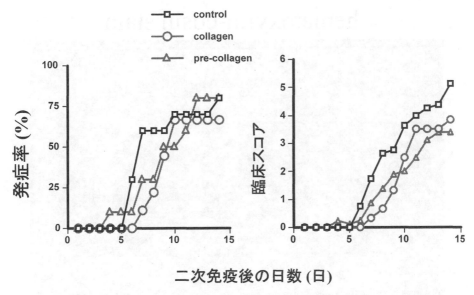

図4　リウマチモデル動物への加水分解コラーゲン投与による発症率および臨床スコアに及ぼす影響

導関節炎（CIA）に対する魚鱗由来加水分解コラーゲン経口摂取による効果について検討した。実験動物は，DBA/1J 雌 7 週齢のものを用い，Normal-water（滅菌水）群，CIA-water（滅菌水）群，CIA-uroko-L（加水分解コラーゲン 200mg/kg b.w.）群，CIA-uroko-L プレ投与群とし，Normal 群のみ 5 匹，試験群を各 10 匹とした。1 週間の予備飼育の後，一次免疫の 2 日前から供試試料を強制投与（プレ投与）する群を設けた。次いで，一次免疫の 14 日後に供試試料の強制投与を始めた。21 日後に二次免疫を行い，リウマチを発症させ，発症率および臨床スコアは目視により関節炎の症状で行った。すなわち，発症率は関節炎発症個体の割合（4 本とも腫れて 100％の発症），関節炎の指標（Arthritic Index）は，各肢炎症症状を 0 ～ 3（0：正常，1：関節 1 箇所の腫張，2：複数関節の腫張または肢甲部分の腫張，3：肢全体が腫れているまたは関節の変形が見られる）までのスコア化し四肢スコアの合計値（0 ～ 12）を求めた。図 4 に発症率と発症個体の平均スコアに示した。二次免疫の 4 日後から CIA が発症し始めた。加水分解コラーゲンプレ投与が最も早く 4 日後であるが，水のみを投与するコントロール群の発症が 6 日後であったのに対し，加水分解コラーゲン投与群での発症が遅れていた。コントロール群では，発症し始めると急激に臨床スコアが上昇した。これに対し，加水分解コラーゲン投与群での臨床スコアは，コントロール群と比較して，コラーゲン投与時期に関係なく臨床的スコアは低い傾向にあり，投与期間による違いはほとんど認められなかった。加水分解コラーゲン投与により，リウマチの発症を遅らせ，炎症を抑制している可能性が示唆された。

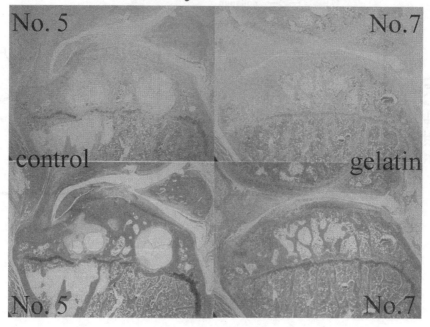

図5 モルモット膝関節部の代表的な組織像

4.4 変形性関節症(OA)モデル動物への効果

変形性関節症(osteoarthritis：OA)は，関節疾患の中でも最も頻繁に見られる疾患であり，国内の患者数は700万人と言われている。2003年のTIMEにも関節症の特集記事が掲載されており，USAで2,000万人のOA患者が2020年には4,000万人に増加すると言われている[19]。コラーゲン，グルコサミン，コンドロイチン硫酸などの機能性食品の利用が関節症の改善に有効であることが示されている。本研究では，加齢に伴い進行するOA動物モデルであるDunkin-Hartley種雄モルモットにサメ皮由来ゼラチンを投与し，その有効性を評価した[20]。14ヶ月齢で，コントロール群(n = 8)およびゼラチン投与群(n = 8)の2群に分けた。その後30日間，コントロール群には飲水として蒸留水を与えた。ゼラチン投与群には溶液を1日に，体重1kg当たり600mg摂取するように与えた。ゼラチンを投与した15ヶ月齢モルモットの膝関節部のヘマトキシリン-エオシン(HE)およびサフラニンO(S-O)染色(図5)し，Mankin法による評点を行った(表3)。コントロール群のHE染色像では，軟骨表面がささくれ立ち，軟骨細胞の喪失が認められた。S-O染色像では赤色の染色部が不明瞭であり，軟骨表面の破綻および染色

第3章 マリンコラーゲン

表3 モルモット膝関節部の Mankin スコア

コントロール群

Group	Control								
Observations Animal no.	1	2	3	4	5	6	8	15	Mean score
Ⅰ. Structure	4	3	5	3	4	3	4	3	3.6
Ⅱ. Cells	2	1	3	3	3	3	3	3	2.6
Ⅲ. Safranin-O staining	3	2	3	2	3	2	3	2	2.5
Ⅳ. Tidemark integrity	0	0	1	0	0	0	0	0	0.1
Total score	9	6	12	8	10	8	10	8	8.8

ゼラチン投与群

Group	Gelatin intake								
Observations Animal no.	7	9	10	11	13	16	17	18	Mean score
Ⅰ. Structure	3	1	3	1	5	3	3	1	2.5
Ⅱ. Cells	3	1	3	1	3	3	2	1	2.1
Ⅲ. Safranin-O staining	2	1	3	1	3	1	1	1	1.6
Ⅳ. Tidemark integrity	0	0	0	0	1	0	0	0	0.1
Total score	8	3	9	3	12	7	6	3	6.3

面の減少が明らかであった。これに対し，ゼラチン投与群では，軟骨表面のささくれ立ちは認められるものの，軟骨細胞がコントロールに比べて増加し，S-O染色面も厚くなっていた。総合点では，コントロール群で8.9であり，ゼラチン投与群では6.4であり，OAの改善効果が明らかであった。

5 おわりに

コラーゲン（ゼラチン）は安全な食品として認められており，機能性食品として常に売れ筋ラ

ンキングで上位を占めている．しかし，その機能については不明な点が多く，効果効能を明らかにするためにも，さらなる研究が必要である．加水分解マリンコラーゲンの主原料は魚鱗であり，中国・東南アジア産のテラピアのものが使われている．廃棄物をゼロにするという考え方から，未利用資源の有効利用のため魚鱗を機能性食品，または化粧品，そして医療用素材として開発することは重要であり，主成分であるコラーゲンおよびその加水分解物は魅力的な素材である．

文　　献

1) 野村義宏，新たなコラーゲンの用途開発，皮革科学，**53**, 95-104（2007）
2) U. Takada, Acute and subacute toxicity studies on collagen wound dressing (CAS) in mice and rats, *J. Toxicol. Sci.,* (Suppl. 2), 53-91（1982）
3) Agency response letter GRAS notice No. GRN 000021, July 29（1999）
4) 石見佳子ほか，コラーゲンペプチド摂取がラット生体に及ぼす影響，Osteoporosis Japan, **11**, 212-214（2003）
5) M. Kubota and S. Kimura, Skin collagen of the great blue shark, Nippon Suisan Gakkaisi, **33**, 338-342（1967）
6) A. Bairati and R. Garrone (eds), Biology of invertebrate and lower vertebrate collagen, Plenum Press, NY and London（1985）
7) 小山洋一，コラーゲンの経口摂取，食肉の科学，**49**, 1-7（2008）
8) 特開 2000-256398, 魚皮由来コラーゲン及びそれを含む化粧料；特開 2001-200000, 海洋生物由来コラーゲンの製造方法
9) 野村義宏，マリンコラーゲンの製造法とその摂取効果，バイオサイエンスとインダストリー，**66**, 191-195（2008）
10) 特願 2002-107765,「水生動物由来の無臭化コラーゲン・ゼラチン等を得る原料皮の製造法」
11) S. Oesser, M. Adam, W. Babel and J. Seifert, Oral administration of ^{14}C labeled gelatin hydrolysate leads to an accumulation of radioactivity in cartilage of mice (C57/BL), *Am. J. Nutr.,* **129**, 1891-195（1999）
12) 田中秀幸，佐藤智樹，コラーゲン・ゼラチン摂取と骨密度，食品と開発，**36**, 58-60（2001）
13) K. Iwai *et al.,* Identification of food-derived collagen peptides in human blood after oral ingestion of gelatin hydrolysates, *J. Agri. Food Chem.,* **53**, 6531-6536（2005）
14) H. Ohara *et al.,* Comparison of quantity and structures of hydroxyproline-containing peptides in human blood after oral ingestion of gelatin hydrolysates from different sources, *J. Agri. Food Chem.,* **55**, 1532-1535（2007）
15) Y. Koyama *et al.* Ingestion of gelatin has differential effect on bone mineral density and body weight in protein undernutrition., *J. Nutr. Sci. Vitaminol.,* **47**, 84-86（2001）
16) 大和留美子，酒井康夫，コラーゲン・トリペプチド「HACP」の骨・腱に対する効果，*FFI*

J. Jpn., **210**, 854-858 (2005)
17) J. Wu *et al.*, Assessment of effectiveness of oral administration of collagen peptide on bone metabolism in growing and mature rats, *J. Bone Miner Metab.*, **22**, 547-553 (2004)
18) Y. Nomura *et al.*, *Nutrition*, **21**(11-12), 1120-1126 (2005)
19) G. Christine *et al.*, The age of arthritis, *TIME*, June 16, 36-43 (2003)
20) T. Atsugi *et al.*, Effect of shark skin collagen on morphologic and biochemical changes in a guinea pig model of osteoarthritis, *Animal Cell Technology*, 459-463 (2002)

第3編　新世代コラーゲン

第3編 薬用作物シラン

第1章　遺伝子組換えコラーゲン

安達敬泰[*1]，吉里勝利[*2]

キーワード：コラーゲン，カイコ，組換えタンパク質，繭，絹タンパク質，ゼラチン

1　はじめに

　コラーゲンは細胞外マトリックスを構成する代表的なタンパク質であり，組織の維持や形態形成に重要な働きをすることが知られている。コラーゲンは，医療，化粧品，および食品などの様々な産業分野で利用されている。しかし，コラーゲンの多くは，ウシやブタの真皮など動物組織から抽出されており，安価に入手できる利点がある一方，問題もある。コラーゲンは，元来，抗原性の低いタンパク質であるが，それでも動物組織から抽出したコラーゲンは約3％の患者にアレルギー反応を引き起こす[1]。また，ウイルスやプリオンなどヒトに感染する可能性のある病原体混入の危険も指摘されている。これらの危険がない安全なコラーゲンを合成するために，遺伝子組換え技術を用いて他の生物（宿主）にヒトコラーゲン遺伝子を導入し，宿主においてヒトコラーゲンを生産する技術が近年開発されてきた。組換えタンパク質発現系の宿主として，大腸菌や枯草菌などのバクテリア，酵母，動物培養細胞や昆虫培養細胞，マウス，ヒツジ，ニワトリ，およびカイコなどの遺伝子組換え動物，タバコやウキクサなどの遺伝子組換え植物などが知られている。これらの生産系の中で組換えコラーゲン生産に関するものとしては，Myllyharjuらのグループがメタノール資化酵母 *Pichia pastoris* を用いてヒトI型およびIII型コラーゲン，あるいはI型コラーゲンα1鎖断片などの合成に成功し，その細胞破砕液あるいは培養液中からそれらを回収することに成功している[2]。酵母においては出芽酵母 *Saccharomyces cerevisiae* でも成功例がある[3]。また，遺伝子組換えマウスを用いてマウス乳腺からヒトI型コラーゲンホモトライマーを合成することに成功した報告[4,5]や，遺伝子組換えタバコを用いて，その葉からヒトI型コラーゲンを回収した報告[6,7]がある。また，ヒト培養細胞[8]，昆虫培養細胞[9,10]，タバコ培養細

[*1]　Takahiro Adachi　広島県産業科学技術研究所　研究員
[*2]　Katsutoshi Yoshizato　広島大学名誉教授；大阪市立大学　医学研究科　客員教授；
　　　　㈱フェニックスバオ　学術顧問

胞[11]，等の培養細胞を用いた組換えヒトコラーゲン合成例も多くある。これらの中で，産業化まで進んでいるものとしては，米国 FibroGen 社が前述 Myllyharju らの成果を元に酵母 *Pichia pastoris* を宿主にした組換えコラーゲンおよびゼラチンの生産を進めており，実際に研究用試薬としての販売も行われている[12]。また，フランス MERISTEM 社[13]，イスラエルの CellPlant 社は遺伝子組換えタバコを用いたタンパク質生産系を利用してヒトⅠ型コラーゲンの生産に取り組んでいるようである[14]。

一方，我々は，カイコから組換えヒトコラーゲンを生産する技術の開発を行ってきた。カイコは蛹になる直前に繭を作る。繭を構成する絹糸の 97% は絹タンパク質であり，その合成量はカイコ一頭あたり 0.3～0.5g にも達する。カイコの持つこの優れた絹タンパク質合成能力を利用すれば，大量の組換えヒトコラーゲンを低コストで生産できる可能性がある。本書において，最近の成果を紹介する。

2　カイコにおける組換えヒトⅢ型コラーゲン生産系の開発

2.1　ミニコラーゲンの合成

2.1.1　ベクターの構築

コラーゲンは，分子量約 300kDa の高分子量タンパク質であり，カイコを用いて最初に合成を試みるタンパク質としては難易度が高いと思われた。そこで，ヒトⅢ型コラーゲンを約 1/5 に縮めたミニコラーゲンをデザインし，これをコードする cDNA をカイコに組み込むことにした[15]。ミニコラーゲン cDNA の 5' 末端側にはフィブロイン L 鎖の cDNA を連結した。フィブロインは，後部絹糸腺で合成される最も主要な絹タンパク質である。このタンパク質は H 鎖と L 鎖の 2 種のサブユニットとして合成され，これらのサブユニットが会合して絹糸腺内腔へと分泌される[16]。そこで，ミニコラーゲンをフィブロイン L 鎖との融合タンパク質として合成すれば，細胞内で H 鎖と会合し効率よく分泌するものと期待される。ミニコラーゲンの合成を簡便に検出するために，ミニコラーゲン cDNA の 3' 末端側に緑色蛍光タンパク質（EGFP）の cDNA を連結した（図 1A）。この融合 cDNA をフィブロイン L 鎖プロモーターの下流に連結し，*piggyBac* ベクターの逆向き反復配列に挟まれた領域に組み込んだ。また，マーカーとして赤色蛍光タンパク質（DsRed）の cDNA と，この cDNA を眼や神経系で発現させるための 3×P3 プロモーター[17] も挿入した（図 1B）。

2.1.2　ミニコラーゲン合成トランスジェニックカイコの作出

上記のベクターと *piggyBac* のトランスポゼースを発現するヘルパーベクターを混合し，前胚盤葉期のカイコ卵に微量注入した。孵化した幼虫を飼育し，成虫まで生き残ったカイコを交配し

第1章　遺伝子組換えコラーゲン

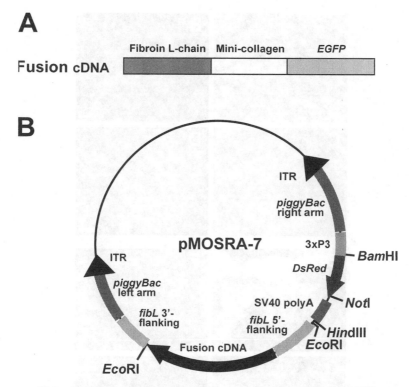

図1　ミニコラーゲン合成トランスジェニックカイコ用ベクターの構造
A．融合 cDNA の構造。ヒト III 型コラーゲンの三重らせん領域を約 1/5 に縮めたミニコラーゲン cDNA（Mini-collagen）の 3' 側にフィブロイン L 鎖の cDNA（Fibroin L-chain）を，5' 側に EGFP の cDNA（EGFP）を融合した。
B．ベクター（pMOSRA-7）の構造。融合 cDNA の上流にフィブロイン L 鎖プロモーター（fibL 5'-flanking）を，下流にはフィブロイン L 鎖ポリ A シグナル（fibL 3'-flanking）を連結し，piggyBac の逆向き反復配列（ITR）の間に挿入した。また，マーカーとして DsRed cDNA（DsRed）と，この cDNA を発現させるための 3×P3 プロモーター（3×P3）も組み込んだ。

て次世代のカイコ卵を得た。一匹の成虫蛾は 100～200 粒の卵を含む卵集団を産むが，この卵集団毎に蛍光実体顕微鏡を用いて DsRed の赤色蛍光を観察し，外来遺伝子が組み込まれたトランスジェニックカイコをスクリーニングした。遺伝子が組み込まれた陽性卵は，単眼や神経系から赤色蛍光を発した（図 2A～D）。単眼や神経系から検出される DsRed の赤色蛍光は，孵化後の幼虫からも認められた（図 3A）。さらに眼の蛍光は，成長した幼虫（図 3B），蛹および成虫蛾（図 2E～H）のどの発生段階においても検出された。特に，蛹や成虫の複眼は非常に強い蛍光を発し，成虫においては白色光の元でもはっきりとした赤い眼を認識することができた。なお，一連のトランスジェニックカイコ作製は農業生物資源研究所，田村俊樹博士らが開発した技術を利用している[18]。

コラーゲンの製造と応用展開

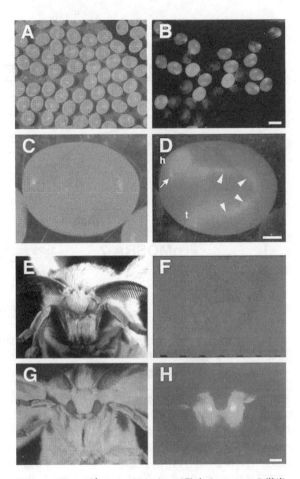

図2 トランスジェニックカイコが発する DsRed の蛍光
産卵5日後の陽性卵集団を,白色光 (A) および DsRed 励起光下 (B) で観察した。C および D は,陽性卵の拡大写真である。野生型カイコ(E および F)とトランスジェニックカイコ(G および H)の成虫頭部を,白色光(E および G)および DsRed 励起光下(F および H)で撮影した写真も示した。スケールバー:B および H, 1mm;D, 0.2mm。

2.1.3 組換えミニコラーゲンの解析

得られたトランスジェニックカイコにおける組換えタンパク質の合成を調べた。前述したように,組み込んだミニコラーゲン cDNA の3'端には EGFP の cDNA が連結されており,EGFP の緑色蛍光によってミニコラーゲンを含む融合タンパク質の合成を簡便に検出することができる。孵化したばかりの1齢幼虫の腹側を蛍光顕微鏡で観察すると,S字状の中部絹糸腺から EGFP の蛍光が検出された(図3A)。幼虫が成長し,絹糸腺が体重の約 40% を占める5齢期になると,図3Bのように蛍光は非常に強くなった。そして,吐糸期に入ると,カイコは緑色蛍光を発する糸を吐き出し,非常に強い蛍光を発する繭を作った(図4)。以上の結果は,トランスジェニッ

第1章　遺伝子組換えコラーゲン

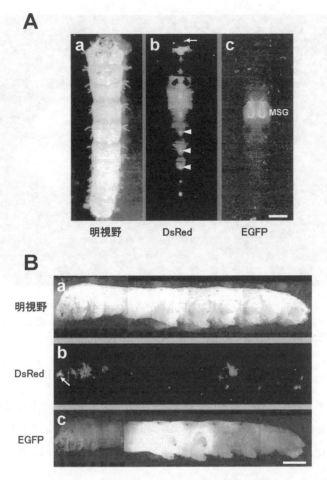

図3　トランスジェニックカイコ幼虫が発する蛍光
トランスジェニックカイコの1齢幼虫（A）および5齢幼虫（B）を，明視野（a），
DsRed蛍光視野（b），EGFP蛍光視野（c）で観察した。矢印：単眼。矢尻：腹部
神経節。MSG：中部絹糸腺。スケールバー：A，0.5mm，B，5mm。

クカイコの後部絹糸腺で合成された組換え融合タンパク質が絹糸腺内腔へと分泌され，さらに絹タンパク質と共に繭中に分泌されたことを示している。そこで，リチウムチオシアネートで繭からタンパク質を抽出し，電気泳動およびウエスタンブロットにより組換えタンパク質の検出を行った。その結果，予想される移動度の位置に，クマシーブルーで染色され，かつEGFP抗体およびフィブロインL鎖抗体と反応するバンドが検出された（図5A）。このバンドはバクテリアコラゲナーゼに対して感受性があり，ミニコラーゲンを含む融合タンパク質であることも示された。含有量は全繭タンパク質の約1%であった。次に，全繭タンパク質から，ミニコラーゲン融合タンパク質の精製を試みた。繭をトリプシンで処理することによりセリシン層のタンパク質を

図4 ミニコラーゲン合成トランスジェニックカイコの繭
トランスジェニックカイコの繭をEGFP励起光下で撮影した。光っていない
繭は野生型カイコの繭である。スケールバー：1cm。

除去し，残ったフィブロイン層のタンパク質をグアニジンチオシアネートにて溶解した。次に溶液中のタンパク質を硫安沈殿により濃縮し，ゲル濾過により分画した。その結果，以上のような比較的簡便な操作により，ミニコラーゲン融合タンパク質を単一タンパク質として精製することができた（図5B）。

2.2　プロリン水酸化ミニコラーゲンの合成

　合成された組換えヒトコラーゲンにおいて問題になるのがそのコラーゲンの熱安定性である。コラーゲンの熱安定性には，コラーゲン α 鎖が重合し三重らせん構造を取ることが要求される。そのためにはコラーゲンペプチド内の特定のプロリン残基の水酸化が重要であり，それは宿主のプロリン水酸化酵素活性に依存する。プロリン水酸化酵素は α サブユニットおよび β サブユニットがそれぞれ2つずつからなる四量体を形成する。また，β サブユニットは単量体でProtein Disulfide Isomerase（PDI）としても機能する小胞体タンパク質でもあり，多くの器官で発現していることが知られている[19]。本来コラーゲンを合成しない細胞，器官，あるいは生物においては概してプロリン水酸化酵素活性が低いことが多く，コラーゲンcDNAと共にプロリン水酸化酵素 α サブユニットおよび β サブユニット cDNAを宿主に組み込むことによってプロリン水酸化酵素活性を上げ，熱安定性の高いコラーゲンを生産する試みがなされてきた。マウス[5]，酵

第1章　遺伝子組換えコラーゲン

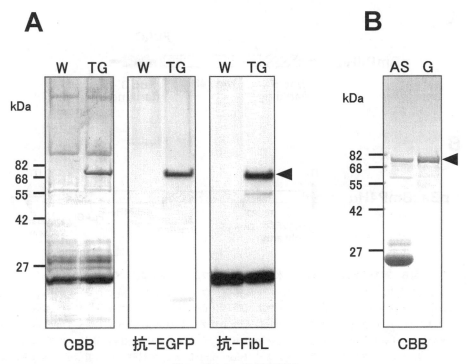

図5　繭タンパク質の解析

A. 繭タンパク質のウエスタンブロット解析。野生型カイコ（W）およびトランスジェニックカイコ（TG）の繭から抽出したタンパク質を電気泳動で展開しタンパク質染色（CBB）を行った。また，抗 EGFP 抗体（抗-EGFP）および抗フィブロイン L 鎖抗体（抗-FibL）を用いてウエスタンブロット解析を行った。矢尻：ミニコラーゲンを含む組換え融合タンパク質。
B. 組換え融合タンパク質の精製。トランスジェニックカイコの繭タンパク質をグアニジンチオシアネートで溶解し，19％の硫酸アンモニウムで濃縮した後（AS），ゲル濾過により組換え融合タンパク質を精製した（G）。矢尻：組換え融合タンパク質。

母[2]，タバコ[7] などの組換えコラーゲン生産系において報告がある。カイコ後部絹糸腺細胞においても，そのプロリン水酸化酵素活性は非常に低い。カイコプロリン水酸化酵素 α サブユニット遺伝子をクローニング後，その発現局在を調べたところ，カイコプロリン水酸化酵素 α サブユニットは，カイコ体内において IV 型コラーゲンと共に血球と脂肪体で発現していることが判明した[20]。一方，β サブユニットは後部絹糸腺において単量体 PDI として豊富に発現していることがわかっている[20]。そこで，プロリン水酸化酵素 α サブユニットを後部絹糸腺で発現させれば，組換え α サブユニットと内在性の β サブユニットからなる四量体が形成され，後部絹糸腺におけるプロリン水酸化酵素活性が上昇することが期待された。クローニングしたカイコプロリン水酸化酵素 α サブユニット cDNA を用いて，この酵素遺伝子を新たに導入したカイコを作製し，プロリン水酸化ヒトコラーゲンの合成を試みることとした。

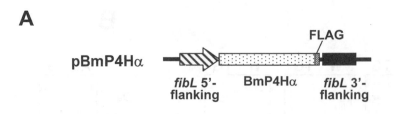
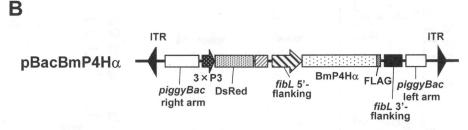

図6 組換えカイコプロリン水酸化酵素αサブユニット合成用ベクターの構造
A. 一過性発現用ベクター（pBmP4Hα）の構造。フィブロインL鎖プロモーター（fibL 5'-flanking），フィブロインL鎖ポリAシグナル（fibL 3'-flanking）の間にカイコプロリン水酸化酵素αサブユニットcDNAを挿入した。また3'側にはタグタンパク質FLAG（Asp-Tyr-Lys-Asp-Asp-Asp-Asp-Lys）を融合した形にした。BmP4Hα：カイコプロリン水酸化酵素αサブユニット。
B. トランスジェニックカイコ作出用ベクター（pBacBmP4Hα）の構造。挿入遺伝子以外の構造は図1Bで表したpMOSRA-7と変わらない。BmP4Hα：カイコプロリン水酸化酵素αサブユニット。

2.2.1 一過性発現実験によるカイコプロリン水酸化酵素活性の測定

トランスジェニックカイコ作出にあたって，事前に遺伝子銃を用いたプロリン水酸化酵素の一過性発現実験を行うことによって，実際にプロリン水酸化酵素活性が上昇することを確認した。クローニングしたプロリン水酸化酵素αサブユニットcDNAを，後部絹糸腺特異的プロモーターであるフィブロインL鎖プロモーターとポリA付加シグナルの間に挿入した一過性発現実験用プラスミドベクターを作製した。プロリン水酸化酵素αサブユニットのC末端側には，タンパク質の検出を容易にするためのタグシークエンス（FLAG）を融合した形とした（図6A）。得られたプラスミドDNAを金粒子にコーティングし，バイオラッド社の遺伝子銃，Helios Gene gunを用いて，カイコ後部絹糸腺にDNAをコートした金粒子を導入した[21]。絹糸腺は別のカイコ幼虫の体腔に移植し，3日間飼育後，絹糸腺を取り出し，その抽出液の解析を行った。その結果，ウエスタンブロッティング解析において確認された組換えカイコプロリン水酸化酵素αサブユニットが確かに合成されたこと，後部絹糸腺におけるプロリン水酸化酵素活性は対照群に比べて4倍以上に上昇したことを確認した。このことは合成された組換えαサブユニットが内在性のβサブユニットと四量体を形成し酵素活性を持ったことを強く示唆した。

第1章 遺伝子組換えコラーゲン

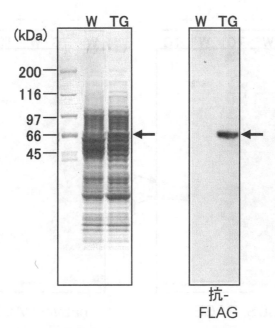

図7 カイコプロリン水酸化酵素合成トランスジェニックカイコの絹糸腺抽出液の解析
絹糸腺タンパク質のウエスタンブロット解析。野生型カイコ（W）およびトランスジェニックカイコ（TG）の繭から抽出したタンパク質を電気泳動で展開しタンパク質染色（CBB）を行った。また，抗FLAG抗体（抗-FLAG）を用いてウエスタンブロット解析を行った。矢尻：ミニコラーゲンを含む組換え融合タンパク質。

2.2.2 プロリン水酸化ミニコラーゲン合成トランスジェニックカイコの作出

上の結果を踏まえ，フィブロインL鎖プロモーターとポリA付加シグナルの間にプロリン水酸化酵素αサブユニットcDNAを挿入した*piggyBac*ベクターを作製し，カイコ卵へのマイクロインジェクションを行い，確立された手法に従って，後部絹糸腺においてプロリン水酸化酵素αサブユニットを合成するトランスジェニックカイコを作製した。その結果，得られたトランスジェニックカイコの後部絹糸腺において組換えプロリン水酸化酵素αサブユニットが豊富に合成されていることが電気泳動後のクマシーブルー染色およびウエスタンブロッティング解析において確認された（図7）。また抗FLAG抗体を用いたプロリン水酸化酵素αサブユニットに対する免疫沈降によって，組換えαサブユニットと共にカイコ絹糸腺内在性のβサブユニットが沈降し，αサブユニットおよびβサブユニットからなる四量体が形成されていることが確認できた（図8）。トランスジェニックカイコの後部絹糸腺におけるプロリン水酸化酵素活性を測定したところ，野性型のそれに比べ130倍高い酵素活性を示した。

作製した高プロリン水酸化酵素活性トランスジェニックカイコが絹糸腺細胞内において組換えヒトコラーゲンを水酸化できることを確かめるため，ミニコラーゲン合成トランスジェニックカ

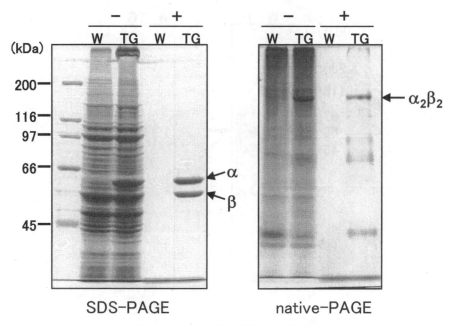

図8 プロリン水酸化酵素の免疫沈降

野生型カイコ（W）およびトランスジェニックカイコ（TG）5令幼虫の後部絹糸腺抽出液を用いて，抗FLAG抗体による免疫沈降を行った。免疫沈降前（−）および免疫沈降後（＋）のタンパク質をSDS-PAGE（左図）およびnative-PAGE（右図）によって解析した。α：プロリン水酸化酵素 α サブユニット，β：プロリン水酸化酵素 β サブユニット，$\alpha_2\beta_2$：カイコプロリン水酸化酵素四量体。

イコと交配し，プロリン水酸化酵素 α サブユニット cDNA およびミニコラーゲン cDNA の両方を後部絹糸腺で合成するハイブリッドトランスジェニックカイコを作製した。得られたハイブリッドトランスジェニックカイコの後部絹糸腺の切片を調べたところ，ミニコラーゲンに融合したEGFPの蛍光観察により，ミニコラーゲンは絹糸腺内腔に確かに分泌されていることが確認でき（図9A），ミニコラーゲンを含む繭が形成された（図9B）。その繭タンパク質を電気泳動によって分析したところ，ハイブリッドトランスジェニックカイコ由来のミニコラーゲンは従来のミニコラーゲンに比べて移動度が遅く，プロリン水酸化が起きていることが示唆された（図10）。続いて，ハイブリッドトランスジェニックカイコ繭からミニコラーゲンを精製しアミノ酸組成分析を行った。その結果，ハイブリッドトランスジェニックカイコ由来のミニコラーゲンは水酸化プロリンを含んでいることが示され，そのプロリン水酸化の程度は天然III型コラーゲンの87%と算出された。精製したミニコラーゲンをトリプシン消化し，その消化フラグメントをマススペクトルメーターで解析したところ，ミニコラーゲン中の-Gly-X-Y-リピートのY位のプロリンが確かに水酸化されていることがわかった。

第1章 遺伝子組換えコラーゲン

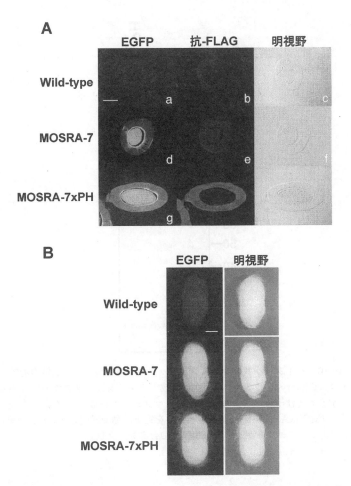

図9 ハイブリッドトランスジェニックカイコの絹糸腺および繭の解析
A. 凍結切片の解析。野生型カイコ（Wild-type），ミニコラーゲン合成トランスジェニックカイコ（MOSRA-7），ミニコラーゲンおよびプロリン水酸化酵素αサブユニット合成ハイブリッドトランスジェニックカイコ（MOSRA-7xPH）の5齢幼虫絹糸腺の凍結切片を作製し，EGFP励起光下（左列），抗FLAG抗体による免疫染色（中列），および白色光（右列）で観察した。スケールバー：100μm。
B. 繭の観察。野生型カイコ（Wild-type），ミニコラーゲン合成トランスジェニックカイコ（MOSRA-7），ミニコラーゲンおよびプロリン水酸化酵素αサブユニット合成ハイブリッドトランスジェニックカイコ（MOSRA-7xPH）の繭をEGFP励起光下，および白色光で観察した。スケールバー：5mm。

　以上の研究によって，カイコ絹糸腺細胞内において組換えヒトコラーゲン中のプロリンが適切に水酸化されることが可能であることが確かめられた。

2.3 プロリン水酸化全長コラーゲン合成の試み

　プロリン水酸化ミニコラーゲンの合成が可能になったことを踏まえ，ヒトIII型コラーゲンの

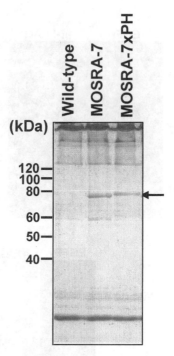

図10 ハイブリッドトランスジェニックカイコの繭タンパク質の解析
野生型カイコ（Wild-type），ミニコラーゲン合成トランスジェニックカイコ（MOSRA-7），ミニコラーゲンおよびプロリン水酸化酵素 α サブユニット合成ハイブリッドトランスジェニックカイコ（MOSRA-7xPH）の繭タンパク質を電気泳動で展開しタンパク質染色（CBB）を行った。矢尻：ミニコラーゲンを含む組換え融合タンパク質。

三重らせん領域全長を合成するトランスジェニックカイコの作出を試みることとした。前述のミニコラーゲンと同様に，絹糸腺細胞からの分泌効率と検出の簡便性を考慮し，ヒト III 型コラーゲンの三重らせんの N 末端側にフィブロイン L 鎖，C 末端側に EGFP を連結した構造とした。

2.3.1 全長コラーゲン合成トランスジェニックカイコの作出

ヒト III 型コラーゲンの三重らせん領域全長を合成するためのベクター構造を図11A に示す。フィブロイン L 鎖プロモーターとポリ A 付加シグナルの間にヒト III 型コラーゲン融合タンパク質 cDNA を挿入した *piggyBac* ベクターを作製し，カイコ卵へのマイクロインジェクションを行い，確立された手法に従って，後部絹糸腺において全長コラーゲンを合成するトランスジェニックカイコを作製した。得られた繭中のタンパク質を電気泳動解析したところ，確かに組換え全長コラーゲンが存在していることが確認でき，絹糸腺細胞で合成された全長コラーゲンが分泌されて糸として繭中に吐かれていることがわかった（図11B）。

続いて，得られた全長コラーゲン合成トランスジェニックカイコと 2.2 で作出した高プロリン

第1章　遺伝子組換えコラーゲン

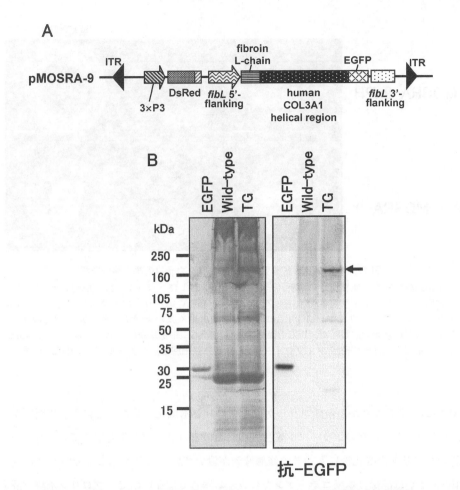

図11　全長コラーゲン合成トランスジェニックカイコの絹糸腺抽出液の解析
A. 全長コラーゲン合成トランスジェニックカイコ作出用ベクター (pMOSRA-9) の構造。コラーゲンの鎖長以外の構造は図1Bで表したpMOSRA-7と変わらない。
B. 絹糸腺タンパク質のウエスタンブロット解析。野生型カイコ (Wild-type) および，トランスジェニックカイコ (TG) の繭から抽出したタンパク質を電気泳動で展開しタンパク質染色 (CBB) を行った。また，抗EGFP抗体 (抗-EGFP) を用いてウエスタンブロット解析を行った。矢尻：全長コラーゲンを含む組換え融合タンパク質。

水酸化酵素活性トランスジェニックカイコと交配した。得られたハイブリッドカイコの繭を解析したところ，繭中に組換えコラーゲンが検出されなかった。カイコから絹糸腺を取り出して調べたところ，図12で示すようにハイブリッドトランスジェニックカイコでは後部絹糸腺においてのみEGFPの蛍光が観察され，中部絹糸腺では蛍光が見られなかった。このことから，合成された組換えコラーゲンが後部絹糸腺細胞から分泌されず細胞内に留まってしまうことが判明し，実際に切片を作製し観察してみたところフィブロイン層への分泌はまったく確認できなかっ

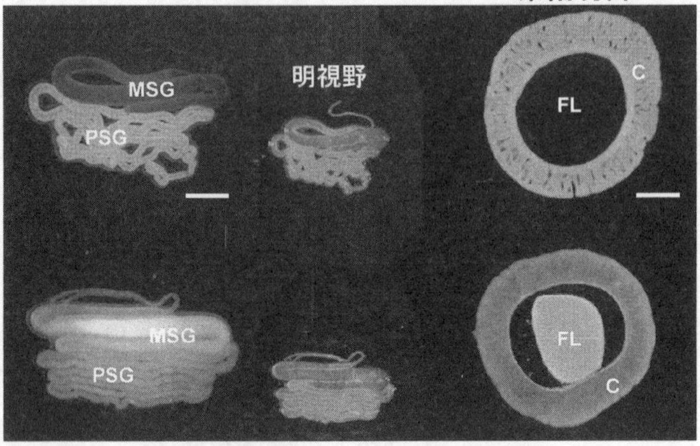

図12 ハイブリッドトランスジェニックカイコの絹糸腺の解析
左：絹糸腺の観察。凍結切片の解析。全長コラーゲンおよびプロリン水酸化酵素αサブユニット合成ハイブリッドトランスジェニックカイコ（MOSRA-9xPH），および全長コラーゲン合成トランスジェニックカイコ（MOSRA-9）の5齢幼虫絹糸腺の凍結切片を作製し，EGFP励起光下および白色光で観察した。PSG：後部絹糸腺，MSG：中部絹糸腺。スケールバー：0.5mm。
右：凍結切片の解析。FL：フィブロイン層，C：絹糸腺細胞層。スケールバー：100μm。

た[22]（図12）。このことから全長コラーゲンをプロリン水酸化させたことによって問題が生じていると考えられた。天然のコラーゲン産生細胞におけるコラーゲン生合成系では，コラーゲンプロα鎖のプロリン水酸化後にも複数の修飾酵素が働いていることが知られている[23]。カイコ絹糸腺細胞あるいは酵母は本来コラーゲンを合成する器官ではないので，プロリン水酸化酵素以外にも，修飾酵素の中で不足しているものがあるのではないかと考えた。そこで，コラーゲンの翻訳後修飾に関わる3種類の因子（HSP47, cyclophilin B, FKBP65）の一過性発現用ベクターを作製し，これらの発現ベクターと，カイコプロリン水酸化酵素αサブユニット一過性発現ベクター，およびトランスジェニックカイコと同様の，フィブロインL鎖・全長コラーゲン・EGFPからなる，全長コラーゲン一過性発現ベクターと共に，カイコ絹糸腺に遺伝子銃を用いて導入し，組換えコラーゲンの分泌の様子をEGFPの蛍光を指標に調べた。蛍光観察の結果，HSP47およびcyclophilin Bを発現させた絹糸腺においては，その細胞層に強いシグナルが観察され絹糸腺内腔への分泌はほとんど見られなかった。一方，FKBP65を発現させた絹糸腺においてのみ絹糸腺内腔側に分泌が起きたと思われる様子が観察され，合成された全長コラーゲンの分泌が起きていることが確認された[24]（図13）。以上の結果から，FKBP65の存在がプロリン水酸化プロコラーゲンの絹糸腺細胞からの分泌を促進する可能性が高いことが明らかになった。FKBP65は小胞体に存在するpeptidyl *cis-trans* isomeraseの1種で，コラーゲンに限らず，分泌タンパク質のフ

第1章　遺伝子組換えコラーゲン

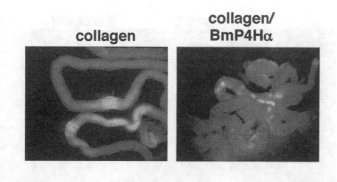

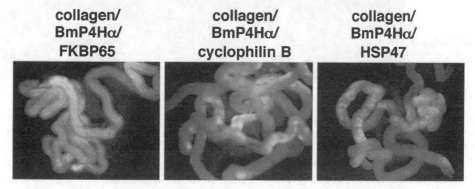

図13　一過性発現実験によるFKBP65，cyclophilin B，HSP47の追加検討
遺伝子銃を用いた遺伝子導入後の後部絹糸腺をEGFP励起光下で観察した。collagen：フィブロインL鎖，コラーゲン三重らせん領域，およびEGFPからなる融合タンパク質。BmP4Hα：カイコプロリン水酸化酵素αサブユニット。スケールバー：0.2mm。

ォールディングや輸送に関与する役割を持つと考えられている。FKBP65は，ゼラチンに結合し，in vitroにおいてIII型コラーゲンのリフォールディングを触媒する弱い活性を持つこと[25]，あるいは肺においてI型コラーゲンと近似した発現パターンを示すこと[26]などから，コラーゲン生合成系に関わる役割を持っていると考えられてはいたが，詳細は現在も不明である。

　一過性発現実験の結果を踏まえ，トランスジェニックカイコにおいてFKBP65のプロリン水酸化コラーゲンに対する効果を見ることを検討した。フィブロインL鎖プロモーターとポリA付加シグナルの間にFKBP65 cDNAを挿入したpiggyBacベクターを作製し，カイコ卵へのマイクロインジェクションを行い，確立された手法に従って，後部絹糸腺においてFKBP65を合成するトランスジェニックカイコを作出した。得られたFKBP65合成カイコと，先述した全長コラーゲンおよびカイコプロリン水酸化酵素αサブユニット合成トランスジェニックカイコと交配させることによって，3種類の発現遺伝子を持つトランスジェニックカイコを作出した。5齢幼虫の絹糸腺を取り出して蛍光観察したところ，図14に示すようにEGFP融合全長コラーゲン

コラーゲンの製造と応用展開

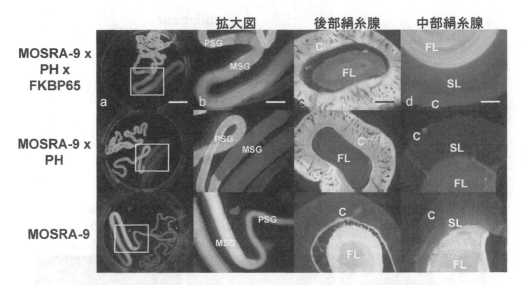

図14　FKBP65合成ハイブリッドトランスジェニックカイコの絹糸腺の解析

凍結切片の解析。全長コラーゲン，プロリン水酸化酵素αサブユニット，およびFKBP65合成トランスジェニックカイコ（MOSRA-9xPHxFKBP65），全長コラーゲンおよびプロリン水酸化酵素αサブユニット合成トランスジェニックカイコ（MOSRA-9xPH），全長コラーゲン合成トランスジェニックカイコ（MOSRA-9）の5齢幼虫の絹糸腺全体，後部絹糸腺の凍結切片，および中部絹糸腺の凍結切片を作製し，EGFP励起光下で観察した。PSG：後部絹糸腺，MSG：中部絹糸腺，FL：フィブロイン層，SL：セリシン層，C：絹糸腺細胞層。スケールバー：a, 0.5mm, b, 150μm, c, 50μm, d, 50μm。

の一部は後部絹糸腺から中部絹糸腺へ移動していた。切片を作製し観察してみたところ，間違いなく後部絹糸腺細胞からフィブロイン層への分泌が起こり，中部絹糸腺にまで移動していることが確認できた。一方，FKBP65を発現させていない対照カイコにおいて分泌は確認できず（図14），細胞内で発現されたFKBP65によって，確かにプロリン水酸化コラーゲンの分泌が促進されたことが示された[24]。

3　今後の展開

本章においてトランスジェニックカイコを用いた組換えヒトⅢ型コラーゲンの生産技術を紹介した。プロリン水酸化が起きていない全長コラーゲンは問題なく繭中へ分泌した一方で，プロリンを水酸化させた場合は，繭への分泌を確認することができなかった。カイコ絹糸腺は絹糸タンパク質を合成するために特化した特殊な器官と言える。それゆえこれらの細胞において，コラーゲン三重らせん形成，分泌に必要な翻訳後修飾因子が不足，欠失している可能性は考えられる。我々は，最近になり，プロリン水酸化ヒトコラーゲンの分泌を促進する因子としてFKBP65を

第1章　遺伝子組換えコラーゲン

同定した。しかしながら依然としてプロリン水酸化コラーゲンの大半は細胞内に蓄積されており，今後，FKBP65の発現量の増加，他の因子の追加を検討するなどにより，この問題を解決したいと考えている。

　しかしながら，生物学的にはこのような現象は非常に興味深いものである。本来，コラーゲンを合成する細胞において，プロリン水酸化後，三重らせん形成を終えたコラーゲン分子は細胞外へ分泌され，プロペプチドが切断されて成熟したコラーゲン分子となる。一方で，三重らせん構造を取ることができなかった異常コラーゲンα鎖は分泌されずに小胞体に蓄積され，最終的にタンパク質の品質管理の機構によって分解されると言われている。今回，我々のカイコ絹糸腺を利用した発現系では，むしろプロリン水酸化を受けていないコラーゲンα鎖は細胞からスムーズに分泌された一方で，プロリン水酸化によって三重らせん形成が進んだコラーゲンは絹糸腺細胞内に蓄積されたと考えられ，天然のコラーゲン産生細胞とはまったく逆の現象が起きていると思われる。つまりカイコ絹糸腺で合成され三重らせん形成を受けたコラーゲン分子は細胞内において異常タンパク質として認識されたのかもしれない。このように昆虫（もしくは絹糸腺細胞）とほ乳類（もしくはコラーゲン産生細胞）間では異なるタンパク質の品質管理機構が存在している可能性が考えられる。コラーゲンに限らず，立体構造等が異常なタンパク質が生じた場合，主として4つの品質管理機構が作動することが知られている。第一は異常タンパク質の翻訳停止，第二は異常タンパク質の修理のための分子シャペロンタンパク質の発現誘導，第三は修理できない異常タンパク質の分解，そして最後の機構としてアポトーシスによる細胞死，である[27]。絹糸腺細胞中の全長コラーゲンを調べてみたところ，合成量の低下やコラーゲンの分解，あるいは絹糸腺細胞のアポトーシスは観察されていないため，二番目の分子シャペロンの誘導が起きている可能性はある。また，このような現象は酵母による組換えコラーゲン生産系においても報告されており，酵母においてヒトコラーゲンcDNAと共にヒトプロリン水酸化酵素αサブユニットおよびβサブユニットcDNAを導入した酵母は，その小胞体内に組換えコラーゲンを蓄積するという報告がある[28]。酵母においても同様なことが起きているのかもしれない。

　組換えヒトコラーゲンを非ほ乳類宿主において合成させることに対して，問題となるのが，①プロリン水酸化，②合成量，③飼育・精製コスト，④品質だと思われる。①プロリン水酸化の問題に関して言えば，プロリン水酸化酵素遺伝子を追加することによって非ほ乳類宿主でも問題なくプロリン水酸化を起こすことができるようになっており，多くの生産系において解決されつつある問題だと思われる。②に関しては，例えば，酵母 *Pichia pastoris* において培養液あたりでプロリン水酸化コラーゲンであれば 0.7～1.5g/L 培養液[11]，プロリンを水酸化していないα鎖断片であれば 3～14g/L[11]，遺伝子組換えマウスのミルクから回収する系であれば，非プロリン水酸化コラーゲンを 8g/L[5]，遺伝子組換えタバコにおいてプロリン水酸化コラーゲンを 20mg/kg

葉[7]，我々の遺伝子組換えカイコにおいて，非プロリン水酸化コラーゲンが 10g/kg 繭の合成量である。現状では遺伝子組換えカイコにおける生産系は他の系と比べ特別に優れているとは言えないが，本書では触れていないが，発現量が 5 倍近くにまで上がった成績を得ている。今後の組換えコラーゲンの産業化にあたって大きな問題となるのは，③飼育・精製コストおよび④品質になると思われる。絹糸から回収できる我々のカイコを用いた生産系は，精製コストの面で他の系に比べ有利である。今後は絹糸へ効率よくコラーゲンを分泌させることが最終的な生産コストに大きく影響すると思われる。④品質に関してはこれから天然コラーゲンとの物性比較を進めていく予定である。現在，我々が合成しているヒトコラーゲンは，検出を容易にするため，蛍光タンパク質を融合した構造を取っており，より天然型に近い構造にするためにはプロコラーゲンあるいはアテロコラーゲンを単独で発現させる必要がある。また，RNAi（RNA 干渉）技術や，繭の大型化によってカイコ繭中におけるコラーゲン含量をさらに増加させることも考えている。

近い将来，カイコを用いたヒトコラーゲンの安定した大量生産系を確立し，再生医療分野，化粧品分野，抗加齢医療分野などにおいての広範な用途で使用することができる組換えプロリン水酸化ヒトコラーゲンを供給することができると考えている。

文　　献

1) I. V. Yannas *et al., Science,* **215**, 174-176（1981）
2) J. Myllyharju *et al., Biochem. Soc. Trans.,* **28**, 353-357（2000）
3) P. D. Toman *et al., J. Biol. Chem.,* **275**, 23303-23309（2000）
4) D. C. John, *Nat. Biotechnol.,* **17**, 385-389（1999）
5) P. D. Toman *et al., Transgenic Res.,* **8**, 415-27（1999）
6) F. Ruggiero *et al., FEBS Lett.,* **469**, 132-136（2000）
7) C. Merle *et al., FEBS Lett.,* **515**, 114-118（2002）
8) A. E. Geddis, D. J. Prockop, *Matrix,* **13**, 399-405（1993）
9) A. Lamberg *et al., J. Biol. Chem.,* **271**, 1988-11995（1996）
10) M. Tomita *et al., J. Biochem.,* **121**, 1061-1069（1997）
11) D. Olsen *et al., Adv Drug Deliv Rev.,* **55**, 1547-1567（2003）
12) http://www.fibrogen.com/
13) http://www.meristem-therapeutics.com/sommaire_en.php3
14) http://www.collplant.com/
15) M. Tomita *et al., Nat. Biotechnol.,* **21**, 52-56（2003）
16) S. Inoue *et al., J. Biol. Chem.,* **275**, 40517-40528（2000）

第1章 遺伝子組換えコラーゲン

17) A. J. Berghammer *et al., Nature,* **402**, 370-371 (1999)
18) T. Tamura *et al., Nat. Biotechnol.,* **18**, 81-84 (2000)
19) K. I. Kivirikko, J. Myllyharju, *Matrix Biol.,* **16**, 357-368 (1998)
20) T. Adachi *et al., Matrix Biol.,* **24**, 136-15 (2005)
21) T. Adachi *et al., J. Biotechnol.,* **126**, 205-219 (2006)
22) 冨田正浩ほか, 第26回日本分子生物学会年会「組換えヒトIII型コラーゲンを産生するトランスジェニックカイコの作出」(2003)
23) K. Kadler, *Protein Profile.,* **2**, 491-619 (1995)
24) 安達敬泰ほか, 日本分子生物学会2006フォーラム「FKBP65によるプロリン水酸化ヒトコラーゲンのカイコ絹糸腺内腔への効果的な分泌」(2006)
25) B. Zeng *et al., Bioochem. J.,* **330**, 109-114 (1998)
26) C. E. Patterson *et al., Cell Stress Chaperones.,* **10**, 285-295 (2005)
27) 永田和宏, タンパク質の品質管理機構, タンパク質の一生集中マスター 細胞における成熟・輸送・品質管理, p159, 岩波新書 (2007)
28) I. Keizer-Gunnink *et al., Matrix Biol.,* **19**, 29-36 (2000)

第2章　化学合成コラーゲン

谷原正夫*

1　はじめに

　コラーゲンは人工皮膚や人工血管，人工神経などに用いられてきた。動物から抽出した酸性コラーゲン溶液は中和するとゲル化し，細胞の三次元培養基材として優れた性能と取り扱い性を示す。フィルムやスポンジ状材料への加工も容易である。また，細胞の接着性にも優れている。しかしながら，機能性生体材料の素材という観点からは，熱安定性に乏しいこと，細胞接着の選択性が低いこと，分子量や融点などの性質の幅が狭く，化学的修飾による性質の変更が困難なこと等の弱点もある。そこで，筆者らが開発したペプチドの縮合重合技術を適用して[1]，コラーゲン様の性質を持つポリペプチドの合成を試みた。その結果，トリペプチド Pro-Hyp-Gly（PHG）を出発原料として，分子量が10万以上で三重らせん構造を形成するポリペプチドを作製することに成功した[2]。得られたポリペプチドの三重らせん構造は80℃の温度でも安定で，コラーゲン原線維様の集合構造を形成することもわかった[3]。このコラーゲン様ポリペプチドは，工場で大量に生産することが可能である。また，純粋に化学合成なので，病原体等の混入の危険性も少ない。短期皮下埋植試験，細胞毒性試験，遺伝子突然変異試験，復帰突然変異試験，皮膚感作性試験のすべての安全性試験において陰性で，安全性が高いことも確認されている。

2　細胞接着性の付与

　化学合成コラーゲンは高い安定性のために，種々の方法で機能性を付与することができる。図1に示すように，三重らせん鎖を構成する主鎖中に温度応答性や細胞の接着性を有するペプチド鎖を導入すること，ヒドロキシプロリンの側鎖（ヒドロキシル基）にペプチドや各種生理活性物質を結合することができる。また，シラノール基を導入することで，骨様ヒドロキシアパタイトの析出を積極的に促す骨・軟骨修復材料への応用も可能である[4]。ここでは細胞接着配列の導入を例として，機能性付与の実際と再生医療用足場材料への応用について紹介する。
　細胞接着配列は fibronectin の Arg-Gly-Asp（RGD）[5] や laminin の Tyr-Ile-Gly-Ser-Arg

---

　*　Masao Tanihara　奈良先端科学技術大学院大学　物質創成科学研究科　教授

第2章 化学合成コラーゲン

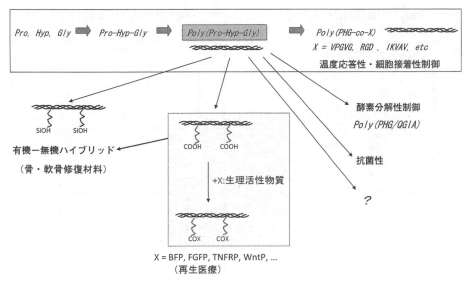

図1 化学合成コラーゲンへの機能性の付与

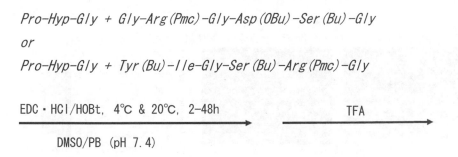

図2 細胞接着配列の導入方法

(YIGSR)[6] が有名である。これらの細胞接着性アミノ酸配列を三重らせん構造の主鎖に導入するために，図2に示すように側鎖官能基を保護したペプチドを用い，トリペプチドPHGと共重合することにより作製した。得られたポリペプチドは図3に示すように分子量が10万以上の位置に溶出する高分子量体を含み，225 nm付近の正のコットン効果と198 nm付近に負のコットン効果を示すことから三重らせん構造を含むことがわかった。

得られたポリペプチドをコーティングした細胞培養用プレートを用いてマウス線維芽細胞株

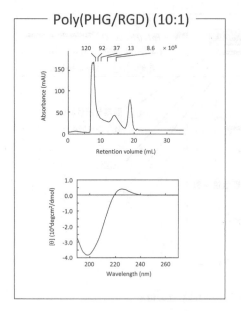
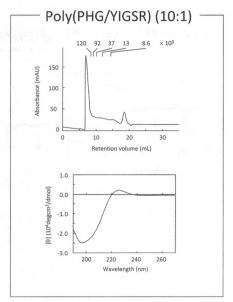

図3 細胞接着配列を含むポリペプチドの GPC と CD

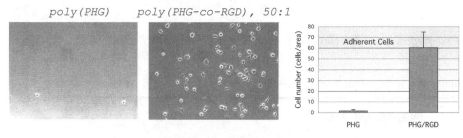

図4 細胞接着配列を含むポリペプチド上での細胞接着
NIH3T3 cells, D-MEM, 37℃, 1 h.

NIH3T3細胞の接着の程度を調べた。図4に示すように，無血清の培地中で1時間という条件では細胞接着配列を含まない poly(PHG) 上にほとんど細胞は接着しなかった。これに対してfibronectin の RGD 配列を含むポリペプチド（poly(PHG-co-RGD)）上では多くの細胞が接着し，伸展した細胞の割合も多かった。また，laminin の YIGSR 配列を含むポリペプチド（poly(PHG-co-YIGSR)）上にも多数の NIH3T3 細胞が接着したが，接着した細胞の形状は球状で，伸展した細胞は認められなかった（図5）。このことは，ポリペプチドに含まれる細胞接着配列の種類により細胞の形態を制御することができる，言い換えれば，細胞表面で結合するインテグリン分子の種類を選択することで，細胞に与える刺激を制御できることを示している。また，細胞接着

第2章　化学合成コラーゲン

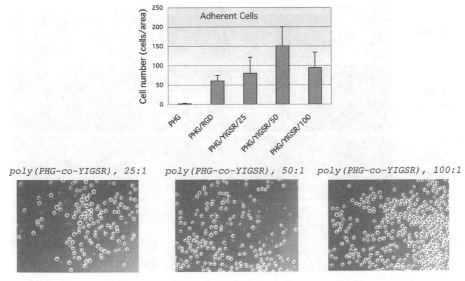

図5　細胞接着配列を含むポリペプチド上での細胞接着
NIH3T3 cells, D-MEM, 37℃, 1 h.

配列の含有率により細胞接着率も制御でき，YIGSR 配列では 50：1 が最大値を示し，YIGSR 配列の含有率がこれより多くても少なくても細胞接着数は減少した。これは細胞接着配列が多すぎても細胞との結合に有効に使われないことを示している。

3　幹細胞の神経分化誘導機能の付与

再生医療の実現には，幹細胞，増殖因子，足場材料の3つが必要と考えられている。従来，足場材料には動物由来のコラーゲンや基底膜抽出物などが使われてきたが，これらには動物由来病原体の汚染や抗原性，細胞選択性などの問題があった。そこで，前節で紹介した細胞接着性を付与した化学合成コラーゲンによる骨髄由来幹細胞の神経分化誘導作用を検討した。

骨髄由来幹細胞は，ラットの骨髄細胞からプラスティックディッシュ付着性細胞を選別し，さらに2～4代継代して純化した細胞（骨髄間質細胞）を用いた。骨髄間質細胞中には 1,000 個に 1 個程度の幹細胞を含むと考えられている。骨髄間質細胞を細胞接着性を示す化学合成コラーゲン上で培養した。分化誘導条件は既報に従って行った[7]。図6に示すように，細胞接着配列を含む化学合成コラーゲン上では分化誘導後1～3日目から，nestin（神経幹細胞のマーカー）陽性で神経様の形態の細胞が出現した。出現頻度は fibronectin や laminin と同等以上であり，化学合成の基材でも幹細胞の神経分化誘導が可能であることが示された。

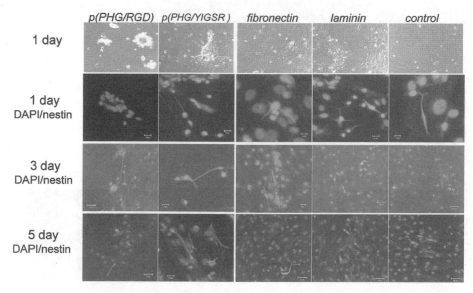

図6 細胞接着配列（RGD, YIGSR）を含むポリペプチド上での骨髄幹細胞の神経分化
10% FCS/D-MEM/F12 ＋ 10μM RA ＋ 20 ng/ml bFGF

　さらに，細胞接着配列 RGD の含有率と神経分化の関係を明らかにするため，神経細胞の細胞表面マーカーである CD56（N-CAM）を用いて FACS で神経分化細胞の割合を定量した。実験方法は図7に示すように，poly(PHG-co-RGD)（10：1）と poly(PHG) を種々の割合で混合して細胞培養ディッシュにコーティングし，コーティングしたポリペプチド上でラット骨髄間質細胞の神経分化誘導を行った。結果は図8に示すように，Control（細胞培養ディッシュ）や RGD0（poly(PHG)）上では神経分化率（CD56＋）は5％前後であったが，RGD 配列含有ポリペプチド上では神経分化率（CD56＋）が有意に上昇し，RGD75 で最大値を示した。同様の実験を laminin 由来の細胞接着配列 YIGSR を含むポリペプチドについて行った結果とあわせて，神経分化誘導率との関係を図9に示す。YIGSR を含むポリペプチドについても YIGSR75 で最大となる傾向が認められたが，神経分化誘導率の上昇の程度は RGD を含むポリペプチドと比較すると小さく，骨髄間質細胞の神経分化誘導には RGD 配列を含む化学合成コラーゲンが優れていることが示された。

4　三次元足場基材

　再生医療を実際に行う場合には，種々の形態の損傷組織に適合する三次元足場基材が必要である。そこで，化学合成コラーゲンに細胞接着性に加えて温度応答性を付与し，室温では液状で幹

第2章　化学合成コラーゲン

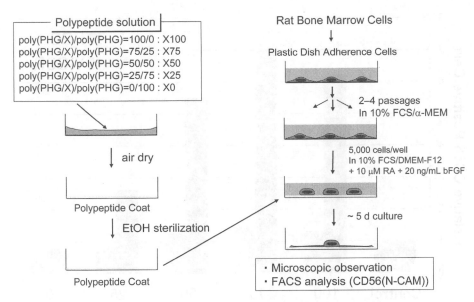

図7　ポリペプチドのコーティングと骨髄間質細胞の神経分化誘導方法

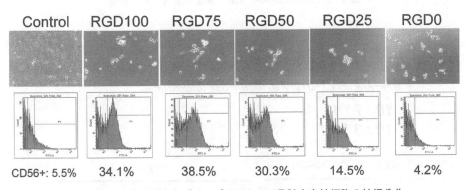

図8　細胞接着配列含有ポリペプチド上での骨髄由来幹細胞の神経分化
5 day, CD56（N-CAM）陽性率

細胞と混合することが可能であるが，組織中では温度変化によりゲル化する機能性の付与を試みた。温度応答性の付与は elastin 由来の Val-Pro-Gly-Val-Gly（VPGVG）配列のペンタペプチドを共重合することにより行った[8]。

図10に示すように PHG と VPGVG，側鎖官能基を保護した GRGDSG を種々の比率で重合した後，TFA で脱保護することにより目的とするポリペプチドを得た。得られたポリペプチドは両者とも10万以上の分子量の位置に溶出し，三重らせん構造を含むことがわかった（図11）。

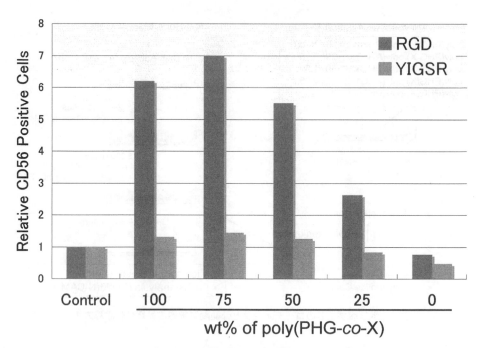

図9 神経分化誘導率と細胞接着配列含有率との関係

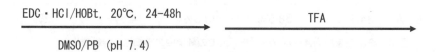

図10 細胞接着性と温度応答性を持つポリペプチドの合成

得られたポリペプチドの 25 mg/mL PBS 溶液での温度応答性挙動を図12に示す。何れの組成の
ポリペプチドも低温側で半透明なゲル状，温度の上昇とともに溶液状態を経て，高温側で白濁
した弱いゲル状となった。これらの変化は可逆性があった。低温側では PHG 配列部分が水素結
合で架橋し，高温側では VPGVG 部分が疎水結合で架橋してゲル化したと考えられる。得られ

第2章 化学合成コラーゲン

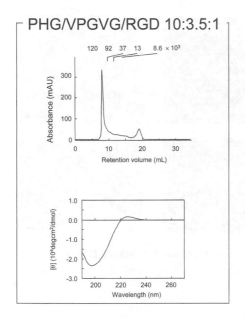
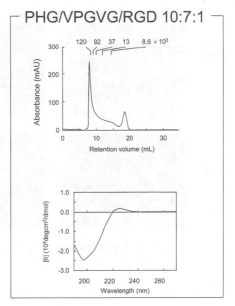

図11 細胞接着配列と温度応答性配列を有するポリペプチドのGPCとCD

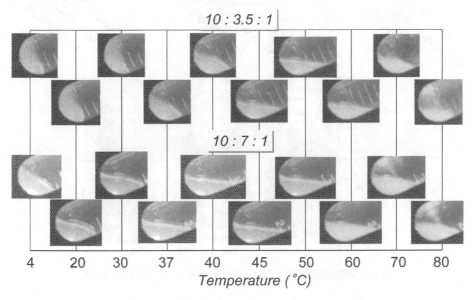

図12 Poly(PHG-*co*-VPGVG-*co*-RGD)の温度応答性(25 mg/mL)

た三次元ゲル中での骨髄由来幹細胞の神経分化誘導について検討した。図13に示すように，骨髄間質細胞はゲル中で球状塊を形成した。神経分化誘導率を評価するために，神経幹細胞のマ

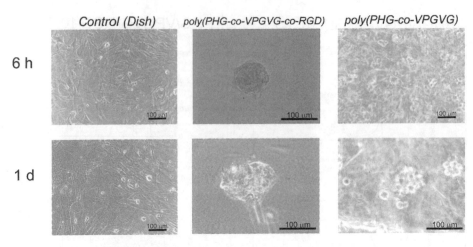

図13 骨髄由来幹細胞のポリペプチド三次元ゲル中での神経分化誘導
10% FCS/D-MEM/F12 + 10 μM RA + 20 ng/ml bFGF

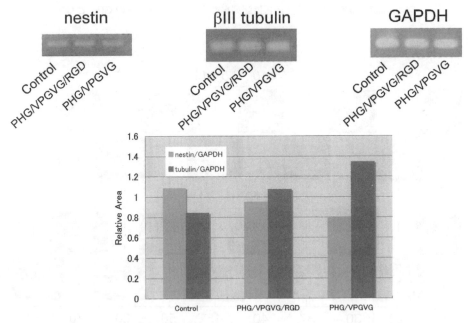

図14 骨髄幹細胞の神経分化に対する効果—RT-PCR of mRNA

ーカーである nestin と神経細胞のマーカーである βIII tubulin の RT-PCR を行った。図14に示すように，三次元ゲル中で培養した骨髄間質細胞は Control（細胞培養ディッシュ）と比較して，成熟した神経細胞のマーカーである βIII tubulin のシグナルが大きく，より神経分化が進ん

第 2 章　化学合成コラーゲン

でいることがわかった。比較として用いた細胞接着配列を含まないポリペプチド poly（PHG-co-VPGVG）は，さらに β III tubulin のシグナルが大きく，神経分化を促進した。この原因は明らかでないが，ポリペプチドの VPGVG 部分の疎水性により，血清中の fibronectin などの接着タンパク質がポリペプチド上に吸着したことなどが原因と考えられる。

5　おわりに

本章では化学合成コラーゲンへの機能性の付与について，細胞接着性と温度応答性を例に取り上げて紹介した。今後，再生医療用分野だけでなく，様々な分野で機能性コラーゲンの必要性が高まってくると考えられる。三重らせん構造の主鎖中にはペプチド鎖以外を導入することは困難であるが，側鎖にはペプチド鎖だけでなくシラノール基を含む化合物や種々の低分子生理活性物質を導入することが可能であり，幅広い機能性を持たせることができる。

文　献

1) A. Okamura, T. Hirai, M. Tanihara, T. Yamaoka. *Polymer,* **43**, 3549-3554（2002）
2) 谷原正夫監修・著，ゲノム情報による医療材料の設計と開発，シーエムシー出版　新材料・新素材シリーズ（2006）
3) T. Kishimoto *et al., Biopolymers,* **79**, 163-172（2005）
4) 谷原正夫，上高原理暢，生体適合性ハイブリッド材料，高分子，**56**(3)，144-149（2007）
5) MD. Pierschbacher, E. Ruoslahti, *Nature,* **309**, 30-33（1984）
6) J. Graf, Y. Iwamoto *et al., Cell,* **48**, 989-996（1987）
7) BJ. Kim, JH. Seo *et al., Neuroreport,* **13**, 1185-1188（2002）
8) Y. Morihara *et al., J Polym Sci Part A: Polym Chem,* **43**, 6048-6056（2005）

第4編　応用と展望

第1章 機能性食品とコラーゲン

山本恵一*

1 はじめに

　近年，市場においては「コラーゲン」入りを謳った飲料やデザートが数多く見受けられ，特に美容に関する分野での人気が高い。この理由としては，「コラーゲン」が化粧品に配合され，そのわかりやすいイメージや体感効果によって市場で広く認知されていたためであると考えられる。いわゆる健康食品素材としての「コラーゲン」もこの化粧品におけるイメージそのままに，食べることでコラーゲンそのものが体内に補給され，美容や健康に貢献するという誤った認識を持たれている場合も多い。

　いわばイメージ先行で形成されたと言える「コラーゲン」食品市場ではあるが，摂取による肌や関節に対する効果を実感しやすいことや，さらには多くの研究により，食品として体の中に取り込まれた特異的なコラーゲンペプチドの構造と，これが機能を発揮するメカニズムが明らかになってくるにつれ，いわゆる健康食品用途の「コラーゲン」素材の販売数量は年々飛躍的な伸びを示している（図1）。

　このように「コラーゲン」は機能性食品素材として大きな可能性を秘めた食品として注目を浴びている。本章においては，これら「コラーゲン」素材の食品としての機能性について紹介する。

2 機能性食品としての「コラーゲン」

2.1 食品分野における「コラーゲン」

　機能性食品素材としての「コラーゲン」を語る上では，まずその用語について明確にしておく必要がある。市場においては多くの場合，化粧品に使用されているものも，いわゆる健康食品に使用されているものも総じて「コラーゲン」として表現されることが多いが，本来これらは物質としては異なるものであり，明確に区別されるべきものである。

　元来コラーゲンは，水に難溶性の繊維状のタンパク質として動物の皮や骨などの中に存在している。このコラーゲンを水の中で長時間加熱すると熱による変性を起こし，液中に溶け出してく

---

* Keiichi Yamamoto　新田ゼラチン㈱　営業本部　開発部　チームリーダー

コラーゲンの製造と応用展開

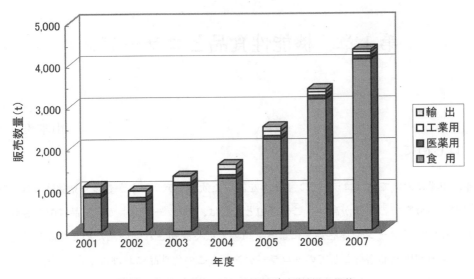

図1　コラーゲンペプチドの用途別販売量の推移
（日本ゼラチン工業組合調べ）

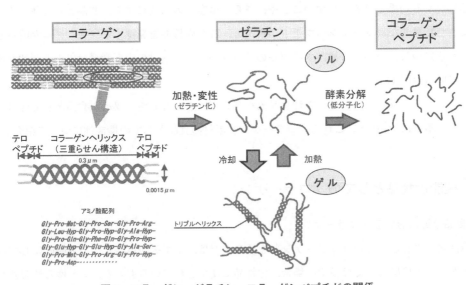

図2　コラーゲン，ゼラチン，コラーゲンペプチドの関係

る。この変性したコラーゲンが「ゼラチン」と呼ばれるものである（図2）。

　ゼラチンの溶液は，加熱された状態では液体（ゾル状態）であるが，冷却するとゼラチン分子の一部が元のコラーゲンの状態に戻ろうとすることによりゼリー状に固まる（ゲル状態）。加熱

第1章 機能性食品とコラーゲン

と冷却によりゾル-ゲル変化を可逆的に繰り返すという物理的性質がゼラチンの最大の特徴であり，ゼラチンのこの性質は様々な食品やデザートを固めるのに利用されている。

では，いわゆる健康食品に添加されている「コラーゲン」とはどのようなものだろうか。

前述のように，ゼラチンはコラーゲンが熱により物理的に変性したものであり，アミノ酸組成などは元のコラーゲンとほぼ同一である。人間の身体がコラーゲンのような高分子のタンパク質をそのまま吸収し利用することはできず，体内である程度まで分解してから吸収することを考えると，ゼラチンを食することはすなわち，コラーゲン質を摂取することと同じであると言えるであろう。しかしながらこのゼラチンを，「コラーゲン」摂取を目的として食品に添加しようとすると，ゼラチン特有のゲル化する性質により多量に添加することができない。一般的な健康食品においては，有効な成分を効率的に摂取できるように，より高濃度で配合しようとする傾向にあり，したがってゼラチンはこの目的にはあまり適さない。

そこで健康食品には，ゼラチンをさらに加水分解し，ゲル化しないレベルまで低分子化した「低分子ゼラチン」とでも言うべきものが使用されていることが多い。これが，いわゆる健康食品における「コラーゲン」の正体である。

先に述べたゼラチンの場合と同様，この低分子ゼラチンも「コラーゲン質」であることには間違いはないが，物質としての「コラーゲン」，「ゼラチン」と区別するため，以後本章においてはこの低分子ゼラチンを「コラーゲンペプチド」と呼ぶこととする。

なお，このようなコラーゲンペプチドの品質や名称については何ら法的な規制があるわけではないが，日本ゼラチン工業組合より品質の自主規格が示されており，また名称についても混乱を避け，不適切な表現を防止する趣旨により，「コラーゲンペプチド」の他に，「ゼラチンペプチド」，「ゼラチン加水分解物」，「ゼラチン分解物」，「コラーゲン加水分解物」，「コラーゲン分解物」，「低分子ゼラチン」，「水溶性ゼラチン」などの表示例が推奨されている（表1）。

2.2 コラーゲンペプチドの食品としての安全性

古来から人間は食糧として肉や魚を摂ってきた。肉や魚にはコラーゲンが含まれていることから，コラーゲンを食品として食べていることとなる。また近代になって，コラーゲンの変性物であるゼラチンが工業的に生産されるようになると，そのゼラチンのゲル性，増粘性，結着性，保水性などに着目し，料理やお菓子，加工食品の材料として積極的に利用してきた。このように，コラーゲンやゼラチンを食品として摂取することは特に珍しいことや特殊なことではなく，人々が食習慣の中で普通に行ってきたことであると言える。

コラーゲンおよびその変性物であるゼラチンについては，長い食経験の中でその安全性が認められている食品であるが，昨今のいわゆる健康食品ブームにおいて機能性素材としてのコラーゲ

コラーゲンの製造と応用展開

表1　コラーゲンペプチドの自主規格
(日本ゼラチン工業組合)

食用・コラーゲンペプチド規格　　　　　　　　　　　　　　　2007年6月29日

本規格書のコラーゲンペプチドとは，動物由来のコラーゲンたんぱく加水分解物である。	
1. 区分 　食品	2. 表示 　コラーゲンペプチドを使用した食品に原料として表示するとき，コラーゲンペプチド，コラーゲン加水分解物，ゼラチン加水分解物等と表示する。アレルギー表示については，ユーザーの判断に委ねるが，ゼラチンと記載する事を推奨する。表示例コラーゲンペプチド（ゼラチン）
3. 原材料及び製造方法 　コラーゲンペプチドを製する目的で使用される原料は，全てゼラチンと同様に食用に供される動物由来のものである。本品は原則としてゼラチンの加水分解により製造され，ゲル化能は有していない。	
4. 性状 　白色～淡黄褐色の粉末品等，もしくは淡黄色～濃褐色の液状品	

5. 品質規格（粉末品）

試験項目	規格値	試験方法
純度試験		
1. 重金属	20ppm 以下	第7版 食品添加物公定書 一般試験法
2. ヒ素	1ppm 以下	第7版 食品添加物公定書 一般試験法
3. 乾燥減量	10%以下	第7版 食品添加物公定書
4. 強熱残分	3%以下	第7版 食品添加物公定書
5. 水銀	0.1ppm 以下	食品衛生検査指針（2005）
6. 亜硫酸含量（SO2）	50ppm 以下	第7版 食品添加物公定書 一般試験法
定量試験		
7. 窒素含量	16%以上	第7版 食品添加物公定書 一般試験法
微生物実験		
8. 一般生菌数	1000個/g 以下	食品衛生検査指針（2005）
9. 大腸菌群	陰性	食品衛生検査指針（2005）

・液状品の場合，乾燥品ベースとして上記の規格を適用する。

6. 試験法規格：コラーゲンペプチドの品質を試験する方法として下記を規定する。
　① 「におい」の試験法として，日本薬局方の通則に記載されている方法がある。
　② 「pH値」の試験法として，JISK6503（2001）"にかわ及びゼラチン"に記載されている方法がある。
　③ コラーゲンペプチドの平均分子量は，「重量平均分子量値」で示すものとし，試験法として，写真用のゼラチン試験法（PAGI法）第10版に記載されている方法がある。
　④ 「粘度（動粘度）」の試験法として第7版 食品添加物公定書 一般試験法に記載されている方法がある。
　⑤ 「透過率」の試験法として，JISK6503（2001）"にかわ及びゼラチン"に記載されている方法がある。
　⑥ たんぱく質由来のペプチドの確認試験として，ビウレット法が使用できる（試験法は医薬部外品原料規格，加水分解コラーゲン末（2006）参照）。
　⑦ コラーゲンたんぱく質の確認法として，コラーゲンに特異的なアミノ酸であるヒドロキシプロリンを分析する方法がある（アミノ酸分析法他）。

7. 関係法規・規格
　● 食品衛生法等に適合する
　● 医薬部外品原料規格（2006）加水分解コラーゲン末，加水分解ゼラチン末，加水分解コラーゲン液
　● 参考規格
　　㈶日本健康・栄養食品協会「たんぱく質酵素分解物食品」（平成6年7月1日公示）に規定された「たんぱく質酵素分解物」

第 1 章　機能性食品とコラーゲン

表 2　コラーゲンペプチドの 28 日間反復投与毒性試験

	対照群	×1 群	×10 群	×100 群
体重0week(g)	176.5 ± 2.6	177.5 ± 3.1	176.7 ± 2.1	176.2 ± 1.9
体重4week(g)	250.2 ± 4.6	242.7 ± 3.7	245.2 ± 2.8	241.2 ± 3.8
飼料摂取量(g)	441.2 ± 22.2	448.7 ± 20.7	459.9 ± 20	472.0 ± 13
肝臓(g)	6.52 ± 0.12	6.71 ± 0.12	6.41 ± 0.14	6.85 ± 0.13
腎臓(g)	1.68 ± 0.03	1.65 ± 0.02	1.63 ± 0.03	1.92 ± 0.02 *
脾臓(g)	0.48 ± 0.01	0.5 ± 0.01	0.45 ± 0.01	0.47 ± 0.01
GOT(U/L)	48.0 ± 11.8	38.5 ± 5.5	40.1 ± 7.57	57.3 ± 11.7
GPT(U/L)	5.67 ± 2.42	7.14 ± 4.56	7.14 ± 1.46	7.28 ± 1.79
TC(mg/dL)	66.6 ± 1.9	64.8 ± 2.8	63.9 ± 1.9	68.8 ± 3.1
TG(mg/dL)	100.4 ± 10.8	63.7 ± 3.4 *	74.2 ± 7.5 *	62.0 ± 7.6 *

TC：総コレステロール，TG：トリグリセリド　*対照群に対し有意，$p < 0.05$

ンペプチドが着目されている中，改めてその安全性を確認する試験がなされている。

　石見らのグループはラットを用いたコラーゲンペプチドの 28 日間反復投与毒性試験を行った。その結果，コラーゲンペプチドを摂取することによる生体への影響は認められないとの結果が得られた（表 2）。唯一，コラーゲンペプチドを 100 倍摂取した群において腎臓重量が対照群に対して有意に増加する傾向がみられたが，これは高タンパク食飼育において一般的に認められる傾向であることからコラーゲンペプチドの特異的作用ではないとされている[1, 2]。

2.3　コラーゲンペプチドの食品機能

　食品には，その本来の目的である栄養を補給するための機能（一次機能）の他に，味や香り・食感などの感覚的な機能（二次機能），そして摂取することにより体調機能の調節や生命維持・健康増進などに働く，いわゆる高次の生命活動に対する調節機能（三次機能）があると言われている。

　コラーゲンペプチドの親物質であるゼラチンの栄養機能については，19 世紀以降の学会における議論の中では，その特殊なアミノ酸組成からタンパク栄養源としての有効性が否定され続けてきた背景がある。

　また風味に関して言うと，コラーゲンペプチドは飲料の形で摂取されるケースが多いため，臭

いや味が少なくて無味無臭に近いものが好まれることから，現在主流である豚皮を原料としたコラーゲンペプチドに加えて，高価ではあるがより風味が良く，多量に摂取することができる魚由来のコラーゲンペプチドの需要が増えてきている。

コラーゲンペプチドの生体調節機能については，現象面では様々な知見が得られているものの，その作用メカニズムの解明に関してはまだまだこれからの研究に期待されるところである。

コラーゲンペプチドを食品として摂取する場合には，この中の特に一次機能と三次機能について期待されているものであると考えられる。

以下に，これらコラーゲンペプチドの食品機能について行われた研究の一部を紹介していく。

3　栄養素としてのコラーゲンペプチド

コラーゲンは哺乳動物の体内にあるタンパク質中の約30％を占める，最も多く存在するタンパク質である。またコラーゲンの分解物であるゼラチン，コラーゲンペプチドは，不純物をほとんど含まない非常に良質なタンパク質である。しかしながら，食品としてのゼラチンやコラーゲンペプチドは，栄養学的にはあまり価値のないタンパク質であるとして扱われている。この理由は，コラーゲンの持つ特異なアミノ酸組成に起因している。

コラーゲンに含まれるアミノ酸の約3分の1はグリシンであり，これにプロリンとヒドロキシプロリンを加えると全体の2分の1を越える。しかし逆にシスチンや必須アミノ酸であるトリプトファンは全く含まれていない。この様にコラーゲンのアミノ酸組成は非常に偏っており，また必須アミノ酸を欠くことからアミノ酸価はゼロである。

栄養学的な価値がほとんど認められていなかったゼラチンやコラーゲンペプチドではあるが，他のタンパク質との組み合わせにより一定の栄養学的有効性が認められるとの知見も得られている。

ラットを用いた実験において，実験食としてタンパク源をカゼインのみ対照群（C），コラーゲンペプチドのみ（L），ゼラチンのみ（G），カゼインの半量をコラーゲンペプチドまたはゼラチンと置き換えたもの（LCおよびGC）を用意し（いずれもタンパクレベルは10％），4週齢時の1週間は無タンパク食（NPD），5週齢時は10％タンパクレベルの実験食，6週齢時に再びNPD食，7週齢時にもう一度10％タンパク食を与えた時のラットの体重変化等を測定した[3]。それによると，良質なタンパク質であるカゼインのみを与えた対照群には及ばないものの，LC群，GC群ともに体重の増加が確認された。

この他にも，米や小麦にゼラチンを添加することにより，栄養補足・改善効果が得られるといった報告も数多くみられる[4～6]。

第1章 機能性食品とコラーゲン

　そもそも機能性食品やいわゆる健康食品とは，それのみを摂取して栄養を充足させることを目的とする食品ではなく，通常の栄養バランスのとれた食事にプラスして「体にいいもの」を摂ることで，より健康な体をつくるためのものであることを考えると，他のタンパク質との組み合わせで栄養機能が改善できるということは，改めてコラーゲンペプチドが栄養補給素材の一つとして見直されるきっかけになることが期待される。

　また医療食分野において，コラーゲンペプチドは高タンパク栄養食の主要タンパク源として使用されている乳タンパク等に比べると，低粘度で使いやすいことなどから，有用なタンパク源の一つとして注目を集めている。

4　コラーゲンペプチドの機能性研究

　機能性素材としてのコラーゲンペプチドに対して，最も期待されている効果が美容効果・アンチエイジング効果であろう。実際に，直接的な効果・効能は謳えないものの，コラーゲンペプチドを配合することで肌や関節への効果を想起させるような食品が数多くみられる。

　人の体には加齢とともに様々な変調が現れてくる。皮膚は弾力を失い，皺やたるみが目立つようになる。血管壁が硬くなることにより，高血圧や動脈硬化の原因となる。骨の内部がスカスカになり，ひどい場合には骨粗鬆症に至る。また，関節は動きにくくなり骨関節炎を起こしやすくなる。これらの症状には，体内のコラーゲンの質的・量的な変化が大きく関わっていることが指摘されている[7]。

　では，コラーゲンペプチドを経口摂取することで，これらの改善や予防に効果があるのであろうか。

4.1　コラーゲンペプチドの皮膚への影響

　角田らは，健常な成人女性39名を対象とし，コラーゲンペプチド10gを経口摂取した場合の皮膚角層に対する影響を二重盲検法にて調べたところ，コラーゲンペプチドを経口摂取することにより，皮膚角層の吸水能を増加させる可能性が示唆されたと報告している[8]。

　また上野らが，20～49歳の健常女性44名を対象に，100mlのコラーゲンペプチド含有飲料（コラーゲンペプチド4,000mg，ヒアルロン酸5.6mg，ビタミンC100mg）を1日1本摂取した場合の肌の改善効果を二重盲検法にて調べたところ，8週間の摂取により皮膚の粘弾性が有意に改善された。このことは，経口摂取したコラーゲンペプチドが肌の内部の真皮に影響し，その構造の改善に寄与していることを示唆している[9]。

　さらに松本らは，25名の通常，乾燥および荒れた皮膚が認められる女性を被験者とし，冬期

にコラーゲンペプチド混合物7g/日（7gサンプル中，コラーゲンペプチド5g，グルコサミン60mg，ビタミンC 50mgを配合）を1日1回6週間摂食し，摂食前後での皮膚弾性向上効果，皮膚柔軟性向上効果，含水／保湿効果および皮脂含量を評価した[10]。その結果，皮膚弾性向上効果は統計的に有意差があり，皮膚含水量の向上との関連が示唆された。また皮膚柔軟性向上効果も有意であり，これは表皮（すなわち皮膚線維芽細胞）の形成に関連があることを示唆している。なお，被験者の皮膚診断結果も添付されているが，オープン試験であるためプラセボ効果を考慮する必要がある。

動物を用いた実験においては，さらに詳細な検討がなされている。

浅野らは，紫外線による傷害に対する効果をみるため，6週齢のAlbinoSkh: hairless-1雄性マウスにコラーゲンペプチド含有飲料0.05ml（コラーゲンペプチド5mg含有）を14週間連日経口投与し，投与開始から10週間にわたって週3回，1回20分間の紫外線照射を行い，その時の皮膚コラーゲン量を，可溶性画分中のヒドロキシプロリン量により測定した[11]。その結果，紫外線照射マウスの皮膚ヒドロキシプロリン量は，照射していない無処置対照群に比べて顕著に減少したが，コラーゲンペプチド含有飲料を投与することによりその減少が抑制され，また紫外線照射終了4週間後には，無処置対照群とほぼ同レベルにまで回復した。

また大原らは，ヘアレスマウスに紫外線（UVB）照射した光老化モデルを用いて，コラーゲンペプチド経口投与の生理機能を，皮膚バリア機能に関して評価した[12]。その結果コラーゲンペプチド群と対照群を比較することにより，次の2点が明白になった。①コラーゲンペプチド群での角質層水分量は紫外線照射後1, 2, 3, 4日目に有意に高く，②コラーゲンペプチド群での経表皮水分蒸散量（TEWL）は照射後2日目に有意に低かった。この結果はコラーゲンペプチドが紫外線照射による角質水分量およびTEWLの悪化を抑制することを示唆していた。

さらに浅野らは，低栄養下における新陳代謝低下に対する効果についても確認しており，タンパク質含量を普通食の約50％に減じた飼料にて4週間飼育した疑似老化モデルラットにコラーゲンペプチド含有飲料0.2ml（コラーゲンペプチド20mg含有）を連日経口投与し，4週間後に背部皮膚に蛍光色素のダンシルクロライドを塗布し，角質層を標識して，その蛍光が消失するまでの日数を観察した[11]。その結果，コラーゲンペプチド含有飲料を投与することにより対照群に比べてダンシルクロライドの消失日数が短くなることが分かった。消失日数が短いほど新陳代謝速度が速いと考えられることから，コラーゲンペプチドの投与により，皮膚の新陳代謝の促進または低下の抑制が起こることが明らかとなった。

日本大学薬学部は，コラーゲンペプチド摂取による体内のコラーゲン合成促進効果を，疑似老化モデルラットを用いて確認した。7週齢の雄ラットを低タンパク食（6％タンパク）で3週間飼育し，コラーゲン合成能を老化動物並み（40％）に低下させた疑似老化ラットに，コラーゲン

第1章　機能性食品とコラーゲン

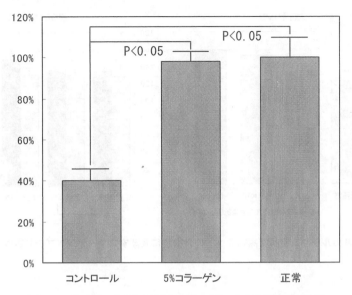

図3　コラーゲン合成に及ぼすコラーゲンペプチド摂取の効果

ペプチド配合食(6%タンパク＋5%コラーゲンペプチド)を1週間与え，ホルマリン濾紙法(FFP)における肉芽形成能を，コントロール群（11%タンパク食給餌）と比較した。その結果，コントロール群のコラーゲン合成能は，正常ラットの40%のままであったが，コラーゲンペプチド摂取群は98%まで回復した（図3）。

これらの結果は，コラーゲンペプチドを経口摂取することにより，皮膚の老化の原因であるとされる紫外線照射などの外的要因による不溶化コラーゲンの増加や，新陳代謝の低下を抑制し，コラーゲン合成能力を促進させ，その結果として肌などの老化を防止する効果があることを期待させるものである。

4.2　コラーゲンペプチドの骨への影響

骨においては，破骨細胞による骨吸収と骨芽細胞による骨形成の両方が行われており，通常では両者の量的な均衡が保たれている。しかしながら，特に閉経後の女性においては女性ホルモン（エストロゲン）の分泌低下に伴い骨吸収量が骨形成量を上回ってしまう現象がみられる。このようなアンバランスな状態が長く続くことにより骨量が減少し，やがては骨粗鬆症を発症することになる。

これら骨量の低下や骨粗鬆症に対するコラーゲンペプチド摂取の影響については，ラットを用いた実験結果が数多く報告されている。

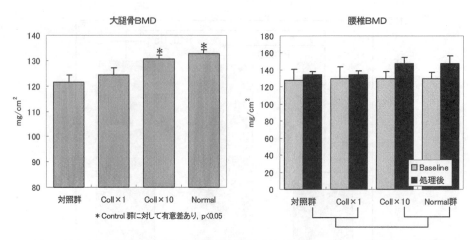

図4 低カルシウム食飼育高齢ラットの骨密度に及ぼすコラーゲンペプチド摂取の影響

　石見らのグループは，低カルシウム食で飼育した高齢ラットを用いてコラーゲンペプチドをそれぞれ0g（対照群），2g（×1群），20g/kg飼料（×10群）の用量で添加した低カルシウム食（0.2％Ca），あるいはコラーゲンペプチド無添加正常カルシウム食（0.5％Ca）（Normal群）で8週間飼育後の腰椎，脛骨大腿骨骨密度をDXA法により測定した[1,2]。その結果，×10群では大腿骨骨密度が対照群に比べ，また腰椎骨密度がコラーゲン摂取前および対照群に比べて有意に増加した。この増加はNormal群と同等であり，コラーゲンペプチドの摂取により骨形成が亢進した可能性が示唆された（図4）。

　また田中らは，卵巣摘出により閉経期の状態を再現したラットを用いて，骨強度に対するゼラチンまたはコラーゲンペプチドの摂取効果を調べている[13]。6週齢のWistar系雌性ラットを1週間20％カゼイン食で飼育後，卵巣摘出を行うOVX群と偽手術を行うSham群に分けて施術し，15％カゼイン食で10日間の回復期を経た後に実験食に切り替え，12週間飼育した。実験食は15％カゼイン食を基本とし，そのうち5％をゼラチンまたはコラーゲンペプチドに置き換え，カルシウム量は0.2％とした。Sham群は15％カゼイン，OVX群では15％カゼイン（Casein），10％カゼイン＋5％ゼラチン（Gel），10％カゼイン＋5％魚由来コラーゲンペプチド（IXOS），10％カゼイン＋5％豚皮由来コラーゲンペプチド（SCP）の4群とし，12週飼育後に解剖して大腿骨の破断強度を最大曲げ荷重量と破断エネルギー量について測定した。その結果，体重100g当たりの最大曲げ荷重量はSham群と比較してOVX群で低い傾向を示したが，OVX群の食餌群間の比較ではカゼイン食群よりもゼラチン，コラーゲンペプチド食群で高い傾向を示した。特にIXOS群における最大曲げ荷重量はカゼイン食群に比べて有意に増強されており，魚コラーゲンペプチドの摂取により骨破断強度を12％，骨破断エネルギーを24％増強する効果が認められた

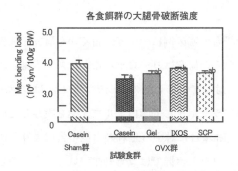
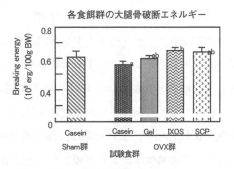

図5 ラット大腿骨に及ぼすゼラチン，コラーゲンペプチド摂取の効果

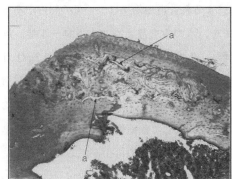
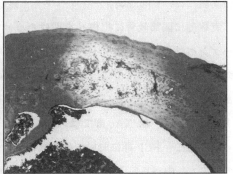

写真1　左図：対照群（a：空洞形成），右図：LCP投与群

（図5）。

　山岸らは，Caの代謝の異常により骨粗鬆症の症状を呈する高血圧自然発症ラット（SHR）にコラーゲンペプチド（発酵コラーゲンペプチドLCP）を経口投与する実験を行った[14]。実験には4週齢のSHRを使用し，1週間の予備飼育の後にコラーゲンペプチドを36週間投与した。その結果，大腿骨横断面の顕微鏡写真において，対照群には緻密骨に小孔や亀裂等が認められたが，コラーゲンペプチド投与群においては小孔の出現は大幅に抑えられ，少数認められるかあるいは全く認められない状態となっていることが確認された（写真1）。

　古くからゼラチンは，カルシウムの吸収を促進するアミノ酸であるグリシン，アルギニン，リジンを多く含むことから，骨の形成に良い効果があるのではないかと言われてきたが，これらの研究結果はコラーゲンペプチドの摂取が，骨粗鬆症の予防や治療に役立つ可能性を示唆するものである。

4.3 コラーゲンペプチドの関節への影響

ゼラチンやコラーゲンペプチドを経口摂取した場合の臨床例について，古くから研究・報告されているのが関節炎などに対する影響である。これらの研究はヨーロッパなどで多く実施されており，例えばチェコの Adam らは，52名の患者に対して1日10gのゼラチンもしくはコラーゲンペプチドを2ヵ月間投与し，二重盲検法によりプラセボとして卵白アルブミンを投与した群との効果を比較した[15]。改善効果は，関節炎の症状13項目に対する患者の自己申告により，治療前後のスコアの減少率により評価した。その結果，プラセボ群では改善効果が低く，多くの患者が症状悪化の傾向を示したのに対し，コラーゲンペプチドを摂取した患者の約半数が，関節炎症状のスコアが50％以上軽減されたと評価している。

動物実験においては，コラーゲンペプチド摂取による軟骨再生効果についての報告がある。南らは，実験的に関節軟骨に損傷孔を開けたウサギを，水のみを与えたコントロール群，魚由来コラーゲンペプチドを1.2g/1日与えた群（FCO群），魚由来コラーゲンペプチド1.2g/1日とN-アセチル-D-グルコサミンを1.0g/1日与えた群（FCP-GlcNAc群）とに分けて2週間飼育し，損傷部位に対する肉眼および組織学的な評価を行っている[16]。この実験によると，肉眼的にはFCP群およびFCP-GlcNAc群では，コントロール群と比較して治癒促進効果が認められている。また組織学的にもFCP群においては多数の軟骨芽細胞による軟骨の再生が認められた。

その他にも，中谷らによる *in vitro*, *in vivo* の両方の実験において，コラーゲンペプチドの摂取が関節軟骨の変性および石灰化を抑制し，関節軟骨の維持に有用であることを示す結果も報告されている[17〜19]。

4.4 コラーゲンペプチドの生体調節機能

4.4.1 血圧上昇抑制作用

1979年に北里大学の大島らにより，ゼラチン由来のペプチドに血圧上昇抑制機能があることが報告されている[20]。コラーゲンペプチドの摂取によっても血圧上昇が抑制されるという結果が，梶原らによる高血圧自然発症ラット（SHR）を用いた実験により得られている[21]。7週齢より血圧測定を開始したSHRに，12週齢までは通常食を与え，13週齢より水分として3.75％加水分解ゼラチン溶液またはコラーゲンペプチド（発酵コラーゲンペプチドLCP）を与えて飼育し，血圧の変化を測定した。その結果，加水分解ゼラチン投与群，コラーゲンペプチド投与群ともに血圧上昇抑制作用がみられ，特にLCPを与えた群の効果が顕著であった（図6）。

4.4.2 消化管粘膜保護作用

コラーゲンの変性物であるゼラチンは，漢方では阿膠（あきょう）と呼ばれており，止血作用や血行促進作用があると言われている。ゼラチンの加水分解物であるコラーゲンペプチドについ

第1章　機能性食品とコラーゲン

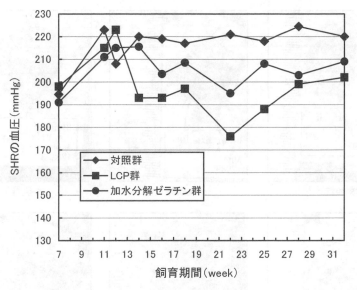

図6　SHRの血圧に及ぼすコラーゲンペプチドの影響

ても同様の抗潰瘍性作用が認められている。

　梶原らは，実験胃潰瘍ラットに対してコラーゲンペプチド溶液を胃潰瘍発生直前または直後に与えて，胃粘膜表面の出血状況を観察した[22]。実験には3週齢のラットを用い，2週間予備飼育して24時間絶食させた後にアスピリンの強制投与により胃潰瘍を発生させた。コラーゲンペプチドは3.75％溶液を経口投与した。その結果，特に潰瘍発生前のコラーゲンペプチド投与群に顕著な胃粘膜保護作用が認められた。この効果は，一般的に潰瘍に対する保護作用があると言われている牛乳を与えた群と比しても高いものであった（写真2）。

5　コラーゲンペプチドの体内への吸収

　これまで食物として経口摂取されたタンパク質は，各消化器官を経てアミノ酸にまで分解された後に腸管から吸収され，体内におけるタンパク質の合成などに利用されていると考えられてきたが，研究が進むにつれて，アミノ酸が2つ（ジペプチド），3つ（トリペプチド），あるいはもっと多く結合した形（オリゴペプチド）で吸収され得ることが分かってきた。そして，これらのペプチドが体内において生理活性作用を持つことも示唆されてきた。

　ゼラチンやコラーゲンペプチドに関してこれまでに行われた数多くの実験からも，体内の各器官に対してコラーゲンペプチドが様々な作用を及ぼしているという現象が確認されている。これ

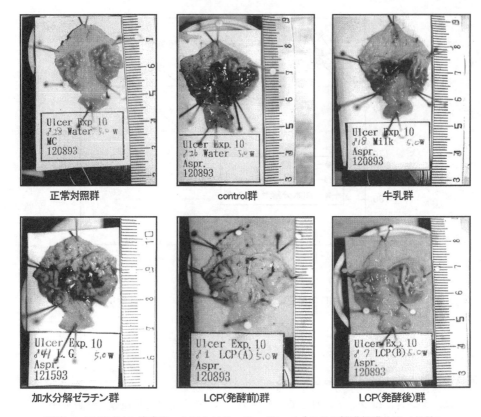

写真2 アスピリン潰瘍ラットにおけるコラーゲンペプチドの粘膜保護作用＜予防＞

は経口摂取により体内に吸収されたコラーゲンペプチドが生理活性ペプチドとして機能している可能性を示唆している。これらコラーゲンペプチド由来の生理活性ペプチドや，その作用メカニズムを解明するに当たっては，まずコラーゲンペプチドがどのような形で体内に吸収されているのかが明らかにされる必要がある。

5.1 コラーゲンペプチドの吸収形態

岩井らは，コラーゲンペプチドを経口摂取した後の，ヒト静脈血中に存在するコラーゲン由来ペプチドを同定する試みを行った[23]。12時間絶食後の被験者5人に，豚皮由来のコラーゲンペプチドを9.4g/100ml経口摂取させ，摂取前および摂取から15, 30, 60および180分経過後に静脈血約10mlを採取し，この血液中の遊離ヒドロキシプロリン（Hyp）およびペプチド態Hypの量を測定したところ，血中に吸収されたペプチド態Hypの95％はPro-Hypとして存在していること，およびトリペプチド以上の高分子ペプチドやGlyをN末端に持つペプチドは吸収され

表3 コラーゲンペプチド経口摂取後の血中のペプチド態 Hyp 比率

sequence	ratio
Pro-Hyp	95%
Ile-Hyp	> 1%
Leu-Hyp	> 3%
Phe-Hyp	1%

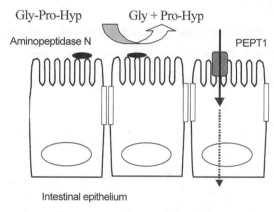

図7 コラーゲンペプチドの腸管吸収メカニズム

ないことが分かった（表3）。

5.2 コラーゲンペプチドの腸管吸収メカニズム

小腸上皮刷子縁膜（BBM）小胞の培養系を用いた模倣試験によって，小腸におけるコラーゲンペプチド吸収のメカニズムの一端が明らかになった。

井上らは，BBM 小胞の培養液中に合成トリペプチド（c）を添加し，小胞内へのペプチドの取り込み量を評価した[24]。その結果，BBM 小胞の頂端上で Gly-Pro-Hyp が，遊離 Gly とジペプチド Pro-Hyp に経時的に分解され，その後 Pro-Hyp が BBM 小胞内に同定された。

このことは，Gly-Pro-Hyp が BBM-結合アミノペプチダーゼ N によって部分的に加水分解されて Gly を遊離し，結果として生じた Pro-Hyp の一部が H^+-共役 PEPT1（ペプチドトランスポーター1）を介して小腸上皮細胞内へ輸送されることを示している（図7）。またさらに，Pro-Hyp が腸粘膜頂端プロテアーゼによる分解に対して極めて抵抗性があることを示唆している。

6 まとめ

ここに紹介した研究は，コラーゲンペプチドについて行われた機能性研究のほんの一部にしか過ぎず，今現在もなお様々な研究が続けられている。しかしながら現象面において，時には医薬品に匹敵するような治癒効果を示している結果が報告されているケースもあり，コラーゲンペプチドの機能性研究については，今後もますます活発になっていくものと期待される。

今後のさらなる研究により，コラーゲンペプチドの生理活性ペプチドとしての作用メカニズムや体内における活性本体などが解明されることにより，より高機能なコラーゲンペプチド製品が開発されていくことであろう。

また，コラーゲンペプチドは単体で摂取される場合もあるが，目的に応じてその他の機能性素材，例えばヒアルロン酸やグルコサミンなどと組み合わされて，サプリメントとして摂取されることが多く，これらの素材との相乗効果などに関する研究も今後進んでいくことと思われる。

文　献

1) 石見佳子ほか, Osteoporosis Japan, **11**(2), p.212-214（2003）
2) J. Wu *et al., J. Bone Miner. Metab.,* **22**, p.547-553（2004）
3) 梶原苗美ほか，神戸女子大学家政学部紀要，**32**, p.41-50（1999）
4) 林寛ほか，栄養と食糧，**16**, p.54-60（1961）
5) 小柳達男ほか，栄養と食糧，**19**, p.256-259（1966）
6) 改訂版にかわとゼラチン，p.326-328（1997）
7) 藤本大三郎，コラーゲンの秘密に迫る，裳華房，p.37（1998）
8) 角田愛美ほか，健康・栄養食品研究，**7**(3), p.45-52（2004）
9) 上野正一ほか, *Pharmacometrics,* **73**(1/2), p.183-190（2007）
10) H. Matsumoto *et.al., ITE Letters on Batteries, New Technologies & Medicine,* **7**(4), p.386-390（2006）
11) 浅野隆司ほか, BIO INDUSTRY, **18**(4), p.11-18（2001）
12) 大原浩樹ほか，医学と薬学，**59**(6), p.969-973（2008）
13) 田中秀幸，新田ゼラチン㈱社内講演会資料（2004）
14) 山岸洋一ほか，第15回日本骨代謝学会抄録号，**15**(2), p.261（1997）
15) M. Adam, *THERAPIEWOCHE,* **38**, p.2456-2461（1991）
16) 南三郎ほか，キチン・キトサン研究，**12**(2), p.184-185（2006）
17) 中谷祥恵ほか，第60回日本栄養・食糧学会大会講演要旨集, p.271（2006）
18) 中谷祥恵ほか，第61回日本栄養・食糧学会大会講演要旨集, p.125（2007）

19) 中谷祥恵ほか，第 25 回日本骨代謝学会学術集会プログラム抄録集，p.278（2007）
20) G. Oshima *et al., Biochem. Biophys. Acta.,* **556**, p128-137（1979）
21) 梶原苗美ほか，第 51 回日本栄養食糧学会大会講演要旨，p.86（1997）
22) 梶原苗美ほか，第 49 回日本栄養食糧学会大会講演要旨，p.136（1995）
23) K. Iwai *et al., J. Agric. Food Chem.,* **53**, p.6531-6536（2005）
24) A. Inoue *et al., J. Pept. Sci.,* **13**, p.468（2007）

第2章　化粧品とコラーゲン

服部俊治*

1　はじめに

　動物，魚などの皮，骨，腱などを煮て抽出されてくる成分，いわゆる煮こごりとなる蛋白質成分を人類は火を使うようになって以来知っており，食品や膠（にかわ）として利用してきた。にかわとは煮皮というその製法を示した単語である。この成分は冷やすとゼリー状になるもので，古来ゼラチンとして知られてきた[1]。ゼラチンは蛋白質の一種であり，煮出す前には動物体内で体を支え，力学的強度を与えているものと考えられていた。煮るとゼラチンになって溶け出してくるが体の中で結合組織を構成して体を支えている何か，つまりゼラチンのもともとの形のものをコラーゲン（Collagen）と称した。膠の意味のKolla（ギリシア語）にその元であるという意味のgenという接尾語を付けた言葉である。コラーゲンは体で最も多く含まれるなじみ深い蛋白質であったが，体を力学的に支えるという役割からも分かるように，強靭で，簡単には溶けてしまわない性質がある。このコラーゲンの性質は皮革として用いることで利用されてきた。皮をなめすことによって，より水に溶けにくく強靭にする方法が開発され皮革産業が起こった。動物の皮をタンニンやクロム処理することでコラーゲン分子の架橋をより強固にすることで皮が革となるわけである。一方これを煮るという工程を経ることなく，体内と同じ状態で溶液化することは難しかった。そこで生化学的な分析を行うにはまずコラーゲンを溶かす方法が発見されなければならなかった。

　なお，植物で同様の役割をする結合組織といえるものはセルロースやリグニンといった炭水化物成分であることは対照的で，動物と植物の違いを体の骨格をコラーゲンで支えるか，セルロースで支えるかで区別することも可能である。

2　コラーゲン可溶化までの歴史

　動物体内でほとんどコラーゲンのみでできている組織として腱がある。腱は糸状の繊維の集まりでできており，引っ張りに非常に強い組織を作っている。溶けていない生体内でのコラーゲン

＊　Shunji Hattori　㈱ニッピ　バイオマトリックス研究所　所長

第 2 章　化粧品とコラーゲン

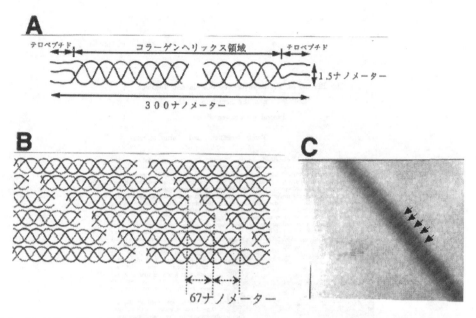

図1　A，コラーゲン1分子の模式図　B，コラーゲンが67ナノメーターずつずれて線維を形成している模式図　C，コラーゲン線維の電子顕微鏡写真，矢印は67ナノメーター単位の周期を示す。

の構造研究はまず1940〜50年代に進んだ。腱の繊維をX線回折，電子顕微鏡によって分析すると，67nm周期の構造が見られ，生体内のコラーゲンは一定の規則正しい構成でパッキングしていることが予想された[2]。67nm周期を持つコラーゲン線維の電子顕微鏡の観察像を図に示す（図1C）。またコラーゲンの蛋白質としての分子構造としては，ペプチド鎖が3本ら旋状により合わさった構造が提出された[3,4]。またコラーゲンはごく少量酸溶液や中性溶液に溶け出すことが知られており，生体中の線維を形成する元の単位としてのコラーゲン分子が想定された[5]。3本鎖のら旋構造を保ったままのいわゆる生のコラーゲンを効率よく可溶化する方法は，まず蛋白質分解酵素を使った方法が西原らによって1960年頃に発明された（図2）[6]。引き続いて1969年酵素を使わずアルカリによる可溶化方法も藤井によって開発された[7]。コラーゲンの効率的な可溶化方法の開発によってコラーゲン分子の生化学，生物学的な研究が可能になったとともに，化粧品，医療への応用も可能となった。

3　化粧品に利用されるまで

コラーゲンの可溶化が可能になった時点でコラーゲンの応用範囲が広がった。コラーゲンは動物間で非常に相同性が高い蛋白質で免疫反応を起こしにくく[8]，さらにもともと生体内に存在す

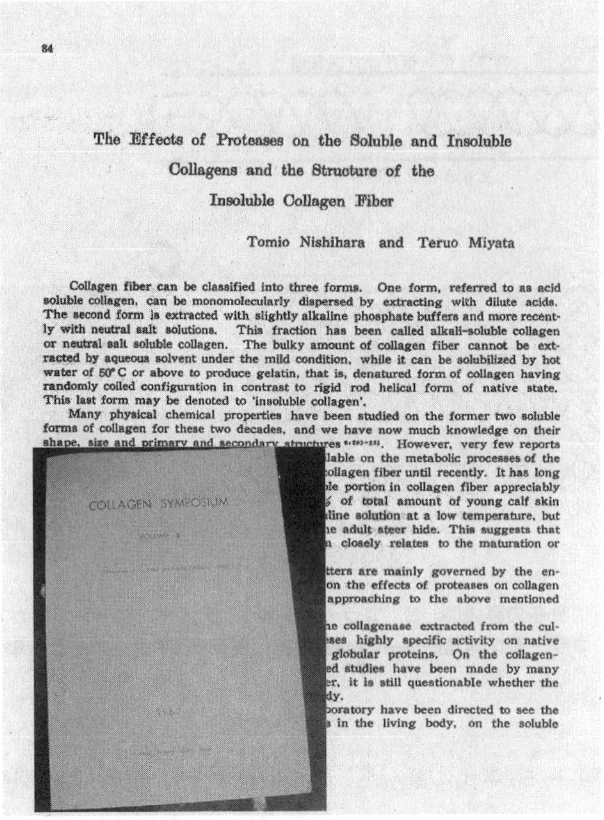

84

The Effects of Proteases on the Soluble and Insoluble Collagens and the Structure of the Insoluble Collagen Fiber

Tomio Nishihara and Teruo Miyata

Collagen fiber can be classified into three forms. One form, referred to as acid soluble collagen, can be monomolecularly dispersed by extracting with dilute acids. The second form is extracted with slightly alkaline phosphate buffers and more recently with neutral salt solutions. This fraction has been called alkali-soluble collagen or neutral salt soluble collagen. The bulky amount of collagen fiber cannot be extracted by aqueous solvent under the mild condition, while it can be solubilized by hot water of 50°C or above to produce gelatin, that is, denatured form of collagen having randomly coiled configuration in contrast to rigid rod helical form of native state. This last form may be denoted to 'insoluble collagen'.

Many physical chemical properties have been studied on the former two soluble forms of collagen for these two decades, and we have now much knowledge on their shape, size and primary and secondary structures. However, very few reports

...lable on the metabolic processes of the
...ollagen fiber until recently. It has long
...le portion in collagen fiber appreciably
...% of total amount of young calf skin
...line solution at a low temperature, but
...e adult steer hide. This suggests that
...n closely relates to the maturation or

...tters are mainly governed by the en-
...on the effects of proteases on collagen
...approaching to the above mentioned

...e collagenase extracted from the cul-
...ses highly specific activity on native
...globular proteins. On the collagen-
...ed studies have been made by many
...er, it is still questionable whether the
...dy.
...oratory have been directed to see the
...s in the living body, on the soluble

図2　コラーゲンの酵素による可溶化法がはじめて報告された論文と雑誌

る生分解性物質であることから様々な利用法が考えられていたが，工業的に均一なものを提供するには可溶化を待たねばならなかった。可溶化によってコラーゲン溶液として均一なコラーゲンを得た後，コラーゲンを糸状，膜状に成形することが可能になる。生体適合性であることを利用して，ニッピではチューブ状に形成したコラーゲン膜の人工透析膜への応用研究が1960年代に行われ，さらに1970年代には創傷被覆材，人工血管，人工角膜，止血剤の研究が行われた。創傷被覆材については明治製菓との共同でメイパックとして販売された[9]。また高研ではアテロコラーゲン医療材料として用いた製品を製造している[10]。コラーゲンを再生医療の臓器の支持対として利用する試みは現在も研究が進められている。コラーゲンはもともと食用のゼラチンとなる成分であることからコラーゲンを筒状に成型したものはソーセージのケーシングとしても工業化されている（図3）。

化粧品としてコラーゲンを導入したのはRevlon社であった。Revlonはニッピ社よりコラーゲ

第2章 化粧品とコラーゲン

図3 ソーセージ用コラーゲンケーシング

ン可溶化基本特許使用許可を 1972 年に得て，コラーゲン入りのクリーム ULTIMA CHR 100 を発売し好評を博したという[9]。日本でも尿素に替わる天然の保湿成分としてコラーゲンは注目され 1980 年には水溶性コラーゲンを配合したコラージュクリームが発売されている。ニッピにおいても 1987 年未変性コラーゲンを配合したスキンケアクリームを発売した。コラーゲンが皮膚から取り込まれてコラーゲンとなるわけではないが，天然で刺激のない保湿成分としてコラーゲンが働くと考えられる。その他コラーゲンの効能についてはまだすべて分かっているわけではないので，可能性を含め後段で考察したい。

4 コラーゲン分子の特徴

先に述べた方法によって可溶化に成功したコラーゲンを用いた研究によって，次に述べるような基本的なコラーゲン構造が明らかになった。コラーゲンには線維性のもの以外にも，基底膜，細胞表面に存在する様々な型のコラーゲンが知られているが[11,12]，ここでは生体中に最も多く存在する線維性I型コラーゲンを中心に記述する。

(1) 結合組織に存在する。ヒトでは全蛋白質の約 1/3 を占め，ほ乳類では最も多く存在する蛋白質である。
(2) コラーゲンが特有の線維構造をとることで，各臓器に適度な強度と柔軟性が与えられている。約 300nm の棒状のコラーゲン分子がその全長の 1/4.4 ずつずれた形で規則正しく並び，

結果的に67nm周期の縞構造が観察される（図1B，C）。

(3) 約10万の分子量のペプチド鎖（約1000残基のアミノ酸からなる）が3本会合してら旋構造をとって分子全体では棒状構造をとっている（図1A）。1本のペプチド鎖を α 鎖と呼ぶ。α 鎖が2本架橋によって結合した分子を β 鎖，3本結合したものを γ 鎖と呼ぶ。コラーゲンの分子量としては α 鎖3本分で約30万となる。ら旋構造をとる部分は蛋白質分解酵素に耐性があり，蛋白質であるのにかかわらず蛋白質分解酵素で分解されないという特殊な性質を持つ。ただしこのら旋構造は一定温度では壊れゼラチンに変化する。

(4) コラーゲン分子は両端にら旋構造をとらない数十残基のアミノ酸からなる配列が存在し，この配列をテロペプチドと呼ぶ。テロペプチドはコラーゲン分子間の架橋に関わるが，蛋白質分解酵素処理によってこの配列は分解される。テロペプチド部分を酵素によって除いたコラーゲンをアテロコラーゲンと称する（図1A）。

(5) コラーゲン中のアミノ酸配列はグリシンが3つおきに現れる（Gly-X-Y）n として表すことができる。X位置にプロリン，Y位置にはハイドロキシプロリンがくることが多い。結果としてアミノ酸の1/3をグリシンが占める。図4にウシ I 型コラーゲンの配列を示す（テロペプチドを除く）。ら旋部分は1014アミノ酸残基配列からなり，例外なく上記の規則が当てはまる。

(6) 他の蛋白質に見られないアミノ酸であるハイドロキシプロリン，ハイドロキシリジンが存在する。ハイドロキシプロリンはコラーゲンの熱安定性に寄与し，ハイドロキシリジンは架橋形成に関わって結果的にコラーゲン線維を丈夫にする働きがある。ほとんどのハイドロキシプロリンは4の位置に水酸基が存在するが非常にまれに3の位置に水酸基が存在するものがある（図5）。3ハイドロキシプロリンは微量ではあるが機能的に重要であることが近年明らかになってきた[13]。

(7) コラーゲンには塩基性アミノ酸含量が多く，蛋白質としては塩基性の性質を示す。他の蛋白質と異なり，蒸留水に溶けにくく，酸性で溶けやすい性質を示す。熱変性したゼラチンは水にもよく溶ける。

5　コラーゲンの精製法

コラーゲンを抽出する場合，材料は主に皮または腱を用いる。コラーゲンは生体中では線維を形成して不溶化しているためその精製には可溶化という作業が必要となる。ゼラチンとしては熱変性による可溶化が可能であるが，3本鎖コラーゲン構造を保ったままのコラーゲン可溶化法としては次の方法が知られている（図6）。

(1) 酸可溶化−酢酸，塩酸等を用いて結合組織からコラーゲンを抽出する。コラーゲン分子間の

第2章 化粧品とコラーゲン

```
   1 GPMGPSGPRG LOGPOGAOGP QGFQGPOGEO GEOGASGPMG PRGPOGPOGK   50
  51 NGDDGEAGKP GROGERGPOG PQGARGLOGT AGLOGMKGHR GFSGLDGAKG  100
 101 DAGPAGPKGE OGSOGENGAO GQMGPRGLOG ERGROGAOGP AGARGNDGAT  150
 151 GAAGPOGPTG PTGPOGFOGA AGAKGEAGPQ GARGSEGPQG VRGEOGPOGP  200
 201 AGAAGPAGNO GADGQOGAKG ANGAOGIAGA OGFOGARGPS GPQGPSGAOG  250
 251 PKGNSGEOGA OGNKGDTGAK GEOGPAGVQG OPGPAGEEGK RGARGEOGPS  300
 301 GLOGPOGERG GOGSRGFOGA DGVAGPKGPA GERGAOGPAG PKGSOGEAGR  350
 351 OGEAGLOGAK GLTGSOGSOG PDGKTGPOGP AGQNGROGPA GPOGARGQAG  400
 401 VMGFOGPKGA AGEOGKAGER GVOGPOGAVG PAGKDGEAGA QGPOGPAGPA  450
 451 GERGEQGPAG SOGFQGLOGP AGPOGEAGKO GEQGVOGDLG AOGPSGARGE  500
 501 RGFOGERGVE GPOGPAGPRG ANGAOGNDGA KGDAGAOGAO GSQGAOGLQG  550
 551 MOGERGAAGL OGPKGDRGDA GPKGADGAPG KDGVRGLTGP IGPOGPAGAO  600
 601 GDKGEAGPSG PAGPTGARGA OGDRGEOGPO GPAGFAGPOG ADGQOGAKGE  650
 651 OGDAGAKGDA GPOGPAGPAG POGPIGNVGA OGPOGARGSA GPOGATGFOG  700
 701 AAGRVGPOGP SGNAGPOGPO GPAGKEGSKG PRGETGPAGR OGEVGPOGPO  750
 751 GPAGEKGAOG ADGPAGAOGT PGPQGIAGQR GVVGLOGQRG ERGFOGLOGP  800
 801 SGEOGKQGPS GASGERGPOG PMGPOGLAGP OGESGREGAO GAEGSOGRDG  850
 851 SOGAKGDRGE TGPAGPOGAO GAOGAOGPVG PAGKSGDRGE TGPAGPIGPV  900
 901 GPAGARGPAG PQGPRGDKGE TGEEGDRGIK GHRGFSGLQG POGPOGSOGE  950
 951 QGGSGASGPA GPRGPOGSAG SOGKDGLNGL OGPIGOOGPR GRTGDAGPAG 1000
1001 POGPOGPOGP OGPO 1014
```

図4　ウシⅠ型コラーゲンα1鎖アミノ酸配列
Oは4ハイドロキシプロリン，太字Kはハイドロキシリジン，また太字Oは3ハイドロキシプロリン（文献52より）。775-776間でコラゲナーゼ切断。下線部はインテグリン結合部位。

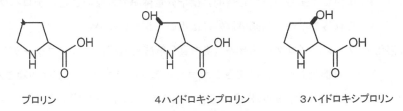

図5　コラーゲンに特徴的なアミノ酸
プロリン，4ハイドロキシプロリン，3ハイドロキシプロリンの化学式。

架橋の少ないコラーゲン，テロペプチドを持った完全な大きさのコラーゲンが抽出できる。抽出率は用いた動物の年齢によって異なる。たとえばウシの場合新生児齢で50％，成牛では10

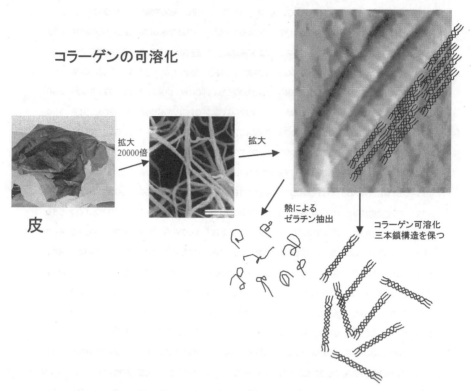

図6 皮，骨などの不溶化したコラーゲン線維より熱によってゼラチンが，熱を加えない方法によってコラーゲンを可溶化する。

％以下である[14]。最も生体内中のコラーゲンに近く，分子量は30万，等電点は9.3付近で塩基性の性質を持つ蛋白質である。ただし量的には十分量供給できないこと，テロペプチドが抗原性が強いと考えられることから，試薬以外には用いられていない。

(2) 酵素可溶化-ペプシン，プロクターゼ等の蛋白質分解酵素処理によってコラーゲンの架橋を切断しコラーゲンを可溶化させる。抽出されたコラーゲンのテロペプチドは切除されている。抽出率はウシ新生児皮の場合，90％程度，老化したウシでは40％程度である[14,15]。分子量，等電点は酸可溶性コラーゲンとほぼ同じである。

(3) アルカリ可溶化-水酸化ナトリウムなどのアルカリ処理によってコラーゲンの架橋を切断する。ウシの皮を用いた場合，抽出率はほぼ100％である。アルカリ処理によってコラーゲンの等電点は酸性となり，線維化能を失うため，中性で透明な溶液となり化粧品として利用価値が高い。細胞の接着活性も残している[16]。またアルカリ処理はプリオンの感染性を消滅させる処理としても有効である[17]。

第2章　化粧品とコラーゲン

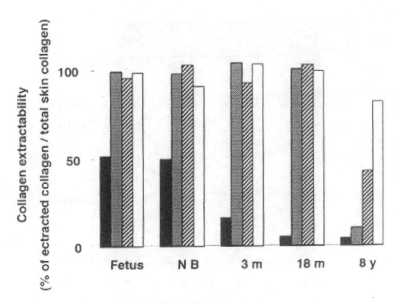

図7　年齢の異なるウシ皮膚からのコラーゲンの抽出率
Fetus（胎児），NB（新生児），3m（3か月齢），18m（18か月齢），8y（8歳齢）。それぞれの年齢の上のカラムは左から酢酸，ペプシン消化，プロクターゼ消化，アルカリ処理によって可溶化されたコラーゲンの比率を示す（文献14より）。

　各方法によって可溶化されるコラーゲン量の比較を図7に示す。
　また図7より，コラーゲンの抽出効率はその由来動物の年齢に反比例することが分かる。皮膚の老化とコラーゲンの抽出率の関係は，肌を若く保つという点において何らかの示唆を与えるものと思われる。
　ほ乳類，鳥類，両生類皮膚組織からのコラーゲンの抽出は，上記（1）～（3）で述べた，ウシコラーゲンの抽出法に準じて行うことができる。また少量のコラーゲンで足りるならば，ラット，マウスの尾の腱から酢酸抽出でほぼ純粋なⅠ型コラーゲン溶液が得られることはよく知られている。
　魚類からは皮膚を用いて酢酸（0.5M）抽出によって，効率よくコラーゲンが得られる[18]。図8に各種動物から抽出したコラーゲンのSDS-ゲル電気泳動図を示す。基本的に皮膚由来のⅠ型コラーゲンの場合脊椎動物から抽出したこれらコラーゲンは似た挙動を示す。

6　コラーゲンとゼラチンとコラーゲンペプチド

　はじめにも述べたが，コラーゲンとゼラチンは元をたどれば同じ蛋白質である。生体内のコラ

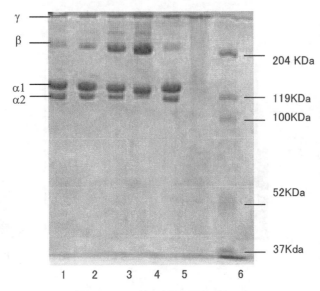

図8　コラーゲンの電気泳動パターン
1，ニワトリⅠ型コラーゲン　2，ブタⅠ型コラーゲン　3，ティラピア皮コラーゲン
4，ヒラメ皮コラーゲン　5，ウシガエル皮膚コラーゲン　6，分子量マーカー

ーゲンは通常は3本鎖ら旋構造をとっているが，体温より数度高い温度でそのら旋構造がほどけて，ランダム構造のゼラチンとなる。またコラーゲン分子を酸加水分解，もしくは酵素で分解してゼラチンよりさらに分子量の小さいコラーゲンペプチドとしても用いられる。コラーゲン，ゼラチン，コラーゲンペプチドはその物理特性（粘性，旋光度）や生物特性（細胞接着性）などが大きく異なっている。

　未変性のコラーゲンは特有の3本鎖ら旋構造を持った棒状の分子である。未変性コラーゲンは生理的な温度，塩濃度（ほ乳類コラーゲンでは37℃，0.15M食塩，中性）条件下で分子が生体内と同様な会合構造をとり，肉眼では溶液は白く濁ったゲル状に見える線維が形成される。電子顕微鏡で観察すると生体内のコラーゲン線維と同様な67nm周期の縞模様も観察される。これをコラーゲン再生線維という。温度を下げると再び透明な分子分散した溶液となり，溶液-ゲル状態を行き来させることができ，再生医療に用いるコラーゲン成型物もこの性質を使って作成することができるようになった。分子自体が規則正しい線維構造をとる情報を持ったインテリジェント分子であるといえる。一方ゼラチンは非常に水に溶けやすい性質を持っているが，コラーゲンとは逆に低温にすると透明なゲルとなる。この性質を利用してゼリーが作られる。ゼラチンはペプシン，トリプシンといった蛋白質分解酵素で容易に分解する。分子量はコラーゲンのα鎖にあたる10万程度であるが，製造法によって部分分解したり，架橋によって重合しているものも

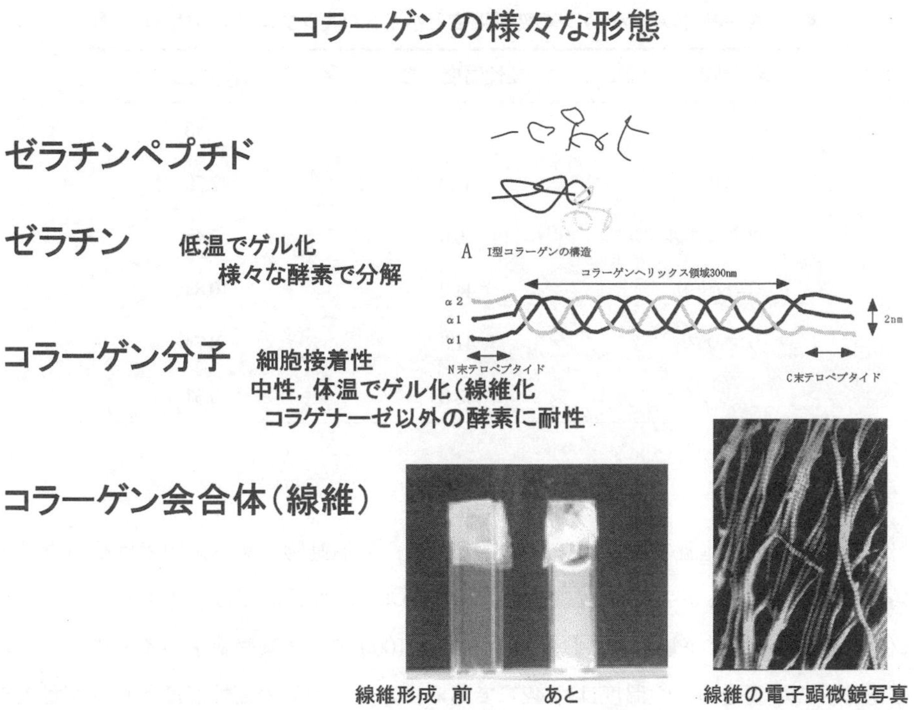

第 2 章　化粧品とコラーゲン

コラーゲンの様々な形態

ゼラチンペプチド

ゼラチン　低温でゲル化
　　　　　様々な酵素で分解

A　I型コラーゲンの構造
コラーゲンヘリックス領域300nm
α2
α1
α1
N末テロペプタイド　C末テロペプタイド
2nm

コラーゲン分子　細胞接着性
　　　　　　　　中性, 体温でゲル化（線維化
　　　　　　　　コラゲナーゼ以外の酵素に耐性

コラーゲン会合体（線維）

線維形成　前　　あと　　　　　線維の電子顕微鏡写真

図9　コラーゲンはコラーゲンペプチド，ゼラチン（変性コラーゲン），コラーゲン分子，コラーゲン線維と同じ蛋白質由来でもその性質が大きく異なる。

あり幅がある。ゼラチンを蛋白質分解酵素や酸性条件で限定的に加水分解したものはコラーゲンペプチドと呼ばれる。コラーゲンペプチドはゼラチン以上に水に溶けやすく低温においてもゲル化しない。一定量を溶かして摂取することが容易なため健康補助食品として利用されている。純粋なコラーゲンは無色，無臭であるが，精製度によっては動物特有の匂いがする場合がある。食品として用いられる場合にはその精製純度が高いものが求められる。医療用としてはさらに高純度に精製を行い，抗原性の低い性質を利用して注射薬の安定剤としても用いられている。このようにコラーゲンは起源が全く同じ蛋白質であるにもかかわらず，製造法によってコラーゲン（線維，溶液），ゼラチン，コラーゲンペプチドなどの形態をとりその性質も異なるために用途にあった利用法が可能である[19]。コラーゲンのこの3態の違いについて図9に示す。

7　コラーゲンの変性

コラーゲンの3本ら旋構造が壊れてゼラチン化する温度を変性温度という。ほ乳類のコラーゲ

表1　各種動物のコラーゲンの変性温度とハイドロキシプロリン（Hyp）含量

動物	変性温度（℃）	Hyp（％）
サケ	21.0	5.43
コイ	36.0	7.59
ウシガエル	36.0	7.45
ニワトリ	44.2	10.84
マウス	41.5	8.74
ウシ	43.8	9.51

ンではほぼ40℃前後，体温の高いニワトリでは44℃，変温動物である魚類ではその成育環境によって変性温度は異なるが20℃から30℃となっている[8]。変性温度はハイドロキシプロリンの含量に依存していることが知られており，ヒトでは1000アミノ酸残基中ハイドロキシプロリンが95個ある。この場合の変性温度は約42℃である。コラーゲンの変性温度とヒトが耐えられる体温の上限が近い値であることは注目に値する。ハイドロキシプロリンおよびハイドロキシリジンは遺伝子で規定されず，ペプチド鎖中のプロリンが生体内でプロリン水酸化酵素およびリジン水酸化酵素によって修飾されて作られる。そのためコラーゲンのアミノ酸配列は遺伝子配列からだけでは明らかにならない。ハイドロキシプロリン，ハイドロキシリジン含量の比較をするためにはアミノ酸分析によって測定する必要がある。ほ乳類ではほぼ8〜9％のハイドロキシプロリン含量であるのに対し，コラーゲンの変性温度が高い鳥類では全体のアミノ酸の10％をハイドロキシプロリンが占める。その一方，寒冷な条件に生息するサケではハイドロキシプロリン含量は5％程度であり変性温度も21℃と低い。このようなコラーゲンの性質の違いはその応用においても考慮に入れる必要がある（表1）。またハイドロキシリジンはコラーゲンの分子間の架橋に関わることが知られている。表には示さなかったが，無脊椎動物のハイドロキシリジン含量は総じて，脊椎動物より高くこれらはコラーゲン型の違い，生体内での役割の違いを反映しているのかもしれない。

8 I型以外のコラーゲン‒コラーゲンの型について

1960年までにコラーゲンの分子の存在が明らかになったが，その後1969年に骨，腱，皮に含まれるコラーゲンとは異なる性質を持つコラーゲンが軟骨からMillerらによって発見された[20]。

第 2 章　化粧品とコラーゲン

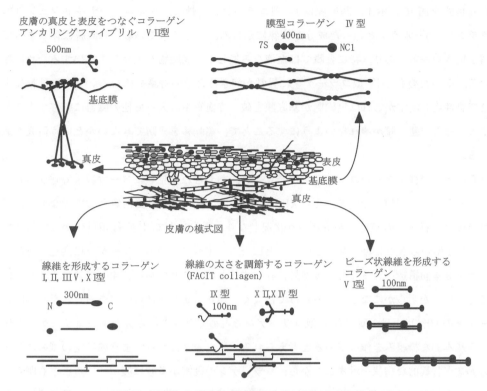

図10　皮膚における様々な型のコラーゲンの存在様式
皮膚基底膜はIV型コラーゲンで形成される。真皮にはI, III, V型コラーゲンが存在して強度を保つ。表皮と真皮はVII型コラーゲンによって結びつけられている。

そこで今までのコラーゲンをI型として，新たに見つかったコラーゲンをII型とした。さらにコラーゲンの新しいタイプのハンティングが進み，III型がI型コラーゲン試料中の微量成分としてMillerらによって発見されたのが1971年[21]である。また当初AB型と命名されたコラーゲンが1976年に見つかり後にV型とされた[22]。これらのコラーゲンはすべて，I型と同様にコラーゲン線維を作るタイプで，体を支える役割をしている。一方古くから生物学者は動物の体の臓器は表面と内側が異なった構造をしていることに気がついていた。たとえば皮膚は表皮と真皮に分かれ，表面のケラチンを作る細胞とその下にあって主にコラーゲンを作る細胞の層に分かれている（図10）。その境界は電子顕微鏡ではっきり分かる膜構造で仕切られている。この仕切りは基底膜と呼ばれている。この基底膜が新しい型のコラーゲンが主成分であることが確かになったのは1980年代になってからで，これをIV型コラーゲンと呼んでいる。I, II, III, V型コラ

ーゲンは線維構造を形成して体の構造を保つのに対しIV型コラーゲンはシート状構造を構成して，体の組織を区切る基底膜を作っているのが特徴である[23]。皮膚を例にして各種コラーゲンの存在様式を図10に示す。基底膜はIV型コラーゲンを軸に，ラミニン，ナイドジェン（エンタクチン），パールカンといった成分が複雑にからみあってできている。基底膜は体のすべての臓器を覆うシートであり，特に腎臓では血液をろ過して，老廃物を尿として排出するために働いている。そのためもしIV型コラーゲンに異常が起きると重い腎臓病になる。また癌は転移することで悪性度を増すがこれは癌細胞が基底膜を破って血管中に入って他の臓器に転移することで起こる。そこで基底膜が壊れないようにすることで，癌転移を予防できないかという研究も進んでいる。

さらにその後様々な型のコラーゲンが発見され，おおむね発見順にローマ数字で呼び習わすのがコラーゲン界の習慣となっている。XII型以降ではコラーゲンは蛋白質としてでなく，遺伝子でコラーゲン様のものが見つかるという状況となり，現在ヒトでは29種類見つかっておりコラーゲンはI型からXXIX型があるということになる。すべての型のコラーゲンに共通な特徴はコラーゲン3本鎖構造をとること，細胞外に存在するということである。すべてのコラーゲンについてその機能が明らかになっているわけではなく，現在も研究が進行中である。ただし体内のコラーゲンの90％以上はI型からV型コラーゲンで占めておりこれらメジャーコラーゲンが体を支える基本的な枠組みを作っていると考えられる。また表2にも示すように特定の型のコラーゲンの異常が特異的な病状を示すことから，コラーゲンの役割が多岐に渡っていることも明らかである。さらにXXVIII型コラーゲンには特殊な性質があることが分かってきた。最初遺伝子から見つかったXXVIII型コラーゲンは基底膜に存在する微量コラーゲンと考えられたが機能はよく分からなかった。一方ハーバード大のフォルクマン教授は抗癌作用のある物質を長く探しており，ヘマンギオーマ細胞という癌細胞が作る，抗癌作用のある物質を苦労の末精製して分析した結果，XXVIII型コラーゲンの一部であることを明らかにした。XXVIII型コラーゲンは基底膜に存在して構造蛋白質として存在するが，何らかの蛋白質分解酵素によって一部が切りとられ血液中に入って抗癌作用を持つことができると考えられ，抗癌剤として期待されている[24]。現在知られているコラーゲンを型別にその主な特徴と欠損による疾患を表にまとめた（表2）。

9 コラーゲンの生理作用

コラーゲンの用途として医療用，化粧品材料を考えた場合，コラーゲンの生体適合性が重要になってくる。医療用の場合には過剰な炎症反応を起こさないこと，生分解性であることなどが重要なファクターとなる。また化粧品材料として考えた場合，皮膚表皮との親和性が求められる。

第2章 化粧品とコラーゲン

表2 型別の特徴と欠損による疾患

型	特徴	α鎖構成	関連疾患
I	線維形成性。大部分は3本鎖ら旋領域（長さ約300nm）。両端に小さいテロペプチド。両端のプロペプチドが切断されて組織沈着サイズになる。最も豊富に存在する。硝子軟骨を除くほとんどすべての結合組織に存在する。腱，真皮，骨などに多い。	α1(I) α2(I)	骨形成不全症，エーラスダンロス症候群
II	線維形成性。I型と同様の分子形態。軟骨，椎間円板。目の硝子体発生過程では他の組織にも存在。	α1(II)	軟骨無形成症，先天性脊椎骨端異形成症
III	線維形成性。大部分は3本鎖ら旋領域。Nプロペプチドが切断されていないものも組織中に存在する。分子内鎖間ジスルフィド結合あり。I型と共存して真皮や動脈壁に多い。	α1(III)	エーラスダンロス症候群
IV	基底膜形成。C末端に球状領域（NC1）があり，残りは3本鎖ら旋領域，N末には，システイン残基の多い7S領域がある。組織中には，部分的にプロセシングされたと考えられるポリペプチド鎖もα1鎖とα2鎖についてはある。分子内鎖間ジスルフィド結合あり。基底膜，類洞，腎糸球体に存在。	α1(IV) α2(IV) α3(IV) α4(IV) α5(IV) α6(IV)	アルポートシンドローム
V	線維形成性。3本鎖ら旋領域の長さはI型〜III型と同様。組織サイズの詳細は不明。N側に大きな球状領域を有するものがある。I型と共存する。角膜に多い。	α1(V) α2(V) α3(V)	エーラスダンロス症候群
VI	ほとんどの臓器，軟骨細胞周囲や基底膜近傍にあってミクロフィブリルを形成。両端に大きい球状領域，中央に約100nmの長さの3本鎖ら旋領域。選択的スプライシングがある。分子内鎖間ジスルフィド結合あり。	α1(VI) α2(VI) α3(VI)	ウルリッヒミオパチー
VII	基底膜近傍にあって，アンカリングフィブリルを形成。両端に球状領域。3本鎖ら旋領域は約420nmでI型より長い。	α1(VII)	表皮水疱症
VIII	N末に球状領域，C末に大きい球状領域，その間にI型より短い130nm程の3本鎖ら旋領域。角膜デスメ膜。血管内皮細胞に存在。	α1(VIII) α2(VIII)	
IX	分子の両端と3本鎖ら旋領域の中に配列がとぎれる領域が存在する。分子内鎖間ジスルフィド結合あり。GAG（コンドロイチン硫酸）鎖が結合した糖蛋白質。軟骨に存在。コラーゲン線維表面に存在するFACIT型。	α1(IX) α2(IX) α3(IX)	多発性骨端異形成症
X	N末に球状領域，C末に大きい球状領域，その間にI型より短い130nm程の3本鎖ら旋領域。軟骨に存在。	α1(X)	
XI	線維形成性。α2鎖はV型と共通。軟骨に存在する。	α1(XI) α2(V)	軟骨無形成症，先天性脊椎骨端異形成症

XII	球状領域が大部分。C末側に短い3本鎖ら旋領域。GAG鎖を有するものもある I 型コラーゲン線維表面に存在するFACIT型。	α1(XII)	
XIII	膜貫通型蛋白質。細胞とマトリックスの接着に関与。球状領域，GXY配列領域両方に多様な選択的スプライシング。	α1(XIII)	
XIV	球状領域が大部分。C末側に短い3本鎖ら旋領域。GAG鎖を有するものもある。コラーゲン線維表面に存在するFACIT型。	α1(XIV)	
XV	3本鎖構造が分断された構造。Multiplexins型と分類される。腎臓などの内臓で発現。	α1(XV)	
XVI	コラーゲン線維表面に存在するFACIT型に分類されるが詳細はわからない。	α1(XVI)	
XVII	膜貫通型コラーゲン。60～70nmの長さの3本鎖ら旋領域を持つ。ヘミデスモソームに存在してBP-180とも呼ばれる。	α1(XVII)	水疱性類天疱瘡
XVIII	3本鎖構造が分断された構造。Multiplexins型と分類される。肺，肝臓などの内臓で発現。C末の断片はエンドスタチンとなる。	α1(XVIII)	
XIX	コラーゲン線維表面に存在するFACIT型に分類されるが詳細はわからない。	α1(XIX)	
XX	FACIT型でXII，XIV型に似ている。	α1(XX)	
XXI	FACIT型でXII，XIV型に似ている。	α1(XXI)	
XXII	FACIT型でXII，XIV型に似ている。	α1(XXII)	
XXIII	膜貫通型コラーゲン。	α1(XXIII)	
XXIV	線維形成性でXI型に似ている。	α1(XXIV)	
XXV	膜貫通型コラーゲン。アルツハイマーアミロイドプラークに存在。	α1(XXV)	
XXVI	精巣，卵巣に発現。	α1(XXVI)	
XXVII	線維形成性。	α1(XXVII)	
XXVIII	神経シュワン細胞周辺基底膜に存在。	α1(XXVIII)	
XXIX		α1(XXIX)	アトピー性皮膚炎に関連？

第2章　化粧品とコラーゲン

　コラーゲンの生体適合性について，コラーゲンのアミノ酸配列の特徴は必ず3残基おきにグリシンがあること，グリシンの後にはプロリン，さらに3番目にはハイドロキシプロリンがくることが多いという特徴がある。この配列によってコラーゲン独自の3本鎖ら旋構造が保たれるわけである。たとえばコラーゲンα鎖1014残基中で338回繰り返されるこの繰り返し構造のうち，たった一カ所のグリシンが他のアミノ酸に置き換わっただけで，重篤な骨形成不全症となり致死となる場合もある。これほど厳しい制約のある配列であるため，たとえばほ乳類のマウス，ウシ，ヒトで配列を比較した場合95％以上一致する。このように動物種間で非常に相同性が高いためにコラーゲン（およびそのペプチド）は抗原性が非常に低い。1990年代にワクチン注射剤の安定剤に含まれるゼラチンによるアナフェラキシーの発生でゼラチンの抗原性が取りざたされたが，ワクチン接種の方法を改善した現在では，その恐れはほとんどなくなっている[25]。さらに現在ではアレルゲン性を特に低くしたゼラチンの製法も特許化されている[26]。

　コラーゲンの細胞接着性について；従来コラーゲンをはじめとした細胞外マトリックス蛋白質は体を支える鉄筋のような役割であって，物質的には不活性なものであると長く考えられてきた。ところが1980年代に細胞外マトリックス蛋白質であるフィブロネクチンが細胞表面のインテグリンと名付けられた蛋白質によって特異的に認識され，これによって細胞は細胞外マトリックスに生理的に結合して増殖できることが分かってきた[27]。さらに1980年後半になって，コラーゲンもインテグリンによって認識されていることが明らかになった[28]。コラーゲンは単なる支持体ではなく，それ自身が情報蛋白質としての役割も持っていることが明らかになった。現在ではコラーゲン分子上にはインテグリンをはじめとして，フィブロネクチン，HSP47，von Willerbrandファクター，など多くの蛋白質の結合部位が存在して，生体内環境を形成していることが明らかになってきた[29]。実際に，コラーゲンコートした培養皿表面に皮膚表皮細胞は30分以内に接着，伸展し細胞は増殖することができる。細胞とコラーゲンへの接着面には斑点状にインテグリンの集積が見られ，インテグリンは細胞質の裏打ち蛋白質の複合体を介して細胞内の骨格（アクチンファイバー）と結合して，細胞に接着，移動に必要な力を供給し，さらに細胞外から細胞内への情報伝達を担っている（図11）[30]。これまで，我々はI型コラーゲンを用いて，皮膚由来細胞との相互作用からコラーゲンが皮膚細胞の細胞接着に非常に優れた基材であることを示してきた[31]。また培養条件下で細胞増殖に与えるコラーゲンの影響についても調べ，コラーゲンは細胞に対して安全な物質であることも示してきた。さらにヒト皮膚表皮細胞の長期の培養では，コラーゲン添加群の方が細胞数の多い現象が見られ，皮膚表皮細胞の分化（角化）を抑える傾向があった[31]。

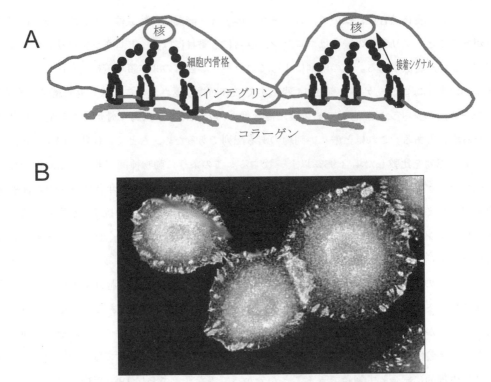

図11 A，細胞は受容体（インテグリン）を介してコラーゲンに接着し，そのシグナルは細胞内に伝えられて，細胞の接着，伸展，増殖を促す。B，コラーゲン上で培養した皮膚表皮細胞のインテグリンの集積を抗体染色したもの。

10 コラーゲンの生合成−ビタミンCの必要性

　コラーゲンの生体内での合成は他の蛋白質と同様に，コラーゲンの遺伝子がmRNAに翻訳されるところから始まる。コラーゲン合成しろというシグナルとしてはTGF-βというサイトカインが知られている。mRNAから翻訳されたコラーゲンα鎖は分子量が10万よりずっと大きく14万くらいある。合成されたα鎖のプロリンとリジンの一部は酵素によって水酸化されてハイドロキシプロリンとハイドロキシリジンに変化する。その後α鎖が3本より合わさって3本鎖ら旋を形成した後，両端が切りとられて30万の分子量のコラーゲン分子は細胞の外に分泌される。分泌されたコラーゲン分子は規則正しく並んでコラーゲン線を形成して結合組織として体を支える役割を行う（図12）。大航海時代に長期に渡って航海を行う船員は壊血病に苦しんだ。これは組織から出血して歯が抜けたり，倦怠感におそわれてついには死に至る病であった。その原因はコラーゲン合成に関係する。正常なコラーゲンにはハイドロキシプロリンとハイドロキシリ

第 2 章　化粧品とコラーゲン

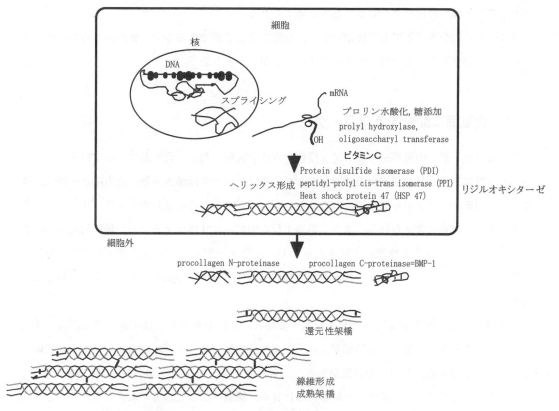

図 12　コラーゲンの細胞内での合成から，細胞外に分泌されて線維化する過程を図示した。
ビタミン C はコラーゲンのアミノ酸水酸化に必要である。

ジンが必須でこれがないとコラーゲンは安定な 3 本鎖構造をとることができず，結合組織が弱くなってしまう。ハイドロキシプロリンとハイドロキシリジンを作る酵素には補酵素としてビタミン C と鉄イオンが必須であることが明らかになった[32]。よって，レモンやオレンジを食することでビタミン C を補給してこの病を克服することができるようになった。

　さらに合成後にコラーゲン線維構造を強化する機構がある。コラーゲン α 鎖のリジン残基同士がリジルオキシダーゼという酵素の助けを得て架橋構造を形成する。この酵素が働くためには銅イオンが必要である。さらに時間が経つと 3 本鎖構造の棒状のコラーゲン分子同士にも架橋構造が形成されてどんどん丈夫になっていく[32]。この架橋が年齢とともに増加するため，コラーゲンの抽出も若い組織からの方が容易である。ただし年を経て架橋が増えることは，丈夫になるとともに，柔軟さを失いもろい組織になるということでもある。加齢とともに増える皮膚のしわや動脈硬化もこのような架橋の過剰形成と関係していると考えられ，コラーゲンの適度な置き換

わりも若さを保つのに重要な要素であると考えられる。

コラーゲンの合成はとても手間がかかり，補助因子も必要であるので，体の内からのコラーゲン補給にはバランスのよい食事が大切であることが分かると思う。

11 化粧品に配合するコラーゲン

すでにコラーゲンの可溶法について3種類の方法を説明したが，化粧品に入っているコラーゲンのうち特にアルカリを使った方法で製造しているコラーゲンは酵素を使った方法と同様に，コラーゲンのテロペプチドが取り除かれたコラーゲンで，そのためにアレルゲン性（アレルギーを起す性質）が低いと考えられる。また，製造工程中でアルカリ処理するため，無菌的である。このコラーゲンは，他の2種類の方法でとられているコラーゲンよりも水に溶けやすく，中性でも透明なジェル状になるという特性があるため，未変性状態で化粧品として用いるのに適している[7, 16]。

このコラーゲンを化粧品原料として使用する場合，その効果としては①優れた保湿性，②皮膚に塗布したときのなじみ，使用感がよい，③天然蛋白質であり，医用材料にも使用されていることから安心である，といった特徴がある。コラーゲンは，ふつう約40℃前後でゼラチン化し，その結果，物性だけでなく酵素で分解される性質や，細胞へのなじみ方が大きく変わる。そこでコラーゲンがきちんと3重ら旋を巻いていることが大切な生のコラーゲン化粧品では，温度管理が必要となる。他のクリームや加熱処理する化粧品に配合する場合には3本鎖構造はくずれるが，コラーゲンα鎖は変性しても非常に親水性の高い蛋白質であるので未変性のコラーゲンとは使用感が異なるものの保水性は期待できる。

12 スキンケアとコラーゲン

コラーゲンを作っているアミノ酸の特徴は，疎水性のアミノ酸，つまり水になじみにくいアミノ酸の比率が他の蛋白質に比較して非常に低いことがあげられる。通常の蛋白質には疎水性のアミノ酸は20〜30%含まれるが，コラーゲンではたった5%である[33]。普通卵などの蛋白質は熱変性すると水に溶けていた蛋白質が不溶化して固まりゆで卵となる。一方コラーゲンは熱変性させてるとかえってより水に溶けやすいことからも，コラーゲンが非常に水になじみやすい性質があることが分かる。そのため，現在広く認められているコラーゲンの第一の効果は保湿性であると考えられる。体内に最も多く存在する蛋白質がコラーゲンだということは，いろいろな種類の細胞へのなじみやすさ（これを生体適合性という）がよいということである。保湿性のある化粧

第2章　化粧品とコラーゲン

皮膚とコラーゲンと水

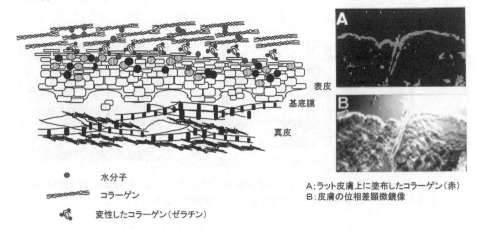

A：ラット皮膚上に塗布したコラーゲン（赤）
B：皮膚の位相差顕微鏡像

図13　コラーゲン溶液は皮膚に塗布されると皮膚を均一に覆うことがAより分かる。毛の生えている部分では毛根内にも浸透しているように思われる。皮膚を覆ったコラーゲン分子が皮膚上で水を保持している状態を左に模式図で示す。

品素材はいくつもあるが，生体適合性の高い，安全な保湿剤であることは大変に重要なことである。これは同時に化粧品の使用感をよくすることにもつながる。

　生体内にあるコラーゲンは30万という大きな分子量を持っている。通常皮膚の外側から内側に物質が浸透するのは，分子量で500以下程度とされているので，コラーゲンがそのままの形で皮膚の奥まで浸透するとは考えられないが，皮膚の最も外側にあり，死んだ組織でありながら皮膚の保湿に重要な役割を果たしている角質層の中に，なじみながらよく広がり，保湿性を発揮することに，コラーゲンらしい働きがあると考えられる。

　もう少し詳しくコラーゲンが肌に塗られた状況を考えてみる。コラーゲンは棒状分子で全体としては親水性であるが，その表面には疎水性のアミノ酸の多い場所や親水性の強いアミノ酸が多い場所がクラスターのようになっており，微妙な分子同士の相互作用が起こっている。コラーゲン分子分散溶液は適度な分子間相互作用によって適度な粘性を持った溶液となっている。塗布されたコラーゲン溶液は肌を均一に覆い薄い膜を作っている（図13）。熱変性したゼラチンも親水性は高いがこのような粘性を持たず，肌へ塗布したときの使用感は大きく異なる。コラーゲン棒状分子は肌の上でサンドイッチ状に水を保持し，塗布されたコラーゲンの肌側では，体温によって順次変性して保持した水分を肌に与え，外側ではコラーゲン構造によって水を保持して乾燥を防ぐことができると考えられる（図13）。実際にコラーゲン溶液からの水の蒸散を比較すると優位に，コラーゲンが水の蒸散を抑えていることが実験からも確かめられた（図14）。

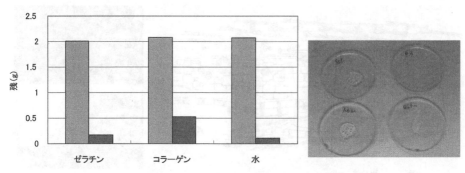

図14 約 2g の水，ゼラチン溶液，コラーゲン溶液を時計皿に入れ，乾燥室に 22 時間放置後，重さを量った。コラーゲン溶液では有意に水の蒸散が抑えられていた。

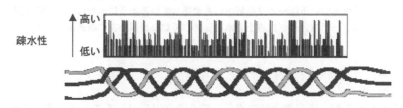

図15 コラーゲン棒状分子上での疎水性部分のクラスターを棒グラフで示した。コラーゲン分子の模式図をグラフの下に示した（文献 34）。

また分子状の疎水性部分のクラスターを調べるとバーコードのように複雑に分布が広がっている（図15）。疎水性，親水性の部分が交互に存在することは，緩和な界面活性作用が期待でき，有効成分の保持にも利用できると考えられる[34]。特に疎水性部分が一部表面に出ていることは，コラーゲンの保水性を保ちつつ，さっぱりした使用感に寄与していると考えられる。一方ゼラチン単体を塗布した場合ちょっとべたつく感触がある。ゼラチン状態では他の成分との配合として保水効果を出すことができる。

13 保存の注意

コラーゲンは一定温度で変性して，ゼラチンとなるためコラーゲン状態の化粧品については，保存について温度管理が必要となる。輸送，店頭での販売，購入後の保存など冷蔵保存が必要になる。また防腐剤無添加コラーゲンの場合，低温保存と雑菌を入れない工夫が必要となる。チューブでは外気に触れた化粧品が再びチューブに戻る場合もあるので，エアレスポンプの使用など

第2章 化粧品とコラーゲン

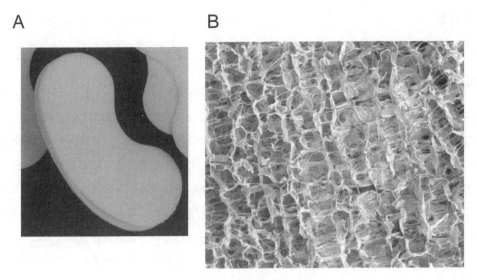

図16 コラーゲンを用いて作成したスポンジ状シート
右はその操作電子顕微鏡写真（50倍）。

各社工夫をしている場合が多い。

14 コラーゲンシート

　コラーゲン（またはコラーゲン由来ペプチド）水溶液ないしはコラーゲン配合乳液などについて上に述べたが，コラーゲンは体内ではコラーゲン線維として存在しており，溶液でないコラーゲンのスキンケア製品への応用も考えられる。コラーゲンもしくはコラーゲン線維分散液を凍結乾燥することによって，コラーゲンの薄いシートが製造できる。製品の状態では完全に乾燥しており，顕微鏡で観察するとコラーゲンの線維からなる小胞が集まって膜を形成している（図16）。この膜はコラーゲンからなっているので，水や化粧水をしみこませることによって，しなやかな膜となり，顔や肌にしっとりとフィットするようになる。このコラーゲンシートを肌にパックすることによって，水分や化粧水の活性成分が乾燥することなしに，しかも長時間肌に与えられることになるので，溶液を直接顔に与えた場合よりも効果が持続することになる。またコラーゲンも徐々に溶け出すため，コラーゲンを肌に塗布した効果も同時に得られる。

　コラーゲンシートに水溶液を含浸させた場合，コラーゲン膜は容易に変形するので，パックの際の操作性が難しく，その点補強剤を用いるなど工夫が必要になる。一方乾燥状態のコラーゲンは熱変性が起きにくいため，冷蔵保存等の手間が必要でない。旅行用などには有意な点があると

考えられる。

15 コラーゲン経口摂取について

未変性のコラーゲンの摂取がリウマチや変形性関節炎の緩解に有効であるという報告がなされている[35, 36]がここでは食品としてのコラーゲン摂取について述べたい。コラーゲンは動物性の食品にもともと含まれており，特に牛すじ，軟骨，ホルモン，手羽，魚（皮ごと骨ごと食べる場合）等に多く含まれている。しかし現代の食生活では摂取量にばらつきが多く，昭和初期において1日3g程度摂取していたものが，現代では1～4gであった。豊かになったと思われる現代において食生活の変化から相対的なコラーゲン摂取が減少している可能性がある。ここでは，コラーゲンペプチドをサプリメントとして摂取した場合の，効果について現在の知見を小山の論文を中心に紹介する[37]。

コラーゲンをゼラチンとして食することは古くから行われていたが，近年コラーゲンペプチドの製造技術が進歩して，溶かした形で比較的大量に簡単に摂取でき，しかも動物臭などしない精製度の上がったコラーゲンペプチドの供給が可能となってサプリメントとしての需要が高まってきた。

①骨への影響

Koyamaらは，ラットにおいて低蛋白食にすると骨密度が低下するが，蛋白源をカゼインから一部ゼラチンに置き換えると骨密度の低下が抑えられることを見出している[38]。Nomuraらは卵巣摘出ラットでやはり低蛋白食での骨密度低下がゼラチン投与で抑えられることを報告している[39]。Wuらは低カルシウム食での骨密度低下がコラーゲンペプチドの投与で抑えられることを報告している[40]。このように骨への効果は骨密度が低下した状態を改善するのに効果がありそうである。コラーゲンには必須アミノ酸であるトリプトファンが含まれていないため，これらの効果はアミノ酸スコアでは評価できず，アミノ酸としての栄養素以外の効果がある可能性がある。

②肌への効果

Kakutaらは健常女性において，1日10gのコラーゲンペプチドを摂取した場合，皮膚角質の吸水能の上昇を報告している[41]。動物実験ではブタにコラーゲンペプチドを与えた場合，真皮の繊維芽細胞数，コラーゲン線維直径・密度が増加していることを報告している[42]。

③腱への効果

Minaguchiらはウサギにコラーゲンペプチドを56日間投与した場合，同量のラクトアルブミンを投与した場合に比較して，アキレス腱のコラーゲン線維が太くなったことを報告している[43]。

第 2 章　化粧品とコラーゲン

④爪・毛髪への効果

　コラーゲンを含まない皮膚に付属する爪，髪においてもコラーゲンペプチド摂取効果が報告されている。Scala らは 1 日 14 g のゼラチン摂取によって毛髪の直径が増加したことを報告している[44]。また Rosenburg らはゼラチン摂取によって爪の障害（脆い爪，二枚爪など）が改善したことを報告している[45]。これらの組織はコラーゲンでなくケラチンを主成分としているがコラーゲンペプチドの効果が見られることは，支持組織の改善，毛細管での血流の改善等介したものかもしれない。

　以上のように，コラーゲン経口摂取の様々な組織への効果は実証されつつあるようであるが，これらの作用メカニズムについてははっきりしないといわれてきた。教科書的には食事で摂った蛋白質はアミノ酸まで分解されて体内に吸収されるといわれているが，コラーゲンペプチドを経口摂取した後血中，および尿中に現れる食物由来のハイドロキシプロリンの 3 〜 4 割はペプチド態であることが報告されている[46]。2005 年には Iwai らは血中にコラーゲンペプチド由来のジペプチドが存在することを報告し，さらにこのペプチドに繊維芽細胞に対する走化性を見出した[47]。つまり経口摂取したコラーゲンの一部はオリゴペプチドとして体内に取り込まれ，生理活性物質として効果を発揮する可能性が示された。またコラーゲンに大量に含まれるグリシンはアミノ酸として生理活性があることが知られており，抑制性の神経伝達物質として睡眠の改善効果が報告されている[48, 49]。またカルシウムの吸収促進効果[50]，腫瘍の増殖抑制[51] などの効果が報告されている。このようにコラーゲンペプチドの経口摂取による効果は複合的な作用が期待され，今後さらなるメカニズムの検討が必要であろう。

16　まとめ

　有史以来，ヒトは狩猟によって得た動物から毛皮，食料という形でコラーゲンを利用してきた。その後も接着剤（膠）等の利用を通じてコラーゲンは人類に最もなじみ深い蛋白質であり続けた。ここでコラーゲンの製造法，性質について述べてきた。コラーゲンの型については最近の情報も含め記して，コラーゲンの多様な生体内での生理的な役割を理解していただけると幸いである。次いで，化粧品の原材料としてコラーゲンの抽出法の歴史，注意点などを記し，化粧品として用いた皮膚への影響について推論も含め記した。また内側からの美のケアという意味で，コラーゲンペプチドの経口摂取における効能効果についても記した。コラーゲンについて使用してみて実際に効果を感じるという方も多いが，塗布した場合，経口摂取の場合どちらの場合にせよそのメカニズムについてはまだ解明されていない点も多く，今後の研究とその適用の広がりが期待される。

コラーゲンの製造と応用展開

文　　献

1) 我孫子義弘編，にかわとゼラチン，日本にかわ・ゼラチン工業組合，丸善㈱大阪支店（1987）
2) J. Gross and FO. Schmitt, *J. Exp. Med.,* **88**, 555-568（1948）
3) A. Rich and F. Crick, *Nature,* **176**, 915-916（1955）
4) GN. Ramachandran and G. Kartha, *Nature,* **174**, 269-270（1954）
5) J. Gross, JH. Highberger and FO. Schmitt, *Proc. Natl. Acad. Sci. USA,* **1**, 1-7（1955）
6) T. Nishihara and T. Miyata, *Collagen symposium,* **3**, 66-93（1962）
7) T. Fujii, Z. *Hoppe-Seyler's, Physiol. Chem.,* **350**, 1257（1969）
8) 服部俊治，蛯原哲也，天野美保，佐藤知香，入江伸吉，*Fragrance J.,* 11月号，52-58（2001）
9) ニッピ85年史 下巻，ニッピ85年史編集委員会編，㈱ニッピ発行（1992）
10) 宮田暉夫，コラーゲン，アテロコラーゲンの応用，新タンパク質応用工学，簇野昌弘監修，pp679-690（1996）
11) Guidebook to the Extracellular Matrix, Anchor and Adhesion Proteins Ed by T. Kreis and R. Vale, Oxford university press（1999）
12) 水野一乗，林利彦，細胞外マトリックス研究法（1），コラーゲン技術研修会刊，pp7-13（1998）
13) R. Morello, TK. Bertin, Y. Chen, J. Hicks, L. Tonachini, M. Monticone, P. Castagnola, F. Rauch, FH. Glorieux, J. Vranka, HP. Bachinger, JM. Pace, U. Schwarze, PH. Byers, M. Weis, RJ. Fernandes, DR. Eyre, Z. Yao, BF. Boyce and B. Lee, *Cell,* **127**, 291-304（2006）
14) 蛯原哲也，飯島克昌，佐藤かおり，染木衣応里，桑葉くみ子，服部俊治，入江伸吉，結合組織（*Connective Tissue*），**31**，17-23（1999）
15) K. Sato, T. Ebihara, E. Adachi, S. Kawashima, S. Hattori and S. Irie, *J. Biol. Chem.,* **275**, 25870-25875（2000）
16) S. Hattori, E. Adachi, T. Ebihara, T. Shirai, I. Someki and S. Irie, *J. Biochem.,* **125**, 676-684（1999）
17) 牛木祐子ほか，フレグランスジャーナル，7月号，42-47（1997）
18) 蛯原哲也，入江伸吉，細胞外マトリックス研究法（1），コラーゲン技術研修会刊，pp52-57（1998）
19) 入江伸吉，「生体分解性高分子」実用編 コラーゲン系 筏義人編，アイピーシー（1999）
20) EJ. Miller and VJ. Matukas, *Proc Natl Acad Sci USA,* **68**, 1264-1268（1969）
21) EJ. Miller, EH. Jr. Epstein and KA. Piez, *Biochem. Biophys. Res. Commun.,* **42**, 1024-1029（1971）
22) RE. Burgeson, FA. El Adli, II. Kaitila and DW. Hollister, *Proc. Natl. Acad. Sci. USA.,* **73**, 2579-2583（1976）
23) GR. Martin, R. Timpl and K. Kühn, *Adv. Protein Chem.,* **39**, 1-50（1988）
24) MS. O'Reilly, T. Boehm, Y. Shing, N. Fukai, G. Vasios, WS. Lane, E. Flynn, JR. Birkhead, BR. Olsen and J. Folkman, *Cell.,* **88**, 277-285（1997）
25) H. Kuno-Sakai and M. Kimura, *Biologicals,* **31**, 245-249（2003）
26) 服部俊治，蛯原哲也，松原裕孝，入江伸吉，月刊フードケミカル 8月号，70-73（2002）；特許 3502544，3153811

27) R. Pytela, MD. Pierschbacher and E. Ruoslahti, *Cell.,* **40**, 191-198（1985）
28) EA. Wayner and WG. Carter, *J. Cell. Biol.,* **105**, 1873-1884（1987）
29) SM. Sweeney, JP. Orgel, A. Fertala, JD. McAuliffe, KR. Turner, GA. Di Lullo, S. Chen, O. Antipova, S. Perumal, L. Ala-Kokko, A. Forlino, WA. Cabral, AM. Barnes, JC. Marini and San JD. Antonio, *J. Biol. Chem.,* **283**, 21187-21197（2008）
30) RO. Hynes, *Cell,* **69**, 11-25（1992）
31) 白井朋子，白井幸吉，服部俊治，化学工業，**47**，451-457（1996）
32) KI. Kivirikko and R. Myllyla in Extracellular Matrix Biochemistry ed. KA. Piez and AH. R. Reddi, pp83-118, Elesevier New york（1984）
33) S. Hattori, K. Sakai, K. Watanabe and T. Fujii, *J. Biochem.,* **119**, 400-408（1996）
34) Y. Suzuki, I. Someki, E. Adachi, S. Irie and S. Hattori, *J. Biochem.,* **126**, 54-67（1999）
35) DE. Trentham, RA. Dynesius-Trentham, EJ. Orav, D. Combitchi, C. Lorenzo, KL. Sewell, DA. Hafler and HL. Weiner, *Science.,* **261**, 1727-1730（1993）
36) D. Bagchi, B. Misner, M. Bagchi, SC. Kothari, BW. Downs, RD. Fafard and HG. Preuss, *Int. J. Clin. Pharmacol. Res.,* **22**, 101-110（2002）
37) 小山洋一，コラーゲンの経口摂取，食肉の科学，**49**，1-7（2008）
38) Y. Koyama, A. Hirota, H. Mori, H. Takahara, K. Kuwaba, M. Kusubata, Y. Matsubara, S. Kasugai, M. Itoh and S. Irie, *J. Nutr. Sci. Vitaminol.（Tokyo）,* **47**, 84-86（2001）
39) Y. Nomura, K. Oohashi, M. Watanabe and S. Kasugai, *Nutrition.,* **21**, 1120-1126（2005）
40) J. Wu, M. Fujioka, K. Sugimoto, G. Mu and Y. Ishimi, *J. Bone. Miner. Metab.,* **22**, 547-553（2004）
41) 角田愛美，広田亜里砂，桑葉くみ子，楠畑雅，小山洋一，新谷隆行，入江伸吉，春日昇平，健康・栄養食品研究，**7**，45-52（2004）
42) N. Matsuda, Y. Koyama, Y. Hosaka, H. Ueda, T. Watanabe, T. Araya, S. Irie and K. Takehana, *J. Nutr. Sci. Vitaminol.（Tokyo）,* **52**, 211-215（2006）
43) J. Minaguchi, Y. Koyama, N. Meguri, Y. Hosaka, H. Ueda, M. Kusubata, A. Hirota, S. Irie, N. Mafune and K. Takehana, *J. Nutr. Sci. Vitaminol.（Tokyo）,* **51**, 169-174（2005）
44) J. Scala, NRS. Hollies and K. Sucher, *Nutrition Reports International,* **13**, 579-592（1976）
45) S. Rosenberg, KA. Oster, A. Kallos and W. Burroughs, *AMA. Arch. Derm.,* **76**, 330-335（1957）
46) DJ. Prockop, HR. Keiser and A. Sjoerdsma, *Lancet,* **15**, 527-528（1962）
47) K. Iwai, T. Hasegawa, Y. Taguchi, F. Morimatsu, K. Sato, Y. Nakamura, A. Higashi, Y. Kido, Y. Nakabo and K. Ohtsuki, *J. Agric. Food Chem.,* **53**, 6531-6536（2005）
48) W. Yamadera, K. Inagawa, S. Chiba, M. Bannai, M. Takahashi and K. Nakayama, *Sleep and Biological Rhythms,* **5**, 126-131（2007）
49) K. Inagawa, T. Hiraoka, T. Kohda, W. Yamadera and M. Takahashi, *Sleep and Biological Rhythms,* **4**, 75-77（2006）
50) 森昭胤，生化学，**26**，40-44（1955）
51) ML. Rose, J. Madren, H. Bunzendahl and RG. Thurman, *Carcinogenesis,* **20**, 793-798（1999）
52) P. Bonstein and W. Traub, in The Proteins 4 ed. H. Neutarh and RL. Hill, Academic press New York, pp412-632（1979）一部ゲノムベースの情報により改変

第3章　人工皮膚とコラーゲン

片倉健男*

1　はじめに

　皮膚は表皮・真皮・皮下組織の3層からなる組織で，それぞれの層が重要な役割を負っている。表皮は，人体の最外層を構成し，外部からの異物侵入のバリア層として機能している。真皮・皮下組織は皮膚の柔軟性および皮膚組織の栄養補給等の機能を保持している。この皮膚組織に損傷が生じた折には，すり傷などの浅い傷を負って表皮の一部が失われたときは，傷口に残った表皮が増殖しながら伸展してきて数日で閉鎖する。少し深い傷でも，真皮層の中に残っている毛穴などから上皮細胞が増殖しながら伸展してきて10日ほどで傷口は閉鎖する。深い傷でも，切り傷や，断裂面を引き寄せられる程度に失った組織の量が少ない欠損創であれば，断裂面同士を引き寄せて密着するように縫合などで固定しておけば，定着して傷口は閉鎖する。表1には，皮膚の損傷とその治癒までの期間をまとめた。

　このような皮膚の損傷の治癒のために使用される医療機器として，創傷被覆材および人工皮膚といわれる製品がある。表皮の一部が失われた傷では，創傷被覆材により創面を被覆することで表皮が伸展することで傷は治癒していく。一方，真皮まで失われた深くて引き寄せることができ

表1　熱傷深度と治癒期間 [1]

熱傷深度	障害組織	外見	症状	治療期間
Ⅰ度	表皮	紅斑	疼痛，熱感	数日
浅達性Ⅱ度	表皮基底部	水泡	強い疼痛,灼熱感,知覚鈍麻	約10日間
深達性Ⅱ度	真皮上部			3週間，または瘢痕化し再手術の可能性がある
Ⅲ度	真皮全層皮下組織	壊死	無痛	自然治癒なし

＊　Takeo Katakura　テルモ㈱　研究開発センター　開発管理部　主席推進役

第3章 人工皮膚とコラーゲン

ないぐらい大きな欠損創では，失われた組織を埋めようとする生体の自然な働きにより，傷口から細胞や血管が増殖しながら伸展してくる。しかしながら深い傷では，組織中の細胞や血管の周りで組織を支えていたコラーゲンなどの足場となる物質も失われており，生体は足場の組織を作りながら増殖しなければならないので治癒するまでには時間がかかる。その間に，創面が感染したり，乾燥したりすると，細胞や血管が増殖できなくなり，傷口が閉鎖しなくなる。また，失われた組織を埋めようとする生体の自然な働きにより，傷口の周りの組織が欠損創の中心に向かって押し寄せ，傷口が閉鎖しても引きつってしまうことがある（瘢痕拘縮）。これらの問題を避けるために，全層植皮や皮弁移動などの手術が行われることもあるが，創面を治癒するために生体に新たな侵襲を及ぼすという問題が生じる。失われた組織の量が多ければ多いほど，これらの問題は深刻化する。これを解決する手段として，人工皮膚の開発が1980年代から行われてきた。

2 コラーゲン使用人工皮膚

コラーゲンを使用した人工皮膚は，米国マサチューセッツ工科大学のYannasによって開発された[2,3]。基本的な構成は，シリコーン膜とコラーゲンスポンジの2層構造であり，シリコーン膜は創面からの過剰な水分流出を防ぎ，さらに外部からの菌の侵入を抑えることが目的とされた。コラーゲンスポンジは，当初はスポンジ内部に自家の細胞（表皮基底細胞）を播種し，細胞とコラーゲンスポンジのハイブリッド材料を貼付することで，表皮の形成が期待できるとされていた。テルモにおいては同様の製品として人工真皮（販売名：テルダーミス® 真皮欠損用グラフト，医療機器承認番号：20400BZZ00406）を開発し[4,5]，1993年に発売を開始した。概要を図1に示した。

以下，テルモで開発した人工皮膚を例にコラーゲン使用人工皮膚の詳細について説明する。

2.1 コラーゲン使用人工皮膚の構成および使用方法

人工皮膚が，シリコーン膜とコラーゲンスポンジで構成されていることはYannas提案の人工皮膚と同様であるが，Yannas開発当時とは使用方法および構成，さらにはコラーゲン自体の危険性に関する評価がかなりかわってきている。

まず人工皮膚の構成図を図2に記載した。

シリコーン膜とコラーゲンスポンジの基本構造はYannasタイプと同様である。シリコーン膜には，縫合を容易とするメッシュが組み込まれているが，実際の臨床使用にあたってはシリコーン膜のないものも使用されることもある。またコラーゲンスポンジは，Yannasタイプがコラーゲンとコンドロイチン硫酸により構成されているのに対して，テルモの人工皮膚は抗原性を低下させたアテロコラーゲンを再度線維化させた線維化コラーゲンと，アテロコラーゲンを熱変性さ

コラーゲンの製造と応用展開

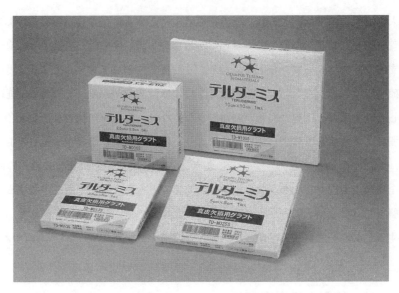

図1　テルダーミスの概要

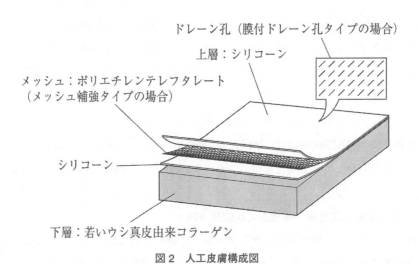

図2　人工皮膚構成図

せた熱変性コラーゲンの複合物により構成されている。材料構成の設定については詳細を後述する。

コラーゲン使用人工皮膚による皮膚損傷の治療方法であるが，標準的な治療方法は図3に示したとおりである。実際に人工皮膚が適用される創面は自然に表皮化が進むような表皮細胞が残存しているような浅い創面ではなく，さらに瘢痕拘縮により創閉鎖するような狭い範囲の傷も少な

第3章 人工皮膚とコラーゲン

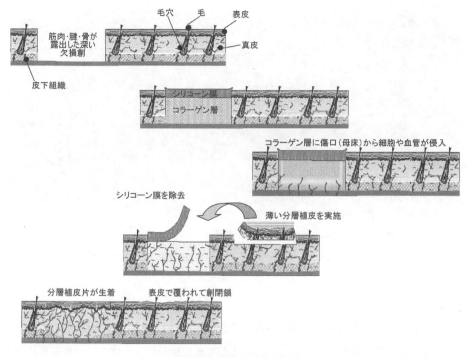

図3 人工皮膚の使用方法例

く，表皮で創面を覆うためには自家の薄い分層植皮片をコラーゲン使用人工皮膚により再構築させた組織の上に貼付する必要がある。

深い創面に貼付して，傷の状態にもよるがおよそ2～3週待つと，コラーゲンスポンジ内部に創の母床より侵入した血管，細胞により肉芽様の組織が構築されるので，その上に分層植皮を行い，植皮片が生着することで閉創が終了する。

コラーゲン使用人工皮膚の臨床使用にあたっては多くの工夫がされている。適用対象となる創面は，皮下組織に至る深い皮膚欠損創であり，重度の熱傷，外科手術創，外傷などが含まれている。このような創面に対して，まず壊死組織などを除去し，感染処置を行った上でコラーゲン使用人工皮膚が貼付される。感染創の上では，菌によりコラーゲンが溶解され目的を達し得ない。浸出液の多い創面においてはドレーンを効かせるためにスリットの入った製品も使用されている。実際にはシリコーン膜の上に抗菌剤軟膏を含ませたガーゼを置いたりして，基本的には乾燥しないような工夫が必要である。母床から上がってきた血管を破壊せずに維持するためには，創面に密着させて貼付した人工皮膚が動かないように創面に圧着維持する工夫が必要であり，貼付の初期にはタイオーバーと呼ばれる生理的食塩水で濡らしたガーゼをシリコーン膜上に置き，圧迫固定する方法がとられることが多い。

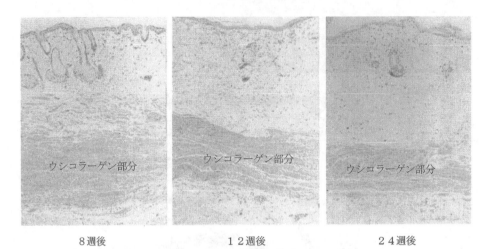

8週後　　　　　　　　12週後　　　　　　　　24週後

図4　抗ウシコラーゲン抗体を用いた免疫染色による組織写真

　コラーゲン使用人工皮膚により再構築された肉芽様組織の上には，薄く剥削して作製した分層植皮片をのせ，縫合固定した後にやはり圧迫固定して植皮片の生着を待つ。分層植皮片の生着により閉創完了である。患者体内に残されたコラーゲンは徐々に分解され，自己組織に置き換わっていく。臨床病理組織の入手は難しく，コラーゲンスポンジの残存性については，動物モデルへの移植により評価を行った。

　ラットの全層皮膚欠損創に，コラーゲン使用人工皮膚を貼付し，2週後に分層植皮を行い，コラーゲン使用人工皮膚適用8週後，12週後，24週後の組織写真を図4に示した。使用しているウシ真皮由来アテロコラーゲンの抗原性が低いため，抗体の作製は困難であったが，なんとかスクリーニングに成功したマウスモノクロナール抗ウシコラーゲン抗体を用いて免疫染色を行った。中央下部のやや濃い色に染まっている部分がコラーゲン使用人工皮膚で使用したコラーゲンの残存部分である。経時的に染色領域が減少していく様子がうかがえる。また，異物細胞による貪食は見られず，代謝による置換であることが示唆された[6]。

2.2　コラーゲンの調製

　軟組織形成の足場材料としてのコラーゲンスポンジの構成，構造で各社が特徴だしを検討している。

　コラーゲン使用の発想は，

① 皮膚真皮成分であること。

② 価格的にはやや高価ではあったが，人へ応用できる実績（例えば止血材，縫合糸など）を

第3章　人工皮膚とコラーゲン

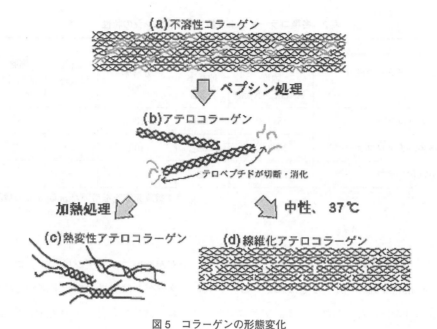

図5　コラーゲンの形態変化

持っていたことと，国内で非常に純度の高い，また材料のトレース可能なコラーゲンが入手可能であったこと。

③　基本的には，当時多く使用されていたのはウシ真皮由来のコラーゲンで，子牛由来であり，牛皮からの採取プロセスは，変性プリオンの混入リスクのない工程で調製されていること。

などなど，安心して使用できる材料が入手できたことがあげられる。

テルモで作製しているコラーゲン使用人工皮膚においては，若いウシの真皮由来コラーゲンをプロテアーゼ処理し，テロペプタイド部分を消化切断した抗原性がほとんどないアテロコラーゲンを線維化させたものと熱変性させたものを混合し，熱処理により架橋しているため，アテロコラーゲン本来の生体親和性を損なわないコラーゲン使用人工皮膚を開発した。なお，発売当初より，製品の原材料となるウシの選別・管理，皮採取工程における感染危険部位の混入防止等を行い，BSEに対する安全性は担保してきている。

2.2.1　コラーゲンの調製

コラーゲンの形態は，動物の皮や腱からの抽出方法により変化するが，ある条件でコラーゲンを抽出すると，たくさんのコラーゲン同士が規則正しく凝集・結合した不溶性コラーゲン（fiber collagen 図5（a））と呼ばれる線維状のコラーゲンが得られる。不溶性コラーゲンはテロペプチド部分に生じた架橋によりコラーゲン同士が強く結合し，皮や腱に存在する本来の形態を保っている。不溶性コラーゲンをペプシンなどの酵素で処理すると，テロペプチド部分を分解・除去す

表2 各種コラーゲンより調整したスポンジの特性

スポンジの成分	機械的特性		コラゲナーゼ分解率 [%]	細胞侵入性*	細胞活動性*
	強度 [g/cm²](Kpa)	伸長率 [%]			
アテロコラーゲン	18(1.8)	155	100	+	+
熱変性アテロコラーゲン	15(1.5)	62	100	++	++
線維化アテロコラーゲン	1,776(174)	82	4	-	-

*：線維芽細胞を用いた in vitro での検討

ることができる。このようにして可溶化したテロペプチドがないコラーゲンは，アテロコラーゲン（atelocollagen 図5（b））と呼ばれている。アテロコラーゲンはテロペプチド部分を持たないため，抗原性が低いといわれている。アテロコラーゲンは，水中で加熱すると熱変性を起こし3重らせん構造が崩れるが，これは熱変性アテロコラーゲン（heat denatured atelocollagen 図5(c)）と呼ばれている。一方，生体内と同じ中性，37℃の条件下では，アテロコラーゲン同士が規則正しく凝集して，もとの不溶性コラーゲンのような線維状となる。これは線維化アテロコラーゲン（fibrillar atelocollagen 図5（d））と呼ばれている。テルモ製コラーゲン使用人工皮膚のコラーゲンスポンジ層は，線維化アテロコラーゲンと熱変性アテロコラーゲンを混合した溶液を凍結乾燥して作製している。

2.2.2 調製した各種コラーゲンスポンジの特性 in vitro

表2は，アテロコラーゲン，熱変性アテロコラーゲンおよび線維化アテロコラーゲンをそれぞれスポンジ状に加工し，各種の特性を調べた結果を示している[4,5]。

熱変性アテロコラーゲンは，機械的強度や，コラゲナーゼ耐性に乏しいが，in vitro の実験では線維芽細胞に対してスポンジ内への細胞侵入性や細胞自身の活動性を亢進させていた。一方，線維化アテロコラーゲンは，細胞に対する反応はほとんど示さなかったが，機械的強度やコラゲナーゼ耐性に優れ，生体内での安定性に寄与することが示唆された。

これらの結果より，線維化アテロコラーゲンに熱変性アテロコラーゲンを10%添加したスポンジを作製し，線維化アテロコラーゲンのみのスポンジと特性を比較してみたところ，機械的強度やコラゲナーゼ耐性は線維化アテロコラーゲンのみのスポンジと同等で，細胞侵入性・活動性は高いことが分かり，これを基本構成とした。

2.2.3 調製した各種コラーゲンスポンジの生体反応 in vivo[4,5]

図6には，調製したコラーゲンスポンジをラットの皮下に埋入した3日後の病理評価を示した。

第3章　人工皮膚とコラーゲン

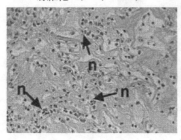
線維化コラーゲンのみ
n：好中球

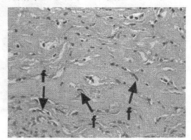
線維化コラーゲン＋変性コラーゲン
f：線維芽細胞

図6　コラーゲンスポンジラット皮下埋入試験結果

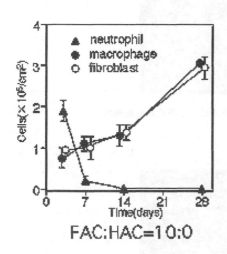
FAC:HAC=10:0

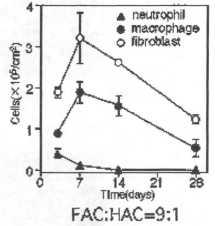
FAC:HAC=9:1

FAC：線維化アテロコラーゲン
HAC：熱変性アテロコラーゲン

図7　コラーゲンスポンジに対する経時的な細胞反応

　線維化アテロコラーゲンのみのスポンジと，線維化アテロコラーゲンに熱変性アテロコラーゲンを10%添加したスポンジをラットの皮下に埋入し，3日後に取り出して組織標本とした。線維化アテロコラーゲンのみのスポンジ中には，好中球しか認められなかったが（図6左），線維化アテロコラーゲンに熱変性アテロコラーゲンを10%添加したスポンジでは，多数の線維芽細胞の浸潤が認められた（図6右）。*in vivo* においても，熱変性アテロコラーゲンの存在により線維芽細胞の良好な侵入が確認できた。
　また，細胞反応を経時的におった試験結果を図7にまとめた。線維化アテロコラーゲンのみのスポンジと，線維化アテロコラーゲンに熱変性アテロコラーゲンを10%添加したスポンジをラ

コラーゲンの製造と応用展開

写真1　ラット正常真皮電顕像

写真2　コラーゲン使用人工皮膚による再建組織電顕像

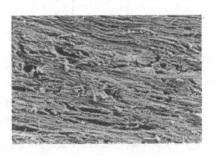

写真3　ラット瘢痕組織電顕像

ットの皮下埋入し，3，7，14，28日後に取り出して組織標本とした後，細胞数を計測した。組織標本中の一定区画を区切って形態から細胞種を判断して細胞数を測定し，1 cm^2 当たりの細胞数に換算した結果を図に示した。

　線維化コラーゲンのみのスポンジ（図7左）では，3日後の好中球の浸潤が単核球・線維芽細胞より多く，好中球は7日後以降消退するが単核球・線維芽細胞は28日後まで増加していた。このスポンジは28日目にはほとんど吸収されてなくなっていた。

　線維化アテロコラーゲンに熱変性アテロコラーゲン10%を添加したスポンジ（図7右）では，

第3章 人工皮膚とコラーゲン

3日後ですでに好中球浸潤数が他細胞種より少なく，その後好中球は消退した。単核球・線維芽細胞は7日後まで増加するがそこをピークとして数を減らす傾向が認められた。このスポンジは28日後にもよく残存しており，組織補填に寄与することが示唆された。

2.2.4 再構築された組織に対する考察

ラットの正常真皮を走査型電子顕微鏡で観察すると，コラーゲン線維が何本も束ねられて太い線維を構成し，波打った構造（褶曲構造）をとっていることが分かる（写真1）。褶曲したコラーゲン線維が皮膚に柔軟性を持たせると考えられる。

ラット全層皮膚欠損創にコラーゲン使用人工皮膚を適用し，8週後にその部分を観察すると，正常真皮ほどではないが，コラーゲン線維が束状になり褶曲構造をとっていることが分かった（写真2）。このような構造は，単なる瘢痕組織ではない結合組織という意味で，真皮様組織と呼ばれており，柔軟性もあった。

一方，ラット全層皮膚欠損創をそのまま治癒させ，8週後にその部分を観察すると，コラーゲン線維が水平方向に並ぶ構造をとっていることが分かった（写真3）。このような構造は瘢痕組織と呼ばれ，この状態では皮膚は硬く柔軟性にかけていた。

このような基礎となる非臨床試験の結果と，臨床試験の結果に基づく審査により，従来の創傷被覆材とは違った位置づけの人工皮膚（真皮欠損用グラフト）としての承認取得後に，種々の皮膚欠損創，および粘膜欠損創へ使用されて現在に至っている。

文　献

1) 木所昭夫 編集，「熱傷治療マニュアル」，中外医学社発行（2007）
2) I. V. Yannas, Design of an artificial skin Ⅰ. Basic design principles, *Journal of Biomed. Mater. Res.*, **14**, 65-81（1980）
3) I. V. Yannas *et al.*, Design of an artificial skin Ⅱ. Control of chemical composition, *Journal of Biomed. Mater. Res.*, **14**, 107-132（1980）
4) 小西淳ほか，「自己組織を構築させる新タイプのコラーゲン材料」，人工臓器，**18**(1), 155-158（1989）
5) M. Koide, K. Yoshizato *et al.*, A new type of biomaterial for artificial skin, Dehydrothermally cross-linked composites of fibrillar and denatured collagens, *Journal of Biomedical Materials Research*, **27**(1), 79-87（1993）
6) R. Matsui *et al.*, Histological evaluation of skin reconstruction using artificial dermis, Biomaterials, **17**(10), 995-1000（1996）

第4章　化学合成コラーゲンの人工皮膚

谷原正夫*

1　はじめに

　人工皮膚は比較的深い皮膚の損傷を修復するために用いる皮膚組織再生の足場材料と考えることができる。この観点から，図1に示すように，第1世代の人工皮膚は皮膚細胞の足場となる機能を実現するために細胞外マトリクスの主成分であるグリコサミノグリカンをモデルとした共有結合架橋アルギン酸ゲルとして開発され，実用化に至った[1]。この共有結合架橋アルギン酸ゲルは，アルギン酸の持つ高い保水力や細菌感染に強いという特徴を生かして，熱傷や褥瘡などの深い皮膚損傷の修復に良好な結果を与えた。第2世代の人工皮膚は細胞外マトリクスのもう1つの主成分であるコラーゲンをモデルとする化学合成コラーゲンを基材としている[2]。従来，動物由来コラーゲンを基材とする人工皮膚は，皮膚真皮層の再生に優れるが表皮層の再生速度が遅いという問題点があり，臨床では真皮再生後に自家表皮移植が行われることが多い。この原因が動物由来コラーゲンと真皮層の線維芽細胞との接着が強すぎることにあると考え，線維芽細胞との接着力が比較的弱い化学合成コラーゲン（第3編第2章参照）を用いることにより，真皮層の再生能力を低下させることなく，表皮層の再生速度を高めることに成功した。この結果は豚を用いた直径80 mmの大欠損創における実験で検証されている（図2）。すなわち，自然には治癒しない

第1世代：共有結合架橋アルギン酸ゲル（グリコサミノグリカンモデル）
　　　　　→熱傷・褥瘡などの深い皮膚損傷の治癒促進

　　　　　　　⬇

第2世代：化学合成コラーゲンゲル（コラーゲンモデル）
　　　　　→真皮・表皮組織の再生速度向上

　　　　　　　⬇

第3世代：マトリクス＋増殖因子（bFGF）ペプチド
　　　　　→難治性皮膚疾患（糖尿病性潰瘍など）の治癒促進

図1　人工皮膚の開発戦略

---

*　Masao Tanihara　奈良先端科学技術大学院大学　物質創成科学研究科　教授

第4章 化学合成コラーゲンの人工皮膚

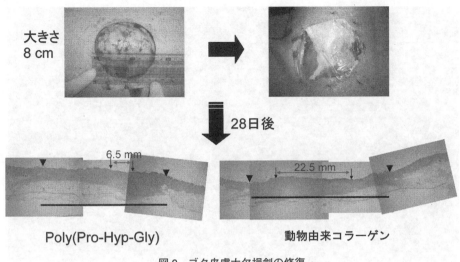

図2 ブタ皮膚大欠損創の修復
↔は表皮が再生していない範囲を示す。

大きさの皮膚欠損創においても，動物由来コラーゲンの人工皮膚と比較して真皮層の再生で同等，かつ表皮層の再生においては有意に優れている結果を示した。

第1世代や第2世代の人工皮膚は，他の代表的な人工皮膚の市販品と比較して優れた修復・再生能力を示すものである。健常者に対してはこれらの人工皮膚を適切に用いれば皮膚の修復は達成される。残された課題は，広範囲の重度熱傷などの免疫力が極度に低下した患者の皮膚損傷や，糖尿病性潰瘍などの血液からの酸素や栄養の供給が期待できない難治性潰瘍の治療に用いることができる人工皮膚の開発である。前者は，他家培養皮膚や豚皮が感染防止と体液漏出防止の目的で使用されている。後者は，塩基性線維芽細胞増殖因子（bFGF）が用いられている。

2 増殖因子（bFGF）ペプチドを用いる人工皮膚

bFGFは，線維芽細胞の増殖，血管新生，神経の生存・分化等の幅広い作用を有するタンパク質であり，すでに科研製薬より褥瘡・皮膚潰瘍治療剤として発売されている。しかし，bFGFは悪性腫瘍（癌）の増悪因子であり，その使用は厳重に制限されている。また，bFGFは不安定なタンパク質であり，1日1回の局所投与が必要である。皮膚損傷の治療において瀕回の投与はQOLの面からも，また組織再生を遅延する可能性があることからも好ましくない。そこで，bFGFの構造情報をもとにbFGF様活性を発現する短鎖ペプチドを合成し，これをマトリクスに結合することでその作用を長時間，局所に限定する試みを行った。

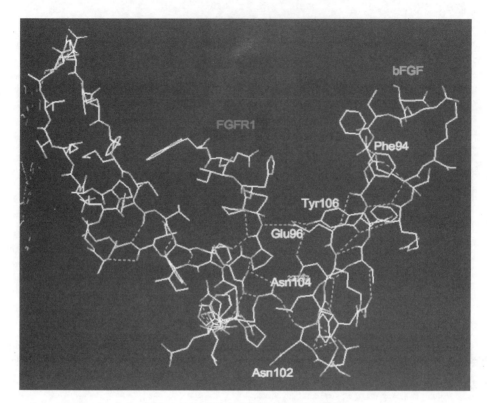

図3 bFGFとその受容体の複合体の構造

　bFGFとその受容体の複合体の立体構造（図3）から，受容体と直接相互作用している可能性が高いアミノ酸残基数個を推定し，この数個のアミノ酸残基を含むペプチドとその誘導体を合成した（表1）。具体的には図3に示すように，Phe96，Asn102，Asn104，Tyr106が受容体と相互作用していることが複合体の構造から推定された。そこで，これらのアミノ酸残基を含むペプチドを中心に，いくつかのアミノ酸残基を改変または欠損したペプチド，ならびに細胞外マトリクスへの結合を目指し，ヘパリン結合配列 Arg-Ser-Arg-Lys（RSRK）を付加したペプチドを設計・合成した。

　合成した bFGF ペプチドの活性を NIH3T3 細胞の増殖促進効果で評価した。結果は，図4に示すように bFGFP1 は 100μg/ml で rhbFGF 1 ng/ml に匹敵する NIH3T3 細胞の増殖促進効果を示した。ヘパリン結合配列 RSRK を付加したペプチド bFGFhep1 は図5に示すように，25μg/ml で有意な NIH3T3 細胞の増殖促進作用を示し，濃度に依存して活性は増大した。その他の相同性置換体（bFGFhep2）や Phe94 欠損体（bFGFPS1）では同等の活性を示したが，Glu99Ala 置換体（bFGFP1a）では活性を失った。

第4章 化学合成コラーゲンの人工皮膚

表1 bFGFペプチドの名称とアミノ酸配列

Name	Sequence
P1-NH_2	Phe Phe Glu Arg Leu Glu Ser Asn Asn Tyr-NH_2
P1	Phe Phe Glu Arg Leu Glu Ser Asn Asn Tyr-OH
hep1	Phe Phe Glu Arg Leu Glu Ser Asn Asn Tyr Asn Thr Tyr Arg Ser Arg Lys-NH_2
hep2	Phe Phe Asp Arg Leu Glu Ser Asn Gln Tyr Gln Thr Tyr Arg Ser Arg Lys-NH_2
PS1	Phe Glu Arg Leu Glu Ser Asn Asn Tyr Asn-NH_2
P1a	Phe Phe Glu Arg Leu Ala Ser Asn Glu Tyr-NH_2
PS3	Gln Leu Glu Ala Glu Glu Arg Gly-NH_2

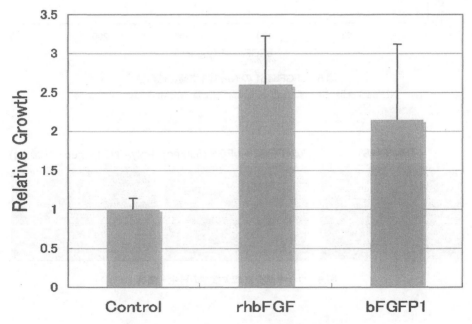

図4 bFGFペプチドのNIH3T3増殖促進活性
rhbFGF: 1 ng/mL, bFGFP1: 100 μg/mL, NIH3T3 cells: 10^4 cells/mL in 0.5% FCS/D-MEM, 3 days, n = 4-6

　得られたbFGFhep1ペプチドを化学合成コラーゲン（poly(PHG)）スポンジと組み合わせて，ウサギ耳介に作製した皮膚全層欠損創で皮膚の再生・修復促進効果を評価した。結果は，図6に示すようにbFGFhep1を100 μg/site用いたときにpoly(PHG) 単独と比較して，真皮層の再生が促進されたが表皮の再生は遅延した。rhbFGFを500 ng/site用いた場合にも真皮層の再生は

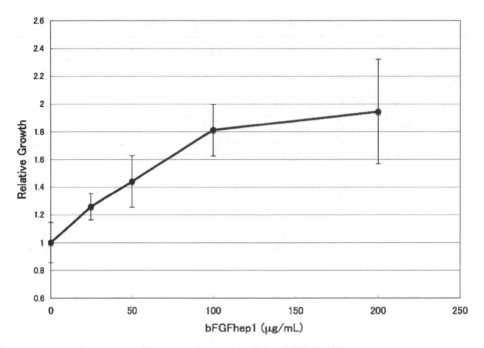

図5　bFGFhep1 の NIH3T3 増殖促進活性
NIH3T3 cells: 10^4 cells/mL in 0.5% FCS/D-MEM, 3 days, n = 4−6

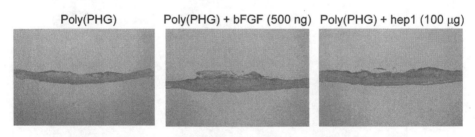

図6　ウサギ耳介皮膚欠損創の再生・修復

促進されたが表皮の再生は同様に遅延した。この結果は bFGF が真皮層の再生は促進するが表皮の再生は阻害する可能性を示しており，bFGF ペプチドの使用量や使用期間，マトリクスへの結合方法などの最適化が必要であることを示唆している。

3　三重らせん骨格を持つ抗菌性ペプチド

広範囲の重度熱傷や糖尿病性潰瘍などの難治性皮膚損傷では，細菌感染の防止と感染の除去が

第4章　化学合成コラーゲンの人工皮膚

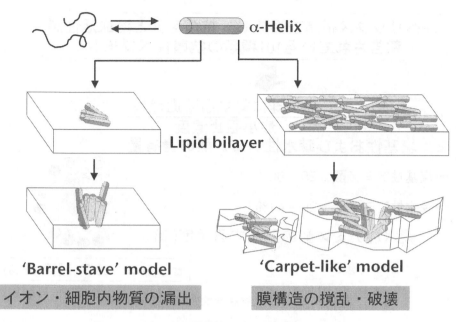

図7　α-ヘリックス抗菌性ペプチドの抗菌メカニズム

重要な課題となる。一般に抗菌剤は細胞毒性を有するため皮膚再生を阻害し，さらに予防的な使用は薬剤耐性菌の出現を誘導することから，人工皮膚への抗菌剤の使用は慎重に行う必要がある。
　一方，抗菌性ペプチドは昆虫から哺乳類まで幅広く存在する先天的な細菌感染防御物質である[3]。そのメカニズムは図7に示すように，抗菌性ペプチドがα-ヘリックスを形成し，細菌膜と選択的に相互作用して細菌膜のバリア機能を破壊することによる。従来の抗生物質や抗菌剤のように特定のタンパク質やDNAの合成酵素を阻害するメカニズムとは大きく異なるため耐性菌を生じ難いという特徴がある。生物が産生するα-ヘリックス形成ペプチドの中には，ハチ毒のメリチンのように，細菌膜にも哺乳類細胞膜にも作用して非特異的にバリア機能を破壊するものもある。そこで，抗菌性と溶血性が報告されている101種のα-ヘリックス形成ペプチドの細菌膜選択性と立体構造の相関を詳細に検討した。その結果，ペプチド中の塩基性アミノ酸と疎水性アミノ酸の割合，およびこれらがヘリックス中で形成する角度に細菌膜選択性が依存することを見いだした（図8）。
　そこで，このα-ヘリックス抗菌性ペプチドの構造上の規則性の検証と，より大きな三重らせん構造に拡張できることを証明するため，(Pro-Hyp-Gly)$_{10}$基本骨格からなる三重らせん構造形成ペプチドにこの構造の特徴を適用し，8種類の新規ペプチドを設計した。設計したペプチドのアミノ酸配列，塩基性アミノ酸の割合，疎水性アミノ酸の割合，親水性アミノ酸の形成する角度

α-ヘリックス構造を形成し，抗菌活性と溶血活性が報告されている101種類の抗菌性ペプチド

↓

1．選択性： $\dfrac{\text{赤血球に対する溶血活性}}{\text{最小阻止濃度}}$ > 10

2．塩基性および疎水性アミノ酸の含有量

→塩基性アミノ酸：25 – 60%

→疎水性アミノ酸：20 – 41%

3．親水性アミノ酸の形成する角度(Φ)

→200 – 360°

ヒット率：29/33 種類(88%)

図8　α-ヘリックス形成抗菌性ペプチドの構造の特徴

表2　設計した候補ペプチドのアミノ酸配列と各パラメータ

	アミノ酸配列	K/R(%)	I/L(%)	Φ(°)
K3I3	(Pro Hyp Gly)$_3$-(Lys Ile Gly)$_3$-(Pro Hyp Gly)$_4$	33	33	360
K2I2	(Pro Hyp Gly)$_4$-(Lys Ile Gly)$_2$-(Pro Hyp Gly)$_4$	33	33	270
K2I2v2	(Pro Hyp Gly)$_3$-Lys Ile Gly Pro Hyp Gly Lys Ile Gly-(Pro Hyp Gly)$_4$-NH$_2$	22	22	360
K1I1	(Pro Hyp Gly)$_4$-Lys Ile Gly-(Pro Hyp Gly)$_5$	33	33	200
K4L2	(Pro Hyp Gly)$_3$-(Lys Hyp Gly Lys Leu Gly)$_2$-(Pro Hyp Gly)$_3$-NH$_2$	33	17	360
K6L3	(Pro Hyp Gly)$_2$-(Lys Leu Gly Lys Hyp Gly)$_3$-(Pro Hyp Gly)$_2$-NH$_2$	33	17	360
K8L4	Pro Hyp Gly-(Lys Leu Gly Lys Hyp Gly)$_4$-Pro Hyp Gly-NH$_2$	33	17	360
R2L2	(Pro Hyp Gly)$_3$-Arg Leu Gly Pro Hyp Gly Arg Leu Gly-(Pro Hyp Gly)$_4$-NH$_2$	22	22	360
PHG10	(Pro Hyp Gly)$_{10}$	0	0	0

を表2にまとめて示す．比較として，塩基性のアミノ酸と疎水性のアミノ酸を全く含まないコラーゲンモデルペプチド（Pro-Hyp-Gly)$_{10}$（PHG10）を用いた．これらのペプチドは，α-ヘリックス形成抗菌性ペプチドから抽出した構造上の規則，塩基性アミノ酸の割合＝25〜60%，疎水

第4章 化学合成コラーゲンの人工皮膚

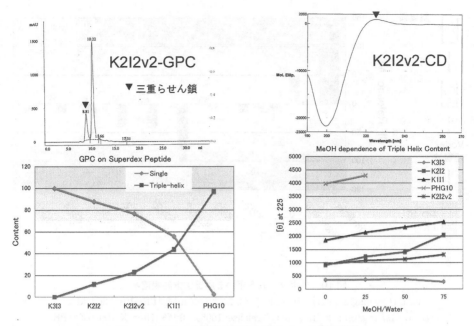

図9 三重らせん構造の割合とメタノール添加効果

性アミノ酸の割合 = 20 ～ 41%，親水性アミノ酸の形成する角度 = 200 ～ 360°をほぼ満足している。

　設計に基づいて合成した8種類の新規ペプチドについて，構造を円二色性スペクトル（CD）とGPCで解析した。図9に示すように，GPCでは三重らせん構造を形成したペプチド鎖は3倍の分子量に相当する溶出位置にピークが出現する（図中▼）。1本鎖に相当するピークとの面積比で三重らせん構造の割合を算出することができる。コラーゲンモデルペプチド，PHG10に比較して，塩基性アミノ酸や疎水性アミノ酸の数が増大すると三重らせん構造の割合が減少する傾向があった。また，CDでは三重らせん構造に特徴的な225 nm付近の正のコットン効果（図中▼）が三重らせん構造の割合を反映すると言われている。そこで，メタノール（MeOH）と水の割合を変化させた溶媒中でこれらのペプチドのCDを測定すると，図9に示すようにMeOHの割合が増加するとともに，225 nm付近の正のコットン効果が増大，すなわち三重らせん構造の割合が増加する傾向が認められた。これは，これらのペプチドが，疎水性環境で（例えば，脂質に取り込まれると）三重らせん構造の割合が増大することを示している。

　すべての新規ペプチドについて，細菌膜モデルリポソームと哺乳類細胞膜モデルリポソームを用いて溶解の選択性を検討した[3]。酸性リン脂質（DPPG）からなるリポソームを細菌膜モデル，中性リン脂質（PC）からなるリポソームを哺乳類細胞膜モデルとして用い，内水層に含有させ

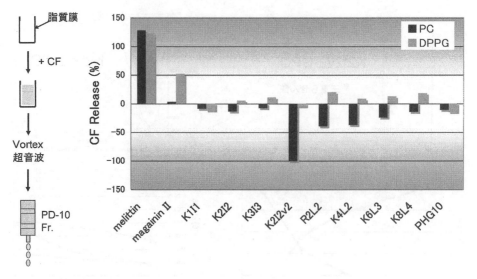

図10　リポソームを用いる脂質選択的膜溶解
[melittin] = [magainin II] = 10 μM; [KXl/LX] = 0.7 mM; [PHG10] = 36 μM
[Lipo] = 0.7 mg/mL; r.t.; 15 min; CF release: 100% = 0.1% triton X-100; 0% = PBS

た蛍光色素（carboxyfluorescein: CF）の漏出で膜の溶解作用を測定した。結果は，図10に示すように，標準物質として用いた溶血性を示すハチ毒（melittin）は，両方のリポソームを溶解したが，アフリカツメガエル由来のα-ヘリックス形成抗菌性ペプチド（magainin II）は細菌膜モデルリポソーム（DPPG）のみを選択的に溶解し，本評価系が正しく機能していることが示された。評価したペプチドのいくつかは，細菌膜選択的溶解作用を示した。また，三重らせん構造形成性ペプチド特有に哺乳類細胞膜モデルリポソーム（PC）に対して膜溶解保護作用を示すことが示唆された。細菌膜モデルリポソーム（DPPG）溶解性の濃度依存性を検討した結果，最も低い濃度で溶解性を示したK8L4ではmagainin IIと同等の約10μMで細菌膜選択的溶解性を示した（図11）。

哺乳類細胞膜モデルリポソーム（PC）に対する膜溶解保護作用が示唆されたので，正常ヒト皮膚線維芽細胞（NHDF）を用いて，界面活性剤（Triton X-100）による細胞膜溶解に対する保護作用を検討した。図12に示すようにK2I2v2は界面活性剤濃度が0.005〜0.01%の範囲で有意に細胞膜保護作用を示した。他の，三重らせん構造形成性ペプチドも程度の差はあるが有意に細胞膜保護作用を示した（図13）。この細胞膜保護作用は，三重らせん構造形成ペプチドの強い水素結合ネットワーク形成が，細胞膜を安定化することに由来すると考えられる。

細菌膜モデルリポソームで細菌選択性が示唆されたので，病原細菌に対する抗菌性を検討した。緑膿菌と黄色ブドウ球菌のそれぞれを，図14に示すように約 4×10^5 個/mlに懸濁した中

第4章　化学合成コラーゲンの人工皮膚

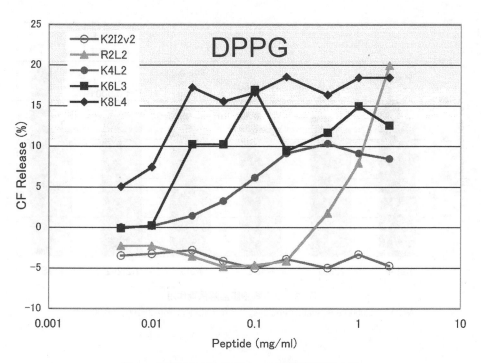

図11　細菌膜モデルリポソーム溶解の濃度依存性

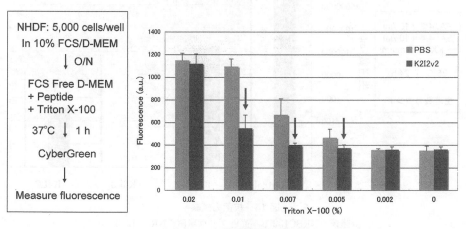

図12　ヒト細胞膜溶解保護作用
[K2I2v2] = 2 mg/ml (0.73 mM)

に，ペプチドを2 mg/mlの濃度になるように添加し，25℃で24時間インキュベートした。24時間後の細菌数をカウントすると，ペプチドを添加しないコントロールでは何れの細菌数も10^8個/mlまで増加したのに対し，K6L3では緑膿菌が検出限界以下まで，K8L4では黄色ブドウ球

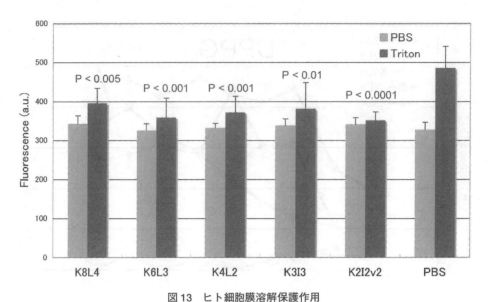

図13　ヒト細胞膜溶解保護作用
NHDF = 5,000 cells/well, [peptides] = 2 mg/ml, [Triton X-100] = 0.0067%

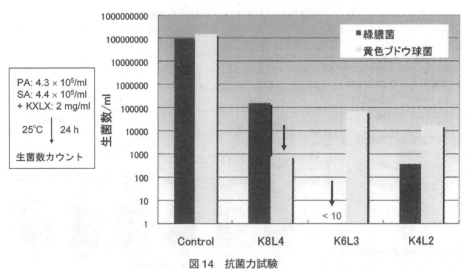

図14　抗菌力試験
緑膿菌：NRBC13275，黄色ブドウ球菌：NRBC12732

菌が 10^3 個/ml 以下に減少し，強い抗菌性を示すことが分かった。ペプチドの種類によって抗菌スペクトルが異なる原因は，両細菌の細胞膜中の脂質組成の違いによると考えられる。

第4章 化学合成コラーゲンの人工皮膚

4 おわりに

人工皮膚開発の残された課題である，広範囲の重度熱傷などの免疫力が極度に低下した患者の皮膚損傷の治療や，糖尿病性潰瘍などの血液からの酸素や栄養の供給が期待できない難治性潰瘍の治療に対する，2つのアプローチを紹介した。

増殖因子の使用は，その濃度や期間などの詳細な検討が今後必要である。また，ここで紹介した抗菌性ペプチドは，初期の目的である細菌選択性に加えて，予想していなかった哺乳類細胞膜保護作用を併せ持つことが明らかとなり，薬剤耐性菌を生じ難い特性と合わせて，例えば重症のアトピー性皮膚炎の治療剤としても使用できる可能性が示唆された。

文献

1) 谷原正夫監修・著，ゲノム情報による医療材料の設計と開発，シーエムシー出版（2006）
2) M. Tanihara *et al., J Biomed Mater Res A,* **85**, 133-139（2008）
3) 松崎勝巳，薬学雑誌，**117**，253-264（1997）

第5章　軟骨再生のコラーゲン足場材料

陳　国平[*1]，川添直輝[*2]

1　はじめに

本章では，医用材料へのコラーゲンの応用として，軟骨の再生に用いる材料について述べる。膝関節の軟骨は，膝関節の端に2～3ミリメートルの厚みで貼り付き，関節をなめらかに動かすとともに，外部からの力学的ストレスをやわらげる機能をもっている。その軟骨組織は，丸みをおびた独特の形をもつ軟骨細胞と，弾力性のある細胞外マトリックスからなる[1]。軟骨組織には血管や神経組織が存在せず，栄養分は，隣接する結合組織（軟骨膜）に存在する毛細血管からの拡散や関節窩（かんせつか）の滑液によって供給されている。軟骨細胞は，密な細胞外マトリックス中に存在するため，細胞の分裂や増殖が抑えられている。さらに，軟骨細胞自体が高度に分化しており，そのほとんどが分裂・増殖しないため，軟骨組織の修復能力は極端に低い。皮膚などの組織では，損傷部位の周辺から細胞が供給され，血流によって修復に必要な物質が運搬されるが，軟骨にはそのような仕組みが存在しない。

そのため，軟骨組織が変形性膝関節症や関節リウマチなどの疾患や外傷などによって損傷を受けると，生活の質（Quality of life，QOL）がいちじるしく失われてしまう。特に，加齢に伴う疾患である変形性膝関節症では，起立歩行が困難になったり，関節が変形したりするなど，日常生活に深刻な影響をおよぼす。国内では，自覚症状を有する者が約1,000万人，X線診断による患者数が約3,000万人との推定もある。

損傷を受けた軟骨組織を修復するために，骨膜や軟骨膜などの移植や，骨髄から採取した間葉系幹細胞の分化誘導が行われている。これらの手法は臨床応用されているが，修復部位の耐久性の低さや感染性といった問題点が残されている。そこで，軟骨を人工的に再生することによって損傷を修復する方法が試みられている。この方法では，患者の膝関節から軟骨細胞を単離し，生体外で培養後，再び患者に戻して損傷が修復されるのを待つ。この手法において，コラーゲンゲ

[*1]　Guoping Chen　　㈳物質・材料研究機構　生体材料センター　高分子生体材料グループ　グループリーダー

[*2]　Naoki Kawazoe　㈳物質・材料研究機構　生体材料センター　高分子生体材料グループ　研究員

第5章　軟骨再生のコラーゲン足場材料

ルやコラーゲンスポンジがしばしば用いられてきた。以下では，この軟骨再生において，これらのコラーゲン材料がどのような利点をもち，どのような役割を果たしているかについて述べる。さらに，コラーゲン材料の特長をより引き出すための新しい材料技術についても言及する。

2　軟骨組織の再生

培養した軟骨細胞を移植する試みは1968年，Chestermannら[2]によって行われている。その後，1989年Grandeら[3]は培養したウサギ自家軟骨細胞を軟骨欠損部に移植し，骨膜でカバーすることを試み，良好な結果を得たと報告している。Brittbergら[4]は，ヒトの関節軟骨欠損に自家の関節軟骨細胞の移植を試みた。患者の関節非荷重部から正常軟骨を少量採取し，酵素処理によって軟骨細胞を単離し，平面単層培養することにより，移植に必要な細胞数が得られるまで増殖させた。この軟骨細胞の懸濁液を，自家骨膜で覆った軟骨欠損部に注射器で注入した。術後16～66ヶ月（平均39ヶ月）の結果を調べた。術後2年で，大腿骨顆部の軟骨欠損群では，16例中14例が良以上で，2例に再手術が行われた。膝蓋骨の軟骨群では，7例中2例が良以上で3例が可，2例に再手術を行った。16例の大腿骨顆部の軟骨欠損群中15例と，7例の膝蓋骨の軟骨群に生検を行ったところ，組織学的には15例中11例，膝蓋骨では7例中1例が硝子軟骨であった。しかしこの方法では，培養軟骨細胞を浮遊液として注入するので，細胞が欠損部から漏れ出してしまう恐れがあること，また，注入された細胞が欠損部の底面に偏るため，欠損部に細胞を均一に移植するのが難しいとの問題点が指摘されている。また，後述するように，軟骨細胞は平面単層培養により脱分化を起こしやすくなる。

3　生体組織再生のための足場材料

3.1　生体組織の細胞をとりまく環境と三次元細胞培養

生体組織中の細胞は，コラーゲン，プロテオグリカン，グリコサミノグリカンなどの分子から構成される細胞外マトリックスによって三次元的に取り囲まれている。細胞は，この細胞外マトリックスを通じて周囲の細胞と情報伝達しながら生体恒常性を維持している。たとえば，関節の軟骨組織では，丸みをおびた形状の軟骨細胞が存在し，II型コラーゲン，アグリカンなどから構成される細胞外マトリックスがその周囲を取り囲んでいる。

生体組織に近い環境で細胞を培養するためには，三次元的な環境を与えることが必要である。たとえば，関節軟骨の細胞をシャーレで平面単層培養すると，細胞は丸い形状から細長い形状に変化してしまう。軟骨細胞が産生するII型コラーゲンとアグリカンの細胞外マトリックスは作

られなくなり，I型コラーゲンが産生されるようになる。これは，平面単層培養により関節軟骨細胞が脱分化したことによるものである。また，細胞が浮遊した状態で移植すると，移植細胞が漏出するといった問題がある。軟骨細胞は欠損部以外の場所に遊走し，再生の効率が低下してしまう。そこで，これらの問題を解決するためには，ゲルやスポンジなどの三次元担体，すなわち足場材料を用いて，脱分化した軟骨細胞を培養する必要がある。

3.2 足場材料の素材としてのコラーゲン

コラーゲンは，足場材料としての素材として，いくつかのすぐれた点をもっている。ひとつめは，コラーゲンは各種細胞の基質の役割を果たしているので，生体に用いた際に組織との親和性がよく，細胞の足場となる。ふたつめは，抗原性が他のタンパク質に比べて低いことが挙げられる。細胞と特異的に相互作用して，接着や増殖をコントロールできるアミノ酸配列をもつ。さらに，化学修飾することにより，コラーゲンの性質が制御できることも利点として挙げられる。たとえば，架橋結合の導入により，生体内でのコラーゲンの分解吸収速度を抑えることが可能である。

4　コラーゲンゲルを用いた軟骨組織の再生

コラーゲンゲルは，細胞を欠損部に保持する役割を果たす。コラーゲン溶液は，細胞を分散させる際には流動性をもつが，ゲル化することによって細胞が均一に分散した状態を保つことができる。コラーゲン水溶液のpHと温度を制御することによってゲル化させる。ただし，ゲルは物質が透過しにくく，栄養分の循環が不十分となりやすいので，ゲルを用いた細胞培養では，細胞死を引き起こさないよう十分に注意する必要がある。

脇谷ら[5]は，ウサギの同種の軟骨細胞をコラーゲンゲルに包埋し，これを移植に用いた。その結果，再生した軟骨は組織学的には約80%まで改善された。また，コラーゲンゲル中で軟骨細胞を培養し，細胞外マトリックスを産生させて軟骨様組織を再生した。これを関節軟骨欠損に移植したところ，さらに良好な成績が得られた。

さらに，膝関節症で高位脛骨骨切り術（こういけいこつこつきりじゅつ）の適応があった患者11人の関節軟骨の欠損を修復するのに，コラーゲンゲルを用いた間葉系幹細胞の移植を応用した。間葉系幹細胞を移植した関節は，細胞を移植しない関節よりも早期に修復された。よって，自家間葉系幹細胞移植により，変形性関節症の軟骨修復が促進されることが明らかになった。

越智ら[6]は生体外で軟骨様組織を作製し，関節軟骨欠損部に移植するアテロコラーゲンゲル包埋法を用いた自家培養軟骨細胞移植術を開発し，臨床応用を行った。患者の膝の非荷重部軟骨を採取し，得られた軟骨片を酵素処理して軟骨細胞を単離し，アテロコラーゲンゲルに包埋して

第 5 章　軟骨再生のコラーゲン足場材料

3週間培養した。培養によって得られた軟骨様組織を患者の軟骨欠損部に移植し，骨膜で覆うようにして周囲の軟骨に縫着した。実施した66例のうち，術後2年以上経過した34例を関節鏡所見および超音波バイオセンサーにより評価したところ，比較的良好な成績であった。

5　軟骨再生のコラーゲンスポンジ足場材料

5.1　コラーゲンスポンジの作製法

　前節では，コラーゲンゲルを用いた軟骨の再生について述べた。本項では，コラーゲンのスポンジ，すなわち，多孔質体を用いた軟骨再生について述べる。コラーゲンスポンジは，99%以上といった高い気孔率をもつものを作製することが可能で，軟骨組織の再生によく用いられている。スポンジにおいて，孔の内壁面は，細胞が接着するための足場，孔の空間部分は，細胞を材料の内部に送り込む通路，栄養物の供給や不要物の排出のためのライフライン，および細胞が増殖するための空間の役割をもつ。また，生体組織が新たに形成されると，人工物である多孔質材料は邪魔になるので，時間の経過とともに分解・吸収される生体吸収性を有する。

　コラーゲンスポンジの作製法としては，凍結乾燥法[7~10]，間接印刷法[11]などが挙げられる。凍結乾燥法は，素材の溶液を凍結させ，そのまま減圧下で昇華させることによって多孔質体を得る方法である。多孔質体の空孔率は素材溶液の濃度によって決まり，空孔の形状やサイズは，溶液濃度，凍結速度，凍結温度，溶媒の種類によってコントロールされる。そのひとつの例として，一方向配向状孔形やハニカム構造をもつコラーゲンスポンジが作製されている。前者は，凍結温度と昇華速度をコントロールし，コラーゲン溶液中の氷の結晶成長を制御することで，氷の結晶成長方向に沿った孔形が得られる。後者では，コラーゲン溶液をアンモニアガスで中和しゲル化させた後，凍結乾燥する手法で，コラーゲン溶液とアンモニアガスの含有量を変えることで目的の孔径が得られる。凍結乾燥法は，特別な機器や設備を必要とせず，しかも比較的簡単な操作で，高い空孔率と連通性をもつスポンジが得られる。

5.2　コラーゲンスポンジを用いた軟骨組織の再生[12]

　コラーゲンスポンジを用いて，関節軟骨組織の再生が行われた。まず，ヒト椎間板の軟骨細胞をコラーゲンスポンジで培養したところ，コラーゲンゲルに比べ細胞の増殖と細胞外マトリックスの産生が促進された。ゲルには，細胞を椎間板の欠損部に注射できるという利点があるが，コラーゲンスポンジで軟骨細胞を培養することによって形成された組織の方が，欠損部での安定性が高いという結果が得られた。コラーゲンスポンジは，高密度な軟骨形成に必要な微小環境を関節軟骨の細胞に提供し，細胞のバイアビリティー，形状と細胞外マトリックス産生能を維持する

役割を果たした。また，I型コラーゲンとII型コラーゲン足場材料による関節軟骨組織の再生に対する影響が調べられた。関節軟骨の全欠損における組織の反応は，コラーゲンの種類により，異なる報告があった。I型コラーゲンは，軟骨下骨から前駆細胞の欠損部への移動に効果を示した。一方，II型コラーゲンは細胞の移動にそれほど効果がなかったが，欠損部に移動した前駆細胞の軟骨細胞への分化を促進した。これらの結果により，下骨面にはI型コラーゲン，軟骨面にはII型コラーゲンから構成される二層構造の足場材料が，関節軟骨組織の再生に有効であると考えられる。

　コラーゲンスポンジや前項で述べたコラーゲンゲルなどの担体は，軟骨細胞や間葉系幹細胞などの三次元培養を可能とし，軟骨組織再生の足場材料としての有効性が示された。しかし，コラーゲンスポンジやゲルの欠点は力学強度が低く，細胞を培養するうちに変形してしまい，再生組織の形状を維持するのが難しいとの指摘がある。そこで，たとえばコラーゲンの担体よりも力学強度が高い素材と複合化することが，上記の欠点を克服するひとつの有効な手段として期待される。次節以降では，筆者らが取り組んできた，コラーゲンスポンジと生体吸収性合成高分子との複合足場材料について述べる。

6　コラーゲンと生体吸収性合成高分子との複合化

6.1　複合化の必要性とその方法 [13]

　コラーゲンは，生体吸収性の合成高分子と複合化することによって，よりすぐれた足場材料となりうる。コラーゲンはすぐれた生体親和性をもつが，そのスポンジやゲルは力学強度が不足していることや成形加工性が低いという欠点をもつ。そのため，コラーゲンのスポンジやゲルは，変形しやすく取り扱いにくい。これに対し，生体吸収性の合成高分子であるポリ乳酸（PLLA），ポリグリコール酸（PGA），乳酸／グリコール酸共重合体（PLGA）からなる多孔質体は，十分な力学強度をもち，成形加工性にすぐれている。しかし，親水性基が主鎖のエステル基のみであり，コラーゲンの多孔質体に比べて水ぬれ性が低い。そのため，生体吸収性合成高分子の多孔質材料に細胞懸濁液を滴下しても，懸濁液は多孔質材料の内部には浸透せず，その表面ではじかれてしまう。そこで，細胞を播種する前に多孔質材料をエタノールに浸潤し，培地で何度かリンスすることによって，細胞懸濁液となじみやすくするというような工夫が必要となる。また，細胞との接着性は，コラーゲンほど高くはない。上記の合成高分子は，コラーゲンとは異なり，細胞によって特異的に認識される部位が存在しないためである。そこで，コラーゲンと生体吸収性合成高分子のそれぞれの特長をいかし，互いの欠点を補い合うために，両者を複合化する方法が報告された。

第5章　軟骨再生のコラーゲン足場材料

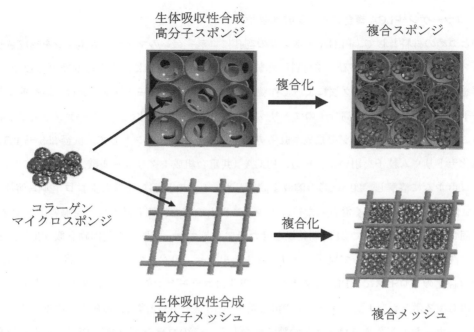

図1　生体吸収性合成高分子と天然高分子との複合化

　複合化の方法には，ゲル内包法，コーティング法，マイクロスポンジ形成法がある。ゲル内包法では，コラーゲンの水溶液に細胞を分散させ，これを生体吸収性合成高分子の多孔質材料の中に導入してゲル化する方法である。この方法では，細胞を効率よく多孔質材料に播種し，分布させることができるが，細胞-コラーゲン溶液を多孔質材料に導入する際，減圧操作がしばしば必要となる。これは，通常使用されるコラーゲン溶液の粘度が高いためである。ただしこの方法では，減圧操作による細胞の機能への影響が懸念される。コーティング法では，コラーゲン溶液に材料を浸漬して吸着させる方法や共有結合で固定化する方法がある。筆者らは，生体吸収性の合成高分子からなる多孔質材料の空隙部に，コラーゲンのマイクロスポンジを導入する複合化法（図1）を開発した。この方法によって得られる多孔質材料は，高い力学強度と生体親和性を兼ね備えている。この多孔質材料では，合成高分子は材料の支持体となって取り扱いを容易にし，コラーゲンは細胞懸濁液がなじみやすくする効果と細胞接着性を高める効果をもつ。また，コーティング法では，材料の表面積は複合化の前後で変化しないが，マイクロスポンジ形成法では，複合化によって材料の表面積が増加する。次項では，生体吸収性合成高分子のメッシュやスポンジ，組みヒモを支持体とし，支持体の隙間にコラーゲンのマイクロスポンジを導入した材料を具体的にとりあげる。

6.2 コラーゲン-PLGA 複合スポンジの作製 [14, 15]

ひとつめの材料として，PLGA スポンジの空孔にコラーゲンのマイクロスポンジを形成させた複合スポンジについて述べる。本材料の作製法を順に示す。最初に，空孔率 90％の PLGA スポンジをポローゲンリーチング法によって作製した。ポローゲンリーチング法とは，塩や糖などの微粒子をポローゲンとして高分子のマトリックスに分散させ，固化後，ポローゲンを溶出，除去することによって，スポンジを形成させる方法である。ポローゲンとして，直径 355〜425 μm の塩化ナトリウム粒子を用いた。一方，PLGA（共重合組成：グリコール酸／乳酸＝75/25）をクロロホルムに溶解し，20 wt％の溶液を調製した。1 g の PLGA を含むクロロホルム溶液と 9 g の塩化ナトリウムをよく混合した後，アルミニウムの容器に流し込んだ。常温常圧下で 24 時間乾固させた後，減圧下で 24 時間乾燥させた。アルミニウム容器から乾固物を取り出し，これを水で洗浄することによって塩化ナトリウムを溶出させ，PLGA のスポンジを得た（図 2 (a)）。次は複合化のプロセスで，PLGA スポンジの空孔にコラーゲンのマイクロスポンジを形成させた。PLGA スポンジを I 型コラーゲンの酸性溶液（pH 3.2）に浸漬し，減圧下で脱気することにより，スポンジの空孔をコラーゲン溶液で満たした。このコラーゲン含浸 PLGA スポンジを－80℃で 12 時間，凍結した。PLGA スポンジの空孔内にコラーゲンの多孔質を形成させるために，減圧下（0.2 Torr）で 24 時間，凍結乾燥した。乾燥後のスポンジをグルタルアルデヒド蒸気下，37℃で 4 時間インキュベートすることによって，コラーゲンマイクロスポンジを架橋した。架橋後のスポンジを水で洗浄した後，凍結乾燥することによって，コラーゲン-PLGA 複合スポンジを得た（図 2 (b)）。

このようにして得られた複合スポンジの構造を以下の方法によって調べた。まず，複合スポンジを走査型電子顕微鏡で観察したところ，連通性をもつコラーゲンのマイクロスポンジは PLGA スポンジの各空孔内に形成されていることがわかった。マイクロスポンジの形成能は，コラーゲン濃度に依存した。すなわち，コラーゲン濃度が 0.5〜1.0 wt％の場合には，マイクロスポンジがよく形成された。ところが，高濃度（1.5 wt％）の場合，複合化プロセスの時点で，コラーゲン溶液の粘度が高すぎたため，PLGA スポンジ内に十分浸透させることができなかった。逆に，低濃度（0.1 wt％）では，マイクロスポンジは形成されなかった。さらに，複合スポンジを電子線マイクロアナライザー（EPMA）で窒素元素のマッピングを行ったところ，コラーゲンのマイクロスポンジが PLGA 多孔質材料の空孔に形成されると同時に，空孔の内壁面がコラーゲンによってコーティングされていることが示された。

6.3 コラーゲン-PLGA 複合メッシュの作製 [16]

二つめの材料として，PLGA メッシュの網目の空隙にコラーゲンのマイクロスポンジを形成さ

第 5 章　軟骨再生のコラーゲン足場材料

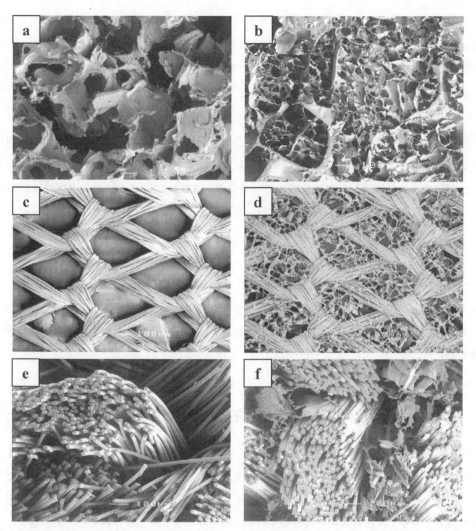

図 2　PLGA スポンジ (a), PLGA-コラーゲン複合スポンジ (b), PLGA ニットメッシュ (c), PLGA-コラーゲン複合メッシュ (d), PLLA 組みヒモ (e) と PLLA-コラーゲン複合ヒモ (f) の電子顕微鏡写真

せた材料について述べる。ここで用いたメッシュは，グリコール酸：乳酸，90：10 の共重合組成をもち，バイクリル（Vicryl®）ニットメッシュの商品名でジョンソンエンドジョンソン社から販売されている。図2 (c) のように，ニットメッシュの空隙部分の大きさは，約 300 〜 500 μm 角である。このニットメッシュにコラーゲンマイクロスポンジを導入するため，同メッシュを 0.5wt ％ウシ由来 I 型コラーゲン酸性溶液（pH 3.2）に浸漬し，−80℃で 12 時間凍結させた。次に，減圧下で（0.2 Torr）24 時間凍結乾燥することによって，コラーゲンのマイクロスポンジを形成させた。これをグルタルアルデヒド蒸気で処理することによって，架橋反応を行った。さら

に，反応後のスポンジを 0.1 M グリシン水溶液中に浸漬し，未反応のアルデヒド基のブロッキング反応を行い，コラーゲンスポンジ-PLGA 複合メッシュを得た（図2 (d)）。

作製したコラーゲン-PLGA 複合メッシュの力学測定，および電子顕微鏡による観察を行った。その結果，複合後のメッシュの弾性率は，35.42 ± 1.42 MPa，複合化前のニットメッシュでは，35.15 ± 1.00 MPa，コラーゲンスポンジでは，0.02 ± 0.00 MPa であった。したがって，複合メッシュの弾性率は，ニットメッシュの値とほぼ同じで，コラーゲンスポンジに比べて大幅に増加したことが確かめられた。また，電子顕微鏡観察による結果，PLGA ニットメッシュの空隙部分にコラーゲンマイクロスポンジが形成されていること，コラーゲンマイクロスポンジは PLGA にメッシュに絡み合っていることが明らかになった。

6.4 コラーゲン-PLGA 複合組みヒモの作製

三つめの例として，6.2, 6.3 項と同様の方法を用いて，ポリ L-乳酸（PLLA）組みヒモ（図2 (e)）の隙間にコラーゲンのマイクロスポンジを形成させ，PLLA-コラーゲン複合ヒモを作製した（図2 (f)）。得られた複合ヒモは，複合スポンジや複合メッシュと同様，高い強度やすぐれた細胞接着性を示した。

7 コラーゲン，生体吸収性合成高分子，ハイドロキシアパタイトの複合化[17]

コラーゲンとハイドロキシアパタイトは，骨の細胞外マトリックスの主要成分であり，すぐれた骨伝導性を示す。そこで筆者らはこれらの物質に注目し，硬組織の再生に有用な多孔質材料を開発することを考え，コラーゲン，生体吸収性合成高分子，ハイドロキシアパタイトの三者複合化を試みた。まず，生体吸収性合成高分子材料とコラーゲンスポンジを複合化した。次に，この複合スポンジの空孔表面にハイドロキシアパタイトのナノ粒子を析出させた。ハイドロキシアパタイトナノ粒子は，コラーゲン-PLGA 複合スポンジを $CaCl_2$ と Na_2HPO_4 の水溶液中に交互浸漬することにより析出させた。

得られた材料の電子顕微鏡像より，コラーゲン-PLGA 複合スポンジ中のコラーゲンマイクロ空孔表面上にハイドロキシアパタイトナノ粒子が析出していることが明らかになった（図3）。1回の交互浸漬で析出するハイドロキシアパタイトナノ粒子は小さくまばらであったが，浸漬サイクルを増やすにつれてナノ粒子は成長し，結晶化度，粒子密度ともに増加し，最終的に空孔表面はハイドロキシアパタイト層で覆われた。このような生体吸収性合成高分子，コラーゲン，ハイドロキシアパタイトとの三者複合スポンジは，培養骨を得るための足場材料に応用できる。

第5章 軟骨再生のコラーゲン足場材料

図3 1回（a, b），3回（c, d）と7回（e, f）交互浸漬して作製したPLGA-コラーゲン-ハイドロキシアパタイト複合多孔質材料の電子顕微鏡写真
倍率100：a, c, e；倍率10000：b, d, f。

8 コラーゲン-PLGA複合メッシュを用いた軟骨組織の再生[18, 19]

筆者らは，コラーゲン-PLGA複合メッシュを利用し，軟骨組織の再生を試みた。まず，軟骨細胞をウシ肘関節軟骨からコラゲナーゼ処理により単離した。これを培養フラスコで2回継代培養した後，軟骨細胞の懸濁液を調製した。この懸濁液をコラーゲン-PLGA複合メッシュに滴下することにより，細胞を播種した。播種した軟骨細胞は複合メッシュのコラーゲンマイクロメッシュに捕捉されていることが，位相差顕微鏡像から明らかになった（図4(a)）。これを37℃，5

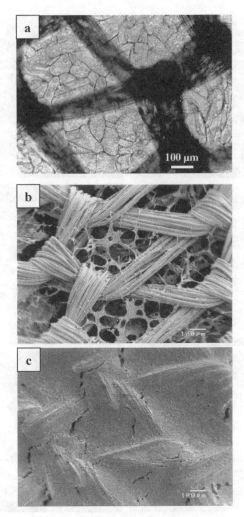

図4 PLGA-コラーゲン複合メッシュに播種した直後のウシ軟骨細胞の位相差顕微鏡写真 (a),
1日間 (b) と4週間 (c) 培養した軟骨細胞の電子顕微鏡写真

%CO_2の雰囲気下で培養したところ,軟骨細胞は複合メッシュによく接着し,培養とともに増殖,細胞外マトリックスを産生し,複合メッシュの隙間を埋めていくことがわかった (図4 (b), (c))。さらに,生体外で1週間培養した後,複合メッシュを重ねたり,ロール状に巻いたりすることにより,再生する軟骨組織の厚みを数百μmから数mmまで自在に制御することが可能であった。

単層,重層,およびロール状の再生軟骨組織をヌードマウスの背側皮下に移植した。移植後4, 8と12週の各時点で検体を採取し,HE染色,サフラニン-O染色,トルイジンブルー染色,抗II型コラーゲン抗体による免疫染色,およびノーザンブロッティングによる遺伝子発現解析を行

第5章 軟骨再生のコラーゲン足場材料

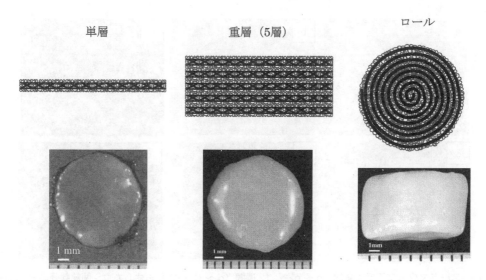

図5 PLGA-コラーゲン複合メッシュを単層,重層,およびロール状にすることにより再生した軟骨組織の外観

った。再生した軟骨組織の力学強度は,圧縮試験により求めた。また,ヌードマウスの背側皮下に移植した検体は4週間後,乳白色の光沢をおび,培養時間とともに光沢度が増加していることが観察された(図5)。組織染色像から,軟骨細胞は丸みをおびており,グリコサミノグリカンなどの細胞外マトリックス成分を産生し,軟骨細胞と細胞外マトリックスが均一に分布し,均一な組織が再生されていることがわかった(図6)。5層重層,およびロール状のサンプルでは,各層がお互いにつながっていた。足場材料として利用した複合メッシュ材料は,4週間後ではその一部が存在したが,その後培養とともに吸収され,12週間後には消失していた。抗Ⅱ型コラーゲン抗体を用いて免疫染色を行った結果,すべての検体に豊富で均一なⅡ型コラーゲンが検出された。また,ノーザンブロッティング法により,関節の硝子軟骨に特異的な遺伝子,すなわちⅡ型コラーゲンやアグリカン,および繊維軟骨が発現する遺伝子,すなわちⅠ型コラーゲン遺伝子の発現について調べた。その結果,シャーレで培養したウシ関節軟骨細胞では,Ⅱ型コラーゲンやアグリカン遺伝子の発現が低下し,Ⅰ型コラーゲンの発現が徐々に上昇するのに対して,複合メッシュ中で培養した場合では,Ⅰ型コラーゲンの発現量は低く,Ⅱ型コラーゲンやアグリカン遺伝子の発現が増加していることがわかった。また,再生した軟骨組織の力学測定を行った。その結果,複素弾性率は,自然の関節軟骨組織の38%,剛性率は57%,内部減衰は86%に達し,非常に高い強度を示した。このように,ウシ関節軟骨細胞は,コラーゲン-PLGA複合メッシュに,均一に接着,増殖し,Ⅱ型コラーゲンやアグリカンなどの遺伝子を発現して,自然の関節軟骨に

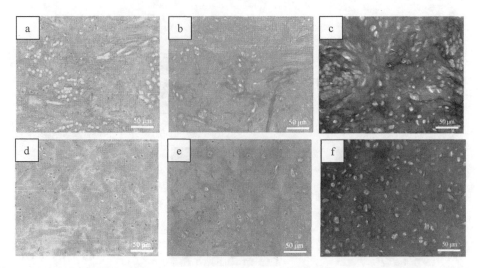

図6 ヌードマウス皮下で4週間（a～c）と12週間（d～f）移植し再生したウシ関節軟骨のHE染色（a, d），safranin-O染色（b, e）とトルイジンブルー染色（c, f）

類似した組織を形成することがわかった。

9 コラーゲン-PLGA複合メッシュと間葉系幹細胞を用いた軟骨再生[20]

自己の関節軟骨の細胞を移植する場合，採取できる軟骨細胞の数には限りがある。さらに，変形性関節症の患者から正常な関節軟骨細胞を採取することは難しい。近年，幹細胞の研究が進歩するのに伴い，間葉系幹細胞などの幹細胞を用いた関節軟骨の再生に関する研究が数多く行われ，注目を浴びている。これは，幹細胞が年齢とは関係なく容易に採取できること，さらに分化能を維持した状態で増殖させることが可能だからである。

筆者らは，コラーゲン-PLGA複合メッシュを用いてヒト骨髄由来の間葉系幹細胞を培養し，軟骨細胞への分化誘導を行った。まず，継代培養を4回行った間葉系幹細胞を複合メッシュに播種し，増殖培地で37℃，5% CO_2雰囲気下で1週間培養した。次に，100 nMデキサメタゾンと5 ng/mL形質転換増殖因子TGF-β3を含む分化培地でさらに10週間培養した。間葉系幹細胞はコラーゲン-PLGA複合メッシュによく接着し，培養とともに増殖し，細胞外マトリックスを分泌した。組織染色と免疫染色の結果より，分化培地で1週間培養した時点では，細胞は繊維芽細胞の性質をもち，軟骨の形状と細胞外マトリックスが検出されなかった。しかし，5週間後，一部の細胞は丸みをおび，軟骨細胞外マトリックスも一部検出された。10週間後になると，大部分の細胞は丸みをおびており，豊富な細胞外マトリックスが検出された（図7）。遺伝子発現

第5章 軟骨再生のコラーゲン足場材料

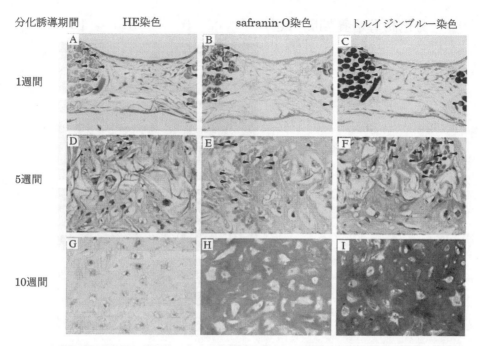

図7 PLGA-コラーゲン複合メッシュ上で培養したヒト間葉系幹細胞の組織染色の写真
矢印は残存高分子の破片を指す。

解析の結果から，II 型コラーゲンやアグリカンの遺伝子発現量は培養とともに増加することがわかった（図8）。以上の結果より，コラーゲン-PLGA 複合メッシュを用いてヒト間葉系幹細胞を培養し，関節軟骨組織を再生できる可能性が示された。

10 コラーゲン複合多孔質足場材料による軟骨・骨組織の同時再生 [21]

移植した再生軟骨が周辺の組織と結合し，固定されることは，軟骨損傷が治癒する上で非常に重要であり，軟骨・骨組織を同時に再生する必要がある。軟骨・骨複合組織を再生する方法には，軟骨組織，骨組織の再生にそれぞれ適した材料を組み合わせた材料（階層構造材料）を用いる方法，および軟骨組織と骨組織をあらかじめ再生しておき，それらを組み合わせる方法がある。これら二つの方法を用いて軟骨・骨組織を再生した結果について以下に述べる。

10.1 軟骨，骨組織の再生にそれぞれ適した材料からなる階層構造材料

ここでは，コラーゲンスポンジ部分とコラーゲン-PLGA 複合スポンジ部分より構成される階層構造スポンジについて述べる。本階層構造スポンジの作製方法を図9（a）に示す。まず，ポ

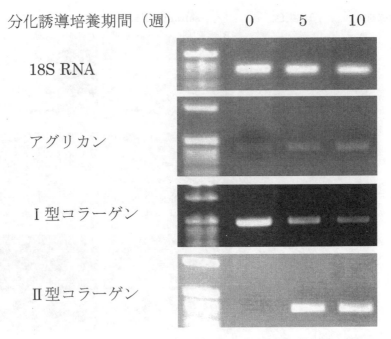

図8 PLGA-コラーゲン複合メッシュ上で培養したヒト間葉系幹細胞の遺伝子発現

ローゲンリーチング法を用いて，孔径355～425μm，空隙率90％のPLGAスポンジ円柱体（直径4.5 mm）を作製した。続いて，このスポンジ円柱体を0.5 wt％のⅠ型コラーゲン水溶液（pH 3.2）に浸漬して減圧することにより，スポンジ全体にコラーゲン水溶液を浸透させた。次に，PLGA-コラーゲン複合スポンジ層にコラーゲンスポンジ層を形成させた。すなわち，このPLGA-コラーゲン複合スポンジ円柱体の底面と側面をフィルムで包み，上面からコラーゲン水溶液を追加して，-80℃で12時間凍結した。凍結後，24時間凍結乾燥し，PLGAスポンジの空孔内にコラーゲンマイクロスポンジを形成させるとともに，PLGAスポンジ層にコラーゲンスポンジ層を重ね合わせた。この階層構造スポンジをグルタルアルデヒドで架橋し，グリシンで残存アルデヒド基をブロッキングした。処理後のスポンジを水で洗浄した後，凍結乾燥することにより，階層構造を有するスポンジを得た（図9（b））。得られたスポンジを電子顕微鏡で観察したところ，コラーゲンスポンジ層とコラーゲン-PLGA複合スポンジ層が階層構造をなしており，しかも両方の層が互いにつながっていることがわかった。

　この階層構造スポンジを用いて，骨・軟骨組織の再生を試みた。イヌの大腿骨より採集した骨髄由来間葉系幹細胞を1週間培養し，イヌの肘関節に移植した。4ヶ月移植し再生した軟骨・骨組織のサフラニンO／ファストグリーン染色の写真を図9（c）に示す。軟骨組織層には，丸

第5章 軟骨再生のコラーゲン足場材料

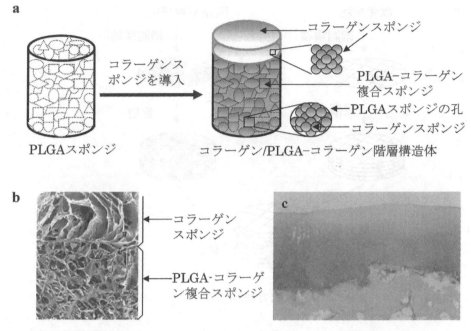

図9 コラーゲン／PLGA-コラーゲン階層構造体の作製（a）と電子顕微鏡写真（b），
4ヶ月移植し再生した軟骨・骨組織の Safranin O/fast green の染色写真

みをおびた軟骨細胞と豊富な細胞外マトリックスが存在した．また，細胞から抽出した mRNA 試料中にⅡ型コラーゲンやアグリカンの mRNA が検出された．一方，骨組織層から抽出した mRNA 試料中には，Ⅰ型コラーゲンとオステオカルシンの mRNA が検出され，骨芽細胞と骨基質，すなわち骨形成を生じていることがわかった．したがって，コラーゲン-PLGA を素材とする階層複合スポンジを足場材料として用いることにより，軟骨・骨組織を同時に再生できることが示された．

10.2 軟骨組織と骨組織をそれぞれ再生してから組み合わせる方法

ここでは，コラーゲン-PLGA メッシュを用いて，軟骨組織と骨組織層を積層して培養することにより，骨・軟骨組織を同時に再生する方法について述べる（図10（a））．すなわち，軟骨組織層と骨組織層をコラーゲン-PLGA 複合メッシュにそれぞれ形成させた後，両方の組織を積層する方法である．まず，軟骨組織層を形成させるために，コラーゲン-PLGA 複合メッシュにイヌ肘関節軟骨の軟骨細胞を播種し，培養した．一方，骨組織層を形成させるために，イヌの大腿骨の間葉系幹細胞をコラーゲン-PLGA 複合メッシュに播種した後，デキサメタゾンとグリセロリン酸を含む培地を用いて培養を行った．次に，得られた軟骨組織層と骨組織層を積み重ねて一

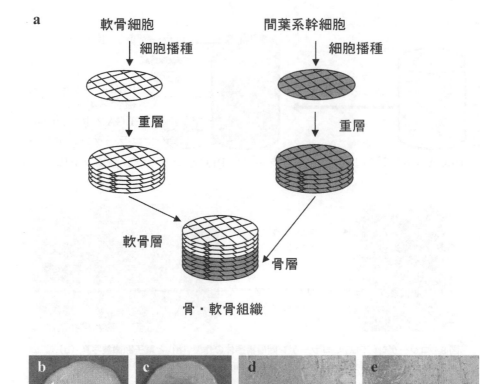

図10 PLGA-コラーゲン複合メッシュの重層化による骨・軟骨組織の再生（a），およびヌードマウス皮下で再生した骨・軟骨組織の外観（軟骨面（b），骨面（c），HE染色（d）とSafranin-O染色（e））の結果

体化した。

　これをヌードマウスの背中の皮下に移植し，9週間後に移植組織を摘出した。移植組織を肉眼で観察したところ，軟骨組織層は白色光沢（図10（b））をおび，骨組織層は血管の侵入によって赤みがかった色（図10（c））を呈した。さらに，この移植組織をヘマトキシリン／エオジンとサフラニン-Oで染色したところ，軟骨組織層には丸みをおびた細胞と細胞外マトリックスの存在が確かめられた。さらに，各組織に発現している遺伝子を解析するために，各組織から抽出したRNAをRT-PCR法で解析した。その結果，軟骨組織層では，軟骨組織に特徴的なII型コラーゲンやアグリカンの遺伝子が発現していた。一方，骨組織層では，I型コラーゲンとオステオカルシンとcbfa1（骨形成に関わる転写因子）の遺伝子が発現していることがわかった。

第5章　軟骨再生のコラーゲン足場材料

以上の結果より，再生した組織が軟骨・骨様の複合組織であることが明らかとなり，コラーゲン-PLGA複合メッシュは軟骨・骨複合組織を同時に再生する足場材料として有用であることが示された。

11　細胞の漏出を抑制できるコラーゲン-合成高分子メッシュ複合多孔質材料[22]

11.1　足場材料からの細胞漏出の問題

　生体組織にできるだけ近い組織を再生するには，足場材料に細胞をできるだけ高い密度で播種することが重要である。細胞を高密度で播種することによって，組織の形成に必要とされる細胞間の相互作用を促進することが可能となる。しかも，細胞を足場材料に均一に分布させることも，均質な組織を形成させるためには不可欠である。ところが，播種密度を増加させる目的で細胞懸濁液の濃度を高くすると，細胞が凝集しやすくなる。すると，細胞の凝集体が足場材料の空孔をふさいでしまい，細胞を足場材料の内部まで送り込むことが難しくなる。このように細胞足場材料に細胞を高密度かつ均一に分布させることは意外に難しい。そのうえ，従来の足場材料では，播種した細胞が内部から漏れ出してしまい，播種効率が低下するという問題があった。これでは組織再生の効率低下を招くことになる。足場材料を再生医療に応用するという点から考えても，患者から採取した貴重な細胞ソースを無駄にしてしまうことになり，好ましくない。

11.2　合成高分子メッシュとの複合化による細胞漏出の低減

　播種した細胞が足場材料から漏れるのを防ぐために，スポンジを目の細かいメッシュで被覆する方法が開発された。その具体例として，コラーゲンスポンジの底面および側面が，約$10\mu m$の孔径をもつナイロンメッシュで覆われた材料について述べる（図11）。ヒト細胞の大きさは，一般的には$20\mu m$程度であるといわれているので，ここで用いたナイロンメッシュは，細胞が漏れるのを防止するフィルターとしての役割を果たす。すなわち，細胞懸濁液の培地はナイロンメッシュを透過できるが，細胞は通り抜けることができない。したがって，細胞を足場材料の内部に留め，従来の足場材料と比べて無駄なく細胞を播種することができる。さらに，細胞が凝集しないように細胞懸濁液を希釈しても，培地のみがフィルターを通過するので，足場材料に細胞を高密度かつ均一に分布させることが可能と考えられる。また，ナイロンメッシュのもうひとつの役割は，コラーゲンスポンジを一定の形状に保つための支持体である。コラーゲンスポンジがこのメッシュに絡み付くことによって，目的の形状を付与し，凍結乾燥，細胞培養時におけるスポンジの変形を抑制できると考えた。

　本複合スポンジの作製方法を次に示す。まず，孔径$11\mu m$のナイロンメッシュの外側にポリ

コラーゲンの製造と応用展開

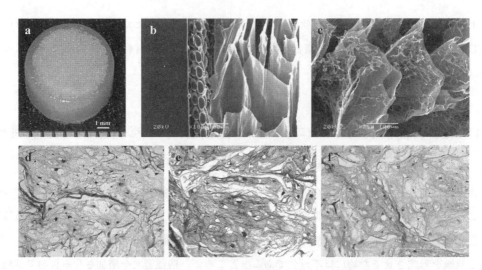

図11 メッシュで被覆したコラーゲンスポンジの外観写真（a）と電子顕微鏡写真（b），被覆コラーゲンスポンジで3時間培養した間葉系幹細胞の電子顕微鏡写真（c），被覆コラーゲンスポンジで4週間培養した間葉系幹細胞のHE染色（d），safranin-O染色（e）とトルイジンブルー染色（f）

エチレンリング（内径6 mm, 高さ4 mm, ナイロンメッシュを補強する役割）を加熱融着したモールドを作製した。このモールドに1.0 wt%のブタ皮膚由来I型コラーゲン水溶液（pH 3.0）を流し込み，−80℃で3時間凍結した。次に，この凍結物を24時間，凍結乾燥することでスポンジを形成させた。この複合スポンジをグルタルアルデヒド架橋し，続いてグリシンによる残存アルデヒド基のブロッキング処理を行った後，水で洗浄した。洗浄後の多孔質材料を再び凍結乾燥して，細胞培養実験に用いた。

メッシュを装着したモールドを用いた場合，形成されたコラーゲンスポンジは底面，側面ともにメッシュに付着し，乾燥時の収縮は起こらなかった。ところが，メッシュ装着していないモールドを用いた場合，コラーゲンスポンジは凍結乾燥時に収縮し，モールドとの間に隙間が生じてしまった。このことから，ナイロンメッシュは，コラーゲンスポンジの収縮を防ぎ，形状を安定化するのに寄与することがわかった。本スポンジの内部構造を走査型電子顕微鏡で観察したところ，連通性をもつ空孔構造が確認された（図11（b），（c））。また，コラーゲンスポンジがナイロンメッシュの隙間に絡み付いていた。スポンジの収縮が抑えられたのは，この絡み合いによるものと考えられる。

次に，本スポンジにヒト由来間葉系幹細胞を1×10^6 cells/mLを1 mL播種した。播種効率は，播種細胞数に対する接着細胞数の割合（%）とし，細胞接着数は，播種細胞数から漏出細胞数を差し引いた値を用いた。その結果，95 ± 2.7%の播種効率が得られた。したがって，ナイロン

第5章 軟骨再生のコラーゲン足場材料

メッシュは，細胞の漏出を抑制することが示された。メッシュのフィルター効果によって，細胞を高効率で播種することが可能となった。さらに，なお，本項で述べたスポンジは，コラーゲンとナイロンメッシュを複合化したものであるが，ナイロンメッシュのかわりに生体吸収性の素材 PLLA，PGA，PLGA などから作られたメッシュを用いれば，軟骨再生のための足場材料としてより適したものとなる。

11.3 コラーゲン-合成高分子メッシュ複合スポンジを用いた軟骨組織の再生

本複合スポンジを用いて，ヒト間葉系幹細胞から軟骨組織の再生を試みた。増殖培地中で1週間培養した後，軟骨組織への分化を誘導するために，TGF-β3，骨形成タンパク質 BMP-6 を添加した培地（分化誘導培地）中で4週間培養した。ヒト由来間葉系幹細胞は，TGF-β3，BMP-6 の存在下で軟骨様の組織を形成することが知られている。

4週間にわたって分化誘導培養した後のコラーゲンスポンジを厚み8〜10μmの切片に切断し，組織染色を行った。ヘマトキシリン／エオジン染色像より，細胞成長因子 TGF-β3，BMP-6 を添加したサンプルでは，ほぼ均一な細胞分布，丸みをおびた細胞が確認された。これに対して，成長因子を添加しなかったサンプルでは，細長い形状の細胞が確認された。また，サフラニン Oファストグリーン染色像から，細胞成長因子を添加したサンプルでは，細胞の周囲に豊富な軟骨様細胞外マトリックス（グリコサミノグリカン）の産生が確認された。トルイジンブルーで染色した像の観察からは，細胞成長因子を添加したサンプルでは，細胞の周囲で軟骨組織に特有のメタクロマジー（組織成分が色素本来の色調と異なった染色性を示す）を呈していることが確認された。したがって，分化誘導培地中で培養することによって，軟骨様組織が形成したことが示された。

軟骨組織形成の指標物質となるII型コラーゲン，プロテオグリカン，繊維軟骨に多く含まれるI型コラーゲンの存在を確かめるため，II型コラーゲン，プロテオグリカン，I型コラーゲンの免疫染色を行った。TGF-β3 と BMP6 を添加した場合，I型コラーゲン，II型コラーゲン，プロテオグリカンの存在する部分が染色された。その染色像から，軟骨組織に特徴的なII型コラーゲン，プロテオグリカンのほぼ均一な産生が確認された。

さらに，再生した組織に発現している遺伝子を解析するため，リアルタイム PCR を行った。4週間培養したスポンジをモールドから取り外し，リン酸緩衝食塩水（PBS）で洗浄した後，液体窒素中で凍結した。破砕機を用いて20〜30秒間，凍結サンプルを粉砕した後，フェノールとチオシアン酸グアニジンを含む試薬を用いて RNA を抽出した。抽出した RNA をサンプルとし，TaqMan® プローブ法を用いて，リアルタイム PCR を行った。その結果，上記の組織では，アグリカン，I，II，X型コラーゲン，SOX9 遺伝子の発現パターンは軟骨組織に特徴的であった。

12 おわりに

　本章では，コラーゲンの応用展開のひとつとして，生体組織工学や再生医療への用途を目的とする材料，すなわち足場材料について解説した。足場材料は，細胞が接着するための足場と，接着した細胞が三次元的に増殖，分化するための空間を提供する。多孔質材料は，足場としての役目をおえた後分解吸収され，細胞自身の産生する細胞外マトリックスに置きかえられる。そして，最終的には生体組織が形成される。コラーゲンは生体親和性が高く，高い空孔率をもつスポンジが得られるので，足場材料の素材としてきわめて有力な候補である。実際，細胞外マトリックスの構成成分のひとつでもある。しかし，コラーゲンスポンジには力学的強度に乏しいという大きな弱点があり，スポンジが変形しやすく，取り扱いにくいという問題があった。このような問題に対して，材料の複合化によるアプローチは有効な手段となりうると考えている。本文で述べたように，筆者らはコラーゲンと生体吸収性合成高分子を複合化する方法を開発し，十分な力学強度と細胞親和性を兼ね備えた複合足場材料を作製した。最近の報告[23]を見ても，複合化の重要性が認識されるようになってきている。複合化の手法を用いて，複数の生体組織を同時に再生できる足場材料，播種した細胞の漏出を抑制できる足場材料も開発された。今回は軟骨および軟骨・骨に絞って述べたが，これらの材料を用いて，靭帯，膀胱，心筋，皮膚の再生に適用可能であることが示されている[24〜30]。

　今後，コラーゲンをベースとする複合足場材料の研究開発が進展し，再生医療の実現化と普及につながる成果が得られることを期待している。

文　献

1) 藤井克之，井上一編，骨と軟骨のバイオロジー基礎から臨床への展開，金原出版㈱ (2002)
2) P. J. Chesterman et al., J. Bone Joint Surg. Br., **50**, 184 (1968)
3) D. A. Grande et al., J. Orthop. Res., **7**, 208 (1989)
4) M. Brittberg et al., N. Engl. J. Med., **6**, 331, 889 (1994)
5) S. Wakitani et al., Acta. Orthop. Scand., **68**, 474 (1997)
6) M. Ochi et al., Artif. Organs., **25**, 172 (2001)

第5章 軟骨再生のコラーゲン足場材料

7) H. Schoof *et al.*, *J.Biomed. Mater. Res.*, **58A**, 352 (2001)
8) D. von Heimburg *et al.*, *Biomaterials*, **22**, 429 (2001)
9) A. Bozkurt *et al.*, *Tissue Eng.*, **13**, 2971 (2007)
10) K. Masuoka *et al.*, *J. Biomed. Mater. Res.*, **75B**, 177 (2005)
11) C. Z. Liu *et al.*, *J. Biomed. Mater. Res.*, **85B**, 519 (2007)
12) S. R. Frenkel *et al.*, *J. Bone. Joint. Surg. Br.*, **79B**, 831 (1997)
13) G. Chen *et al.*, *Macromol. Biosci.*, **2**, 67 (2002)
14) G. Chen *et al.*, *Adv. Mater.*, **12**, 455 (2000)
15) G. Chen *et al.*, *J. Biomed. Mater. Res.*, **51**, 273 (2000)
16) G. Chen *et al.*, *Chem. Commun.*, **16**, 1505 (2000)
17) G. Chen *et al.*, *J. Biomed. Mater. Res.*, **57**, 8 (2001)
18) G. Chen *et al.*, *FEBS Lett.*, **542**, 95 (2003)
19) G. Chen *et al.*, *J. Biomed. Mater. Res.*, **67**, 1170 (2003)
20) G. Chen *et al.*, *Biochem. Biophys. Res. Commun.*, **322**, 50 (2004)
21) G. Chen *et al.*, *Mat. Sci. Eng. C-Bio S*, **26**, 118 (2006)
22) G. Chen *et al.*, *Mat. Sci. Eng. C-Bio S*, **28**, 195 (2008)
23) F. T. Moutos *et al.*, *Nature Materials*, **6**, 162 (2007)
24) K. Tsuchiya *et al.*, *Cell Tissue Res.*, **316**, 141 (2004)
25) K. Ochi *et al.*, *J. Cell Physiol.*, **194**, 45 (2003)
26) G. Chen *et al.*, *Mat. Sci. Eng. C-Bio S*, **26**, 124 (2006)
27) G. Chen *et al.*, *Mat. Sci. Eng. C-Bio S*, **24**, 861 (2004)
28) Y. Nakanishi *et al.*, *J. Pediatric Surgery*, **38**, 1781 (2003)
29) S. Iwai *et al.*, *J. Thorac. Cardiovasc. Surg.*, **128**, 472 (2004)
30) G. Chen *et al.*, *Biomaterials*, **26**, 2559 (2005)

| コラーゲンの製造と応用展開 《普及版》 | (B1135) |

2009年 6 月16日 初 版 第1刷発行
2015年 8 月10日 普及版 第1刷発行

監　修　　谷原正夫　　　　　　　　　　　Printed in Japan
発行者　　辻　賢司
発行所　　株式会社シーエムシー出版
　　　　　東京都千代田区神田錦町 1-17-1
　　　　　電話 03 (3293) 7066
　　　　　大阪市中央区内平野町 1-3-12
　　　　　電話 06 (4794) 8234
　　　　　http://www.cmcbooks.co.jp/

〔印刷　株式会社遊文舎〕　　　　　　　　Ⓒ M. Tanihara, 2015

落丁・乱丁本はお取替えいたします。

本書の内容の一部あるいは全部を無断で複写（コピー）することは，法律
で認められた場合を除き，著作者および出版社の権利の侵害になります。

ISBN978-4-7813-1028-2　C3047　¥3600E